石墨烯光纤
干涉型传感技术

■ 李 成／著

Graphene-based Optical Fiber
Interferometric Sensor Technology

人民邮电出版社
北京

图书在版编目（ＣＩＰ）数据

石墨烯光纤干涉型传感技术 / 李成著. -- 北京：
人民邮电出版社，2024.4
ISBN 978-7-115-61988-4

Ⅰ. ①石… Ⅱ. ①李… Ⅲ. ①石墨烯－光纤传感器－
研究 Ⅳ. ①TP212.4

中国国家版本馆CIP数据核字(2023)第168185号

内 容 提 要

本书总结了作者多年来在石墨烯光纤传感器领域形成的基础性、前沿性和创新性的研究成果。首先介绍了石墨烯的基本特性（力学、热学、光学和电学性能）及石墨烯膜与基底间界面吸附力学行为；其次，结合光纤干涉型传感技术优势，阐述了新型石墨烯膜光纤Fabry-Perot（F-P）干涉型声压、温度、湿度传感器以及谐振式压力传感器的工作原理、敏感特性、制备工艺和性能测试，以及谐振式加速度传感器的结构和测试等内容；最后分析了现阶段该技术存在的问题，总结了未来发展趋势。

本书可供从事石墨烯传感器研究的科技工作者阅读，也可作为高等院校相关专业高年级本科生和研究生的参考书。

◆ 著　　　　李　成
责任编辑　林舒媛
责任印制　李　东　胡　南
◆ 人民邮电出版社出版发行　　北京市丰台区成寿寺路 11 号
邮编　100164　电子邮件　315@ptpress.com.cn
网址　https://www.ptpress.com.cn
北京捷迅佳彩印刷有限公司印刷
◆ 开本：720×980　1/16
印张：17　　　　　　　　　2024 年 4 月第 1 版
字数：320 千字　　　　　　2024 年 4 月北京第 1 次印刷
定价：169.00 元
读者服务热线：(010)81055410　印装质量热线：(010)81055316
反盗版热线：(010)81055315
广告经营许可证：京东市监广登字 20170147 号

作为 21 世纪的战略性前沿新材料，石墨烯具有优异的力学、热学、光学、电学特性，在国防军事、航空航天、装备制造、生物医学、工业自动化等众多领域具有重要的应用前景。自 2004 年英国曼彻斯特大学的安德烈·海姆（Andre Geim）和康斯坦丁·诺沃肖洛夫（Konstantin Novoselov）首次用机械剥离法成功从石墨中分离出单层石墨烯，该新型材料引起了世界范围内的广泛关注，激发了国内外学者的研究热情。近年来，石墨烯传感器的基础研究和应用开发取得了长足的进步，有关传感器的性能、结构和功能的研究已取得重要进展。但是，高质量石墨烯的可控规模制备和石墨烯器件高性能制作及产业应用技术仍面临严峻挑战。

石墨烯光纤干涉型传感器，是以石墨烯为敏感单元，结合石墨烯与光纤 F-P 传感器二者优势的器件，涉及材料学、弹性力学、光纤传感、MEMS 及信号与数据处理技术等诸多学科。

多年来，本书作者李成带领其研究组一直致力于石墨烯光纤传感器的研究工作，依托其主持的多项国家级、省部级课题，在理论方法、机理特性、关键技术、器件制作及性能测试等方面开展了系统、深入的研究，取得了多项创新性研究成果，积累了丰富的研究经验和有价值的科研素材。

本书是作者及其研究组多年从事石墨烯光纤传感器研究工作的总结和提炼，全书共十章，内容包括石墨烯膜光纤 F-P 传感器概述、悬浮石墨烯膜大挠度力学特性、石墨烯膜与基底间界面吸附力学行为，以及典型的石墨烯膜光纤 F-P 传感器的工作原理、敏感特性、制备工艺和性能测试等内容，注重了科研成果的转化与相关技术的研究现状分析，具有很强的系统性、知识性、专业性和先进性，实现了深度与广度的有机融合。本书能为石墨烯传感器的基础研究与创新发展提供参考，对国内仪器科学与技术学科的传感器方向等相关专业的研究与教学具有很大参考价值。

丁天怀

清华大学精密仪器系

2024 年 4 月

石墨烯是目前已知最薄的材料，具有极高的热导率、电导率、透光率等，被誉为"新材料之王"，其优异性能在世界范围内引发广泛关注，更激发了国内外学者的研究兴趣。作为 21 世纪的战略性前沿新材料，世界主要发达国家均高度重视发展石墨烯，致力于石墨烯的基础研究和应用开发。经过十余年的发展，我国已成为石墨烯基础研究和应用开发最活跃的国家之一，在石墨烯相关领域产出的论文和专利数量与质量、开发的产品种类等方面都形成了显著优势，成为全球石墨烯行业发展强有力的推动力量，但在高质量石墨烯的可控规模制备和石墨烯器件的高性能制造及产业应用等方面仍面临一系列重要的挑战。

图书是促进石墨烯领域科技发展及产业应用的重要知识传播媒介。目前虽有一些与石墨烯相关的中文图书问世，但这些图书多偏重于石墨烯的基本性质与表征、石墨烯的制备技术、石墨烯的功能化及其复合材料、石墨烯行业的发展报告等，而涉及石墨烯传感器件的著作较少，以石墨烯光纤干涉型传感器为主题的图书更为稀少。因此，编著本书具有重要意义，可为我国基于石墨烯的信息技术的发展提供参考借鉴。

本书以新型石墨烯光纤干涉型传感技术为主线，侧重对科研成果与相关技术现状的分析，具有很强的系统性、知识性、专业性。

本书共分为 10 章。

第 1 章是石墨烯光纤 F-P 传感器概述。介绍石墨烯的力学、光学、热学和电学等基本性质及石墨烯与基底间界面吸附性质；结合石墨烯材料与光纤 F-P 传感器各自的优势，阐述石墨烯光纤 F-P 传感器的研究进展。

第 2 章介绍悬浮石墨烯膜大挠度力学特性。结合石墨烯膜大挠度理论和有限元力学分析，开展对石墨烯膜压力敏感特性的理论建模与仿真分析，研究石墨烯膜中心挠度的应力—应变关系。

第 3 章介绍石墨烯膜与基底间界面吸附力学行为。总结石墨烯膜与不同基底材料间吸附力学特性的理论与实验研究进展；介绍石墨烯与 ZrO_2 基底间吸附能的间接测量研究，以及基于纳米金颗粒填充的吸附能的直接测量研究。

第 4 章介绍石墨烯膜光纤 F-P 干涉传感特性。介绍非本征型光纤 F-P 传感器的原理、优势和解调方法；建立薄膜反射率求解模型，并搭建石墨烯膜光纤 F-P 干涉测量实验平台，获取 F-P 干涉对比度和石墨烯膜反射率。

第 5 章介绍石墨烯膜光纤 F-P 声压传感器。设计制作石墨烯膜光纤 F-P 声压传感器，并分别通过改变石墨烯膜的转移方法、基底材料和镀膜方法等，研究光纤 F-P 声压传感的增敏效应；完成了氧化石墨烯波纹膜光纤 F-P 声压传感器的制作。

第 6 章介绍石墨烯膜光纤 F-P 声压放大结构。基于人中耳结构，构建了声压放大结构的力学模型；设计光纤 F-P 传声器的外置声压放大结构，并进行了声压实验，验证了声场增强效应。

第 7 章介绍石墨烯膜光纤 F-P 探头温度敏感特性。应用薄膜大挠度理论、光学介质膜理论与 F-P 腔内理想气体热膨胀模型，分析温度对石墨烯膜的反射率、F-P 微腔结构和悬浮石墨烯膜热变形行为的影响规律，进而提出石墨烯膜光纤 F-P 压力传感器的温度敏感抑制方法。

第 8 章介绍石墨烯膜光纤 F-P 湿度传感器。分析石墨烯膜和氧化石墨烯膜上水分子的吸附对薄膜物理性质的影响及其对光纤 F-P 干涉信号的影响原理；实验测试石墨烯膜光纤 F-P 压力传感器的湿度不敏感性，进而设计制备了一种基于氧化石墨烯膜的全光纤湿度敏感探头。

第 9 章介绍石墨烯膜光纤 F-P 谐振式压力传感器。总结分析石墨烯谐振器和石墨烯谐振式压力传感器的研究现状；构建基于 F-P 干涉的石墨烯膜谐振子的振动模型；设计制作以石墨烯圆膜为谐振子的光纤 F-P 谐振式压力传感器探头，开展压力传感与热力学响应实验。

第 10 章介绍石墨烯膜光纤 F-P 谐振式加速度传感器。总结分析石墨烯谐振式加速度计的研究现状；设计石墨烯谐振式加速度计的整体结构，对其特性进行仿真分析；制作了一种基于气腔压力传导的石墨烯膜光纤 F-P 谐振式加速度传感器，开展谐振特性和加速度效应实验研究。

本书部分内容是作者近年来在国家自然科学基金"基于悬浮薄膜应力调控的声压增强型高灵敏度石墨烯微结构振膜光纤法珀声传感器研究（62173021）""光纤干涉型石墨烯膜压力传感器性能的影响机理与实验研究（61573033）"、北京市自然科学基金"面向声目标超灵敏感知的石墨烯膜光纤声压传感器增敏方法研究（4212039）"、深圳市科技计划项目"面向航空大气数据测量的石墨烯 MEMS 压力传感器研究（JCYJ20180504165721952）"，以及航空科学基金"面向声目标超高灵敏探测的石墨烯波纹膜光纤声压传感器（2020Z073051002）""高灵敏度石墨烯膜光纤 F-P 微压力测量方法研究（20152251018）"等资助下取得的阶段性研究结果。在此向国家自然科学基金委员会、北京市自然科学基金委员会、深圳市科技创新委员会和航空科学基金委员会表示衷心感谢。

感谢为本书辛勤付出的研究生肖俊、郭婷婷、刘倩文、厍玉梅、高向阳、彭小镔、余希彧、兰天、李子昂、尹浩腾、石福涛、刘欢、肖习、刘宇健、万震、刘洋、董书萱、肖行、王冬雪等，本书介绍的许多工作是由他们具体完成的。

在本书撰写完成之际，笔者要特别感谢自己的恩师——清华大学丁天怀教授，感谢他对笔者20多年来一如既往的关心、指导和帮助。同时，也特别感谢笔者所在教研团队的负责人——北京航空航天大学樊尚春教授，感谢他前瞻的视野、不懈的"传帮带"，指导笔者在石墨烯传感器研究方向上砥砺前行。此外，在撰写过程中，参考并引用了许多国内外专家学者的论著，在此一并表示衷心感谢。

石墨烯传感技术领域的内容广泛且发展快速，由于笔者水平有限，书中难免有错误与不妥之处，敬请读者批评指正。

作者
2024 年 3 月于北京航空航天大学

目 录

第1章 石墨烯膜光纤 F-P 传感器概述

石墨烯是世界上目前已知最薄的单层二维材料，其单层厚度仅为单个碳原子厚度（约为 0.335 nm）。石墨烯与众不同的晶体结构决定其具有优异特性，因而自 2004 年英国曼彻斯特大学的 Andre Geim 和 Konstantin Novoselov 首次用机械剥离法成功从石墨中分离出单层石墨烯，该新型材料就引起了传感技术领域学者的广泛关注。本章将在介绍石墨烯力学、光学、热学和电学等基本性质的基础上，结合石墨烯材料与光纤 F-P（Fabry-Perot）传感器各自的优势，阐述石墨烯膜光纤 F-P 传感器的研究进展，为石墨烯光纤 F-P 传感器技术的发展提供思路。

1.1　石墨烯的基本性质

1.1.1　力学性质

石墨烯在机械性能方面具有非常优异的性质，具有极强的韧性，其强度比钢材还要高出约 200 倍，同时具有良好的弹性。2007 年，清华大学 Wang 等人报道了多层石墨烯具有明显的各向异性，其层间剪切模量为 4 GPa，层间剪切强度为 0.08 MPa[1]。2008 年，美国哥伦比亚大学 Lee 等人采用原子力显微镜（Atomic Force Microscope，AFM）测量了单层石墨烯的杨氏模量和断裂强度，并将结果发表于《科学》杂志[2]。研究者们首先在 Si 基底上利用干法刻蚀制造了尺寸为微米级别的圆柱孔阵列，之后将机械剥离的单层石墨烯转移至 Si 基底上，通过 AFM 的探针与悬浮于圆柱孔阵列上的石墨烯发生相互作用，进而测得单层石墨烯的杨氏模量高达 1 TPa，断裂强度为 42 N/m，在 25% 拉伸应变条件下其抗拉强度为 130 GPa。石墨烯膜力学性质测试的示例如图 1.1 所示。

同年，美国康奈尔大学 Bunch 等人对石墨烯膜的不透气性进行了理论分析与实验研究[3]，结果发现小尺寸石墨烯膜对氢气具有极好的密封性，且实验中单层石墨烯膜可承受接近一个标准大气压的压力。需要说明的是，流量介质垂直作用于单位面积上的力称为压强，工程上则称为压力。在国际单位制 [SI] 中，压力的单位为牛 / 米²（N/m²），该单位又称为帕斯卡（Pa），简称为帕。这为将石墨烯作为气压敏感薄膜提供了可能。2010 年，东南大学 Ni 等人利用分子动力学相关方法计算了石墨烯的力学性能，发现石墨烯的应力 - 应变曲线和普通金属具有类似的形变阶段：弹性形变、屈服、强化和断裂[4]。

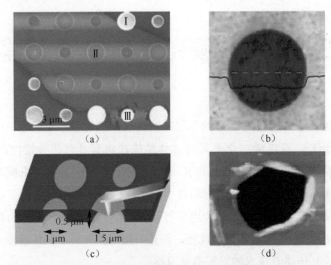

（a）　　　　　　　　　　　　　（b）

（c）　　　　　　　　　　　　　（d）

图 1.1　石墨烯膜力学性质测试的示例

（a）悬浮于圆柱孔阵列上的石墨烯显微图；（b）悬浮石墨烯膜显微图；

（c）悬浮石墨烯膜的AFM探针测试；（d）破损的石墨烯膜

2011 年，新加坡 A-star 研究所 Sorkin 等人利用分子动力学方法进一步仿真研究了以 SiC 为基底的石墨烯圆膜，得出其断裂强度可达到 32 N/m[5]。仿真结果表明，石墨烯膜理论上可承受高强度的应力。同年，美国科罗拉多大学 Koenig 等人利用 AFM 研究了石墨烯膜与 SiO$_2$ 基底间的吸附特性，测得单层石墨烯与 SiO$_2$ 基底间的吸附能为（0.45±0.02）J/m^2，少层（2 ～ 5 层）石墨烯膜与基底间的吸附能为（0.31±0.03）J/m^2。即单层石墨烯膜具有比其他微机械结构更大的吸附能[6]，构建了薄膜与基底间界面吸附与薄膜预应力之间的关系。2017 年，德国亚琛大学 Goldsche 等人设计了图 1.2 所示的静电驱动式梳齿状硅微机械驱动器，通过机械方式对石墨烯进行拉伸实现悬浮石墨烯膜应力调控，利用共焦拉曼光谱测得石墨烯应变调节系数达 1.4 %/μm[7]。

上述相关工作为石墨烯结构设计与转移基底优化提供了理论指导。

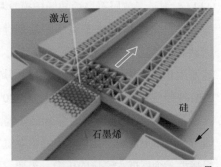

图1.2　静电驱动式梳齿状硅微机械驱动器[7]

1.1.2　光学性质

2008 年，英国曼彻斯特大学 Nair 等人定义了石墨烯的光学透明度，悬浮石墨烯的不透明度只取决于其精细结构常数[8]。其中，精细结构常数 α 为：

$$\alpha = e^2 / (\hbar c) \approx 1/137 \qquad (1.1)$$

式中，e 为电子电荷量，c 为光速，$\hbar$ 为约化普朗克常量（reduced Planck constant），且 $\hbar = h/(2\pi)$，h 为普朗克常量。

根据电导率 $G = e^2/(4\hbar)$，则石墨烯膜对入射光的透射率 T 和反射率 R 分别为：

$$T = \left(1 + 2\pi G/c\right)^{-2} = \left(1 + \pi\alpha/2\right)^{-2} \qquad (1.2)$$
$$R = \pi^2 \alpha^2 T / 4 \qquad (1.3)$$

特殊地，单层石墨烯的不透明度 $1 - T \approx \pi\alpha$。通过实验，可将石墨烯膜悬浮于亚毫米大小的 Si 孔上，测量其对白光的不透明度，单层石墨烯 $1 - T = (2.3 \pm 0.1)\%$，而 R 是非常微小的，几乎可忽略不计（小于 0.1%），并且 $1 - T$ 随着薄膜的厚度的增加而增加，厚度每增加一层，$1 - T$ 将增加 2.3%，如图 1.3、图 1.4 所示。

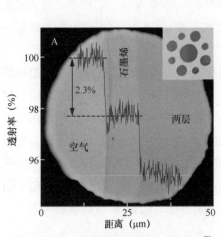

图1.3 单层、两层石墨烯膜对光的透射率[8]

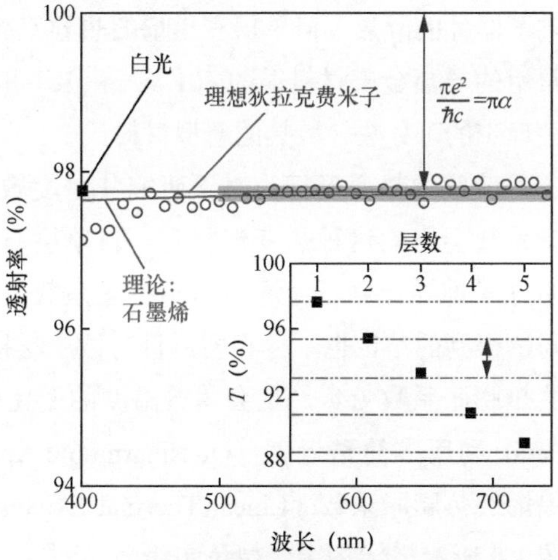

图1.4 石墨烯膜对光的透射率[8]

由于石墨烯具有良好的透光性，2007 年，新加坡国立大学 Ni 等人利用光路干涉测量原理，确定了吸附于 SiO$_2$/Si 基底表面的石墨烯层数[9]。吸附于 SiO$_2$/Si 基底表面的 1 ～ 4 层石墨烯如图 1.5 所示。采用这种方法不仅可以获得准确的少层石墨烯膜层数，而且不会对石墨烯膜造成破坏。同年，英国剑桥大学 Casiraghi 等人通过白光照明与薄膜干涉测试表明，当石墨烯的层数从单层达到 10 层时，其反射率从 0.01% 上升到约 2%[10]。

2010 年，英国剑桥大学 Bonaccorso 等人在文

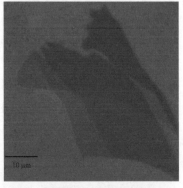

图1.5 吸附于SiO$_2$/Si基底表面的 1～ 4层石墨烯[9]

献 [11] 中指出，在 300 ～ 2500 nm 波长范围内单层石墨烯对光的吸收光谱具有平坦性；并基于菲涅耳方程，推导出石墨烯的可见光谱透射率约为 97.7%，而由于单层石墨烯的反射率约为 0.01%，因此单层石墨烯的可见光谱吸收率约为 2.3%。同年，美国纽约州立大学奥尔巴尼分校 Nelson 等人利用光谱椭圆对称法，研究了采用化学气相沉积法（Chemical Vapor Deposition，CVD）制备的石墨烯的光学特性，在 245 ～ 1600 nm 波长范围内确定该薄膜的复折射系数约为 1.5 ～ 3.5[12]。这些工作为研究基于石墨烯材料的光学式或光纤式传感器性能及其影响规律提供了理论基础。

1.1.3　热学性质

当电子产品长时间工作时，会导致热量聚集，使得电子器件失效，甚至会引发火灾等安全事故。空气的热导率大约为 0.023 $W \cdot m^{-1} \cdot K^{-1}$，是热的不良导体，显然不利于电子器件的散热。但单层石墨烯的热导率高达 1500 ～ 4600 $W \cdot m^{-1} \cdot K^{-1}$[13, 14]，显著高于常用的导热金属材料铜的 401 $W \cdot m^{-1} \cdot K^{-1}$ 和银的 420 $W \cdot m^{-1} \cdot K^{-1}$。这表明，石墨烯是一种理想的可导热、散热的新型材料。

薄膜的热变形行为对于研究其温度敏感特性是极为重要的，且薄膜自身的热膨胀系数会影响这种热变形行为。自单层石墨烯被发现以来，国内外研究者采用不同的方式推导计算石墨烯膜的热膨胀系数，但由于实验条件的差异以及实验方法的不同，得到的结论也不尽相同。目前被广泛接受的是，在 0 ～ 700 K 温度范围内石墨烯的热膨胀系数为负，且会随着温度的变化而改变 [15]。2014 年，土耳其阿纳多卢大学 Sevik 利用准简谐近似（Quasiharmonic Approximation，QHA）仿真方法，研究了石墨烯线热膨胀系数（Linear Thermal Expansion Coefficient，LTEC）与温度的关系，如图 1.6 所示 [15]。图中，黑色实线为采用 QHA、局部密度近似（Local Density Approximation，LDA）与（Vienna Ab initio Simulation Package，VASP）相结合的方式获得的石墨烯 LTEC 与温度之间的关系曲线；红色虚线为采用 QHA 与广义梯度近似（Generalized Gradient Approximation，GGA）获得的石墨烯 LTEC 与温度之间的关系曲线；其余曲线为不同参考文献

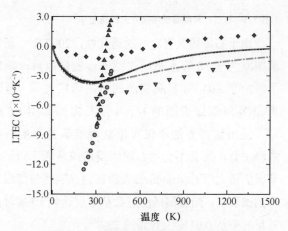

图1.6　石墨烯LTEC与温度的关系[15]

中石墨烯 LTEC 与温度之间的响应结果，包括绿色点划线 [16]、橙色实线 [17]、红色实心正三角形 [18]、绿色实心倒三角形 [19] 以及蓝色实心菱形 [20]。

上述工作为研究石墨烯材料的温度特性、优化石墨烯传感器的温度敏感性与温度补偿技术，以及设计石墨烯谐振子的光热激励与检测方法提供了机理模型与方法指导。

1.1.4　电学性质

作为单原子层的单层石墨烯，其导带和价带相交于狄拉克点，是一种带隙为零的半导体材料 [21]。石墨烯在室温下的载流子迁移率约为 1.5×10^4 cm$^2 \cdot$V$^{-1} \cdot$s$^{-1[22]}$，是硅材料的 10 倍，是已知具有最高载流子迁移率的锑化铟的 2 倍多。石墨烯的电阻率约为 10^{-6} Ω·cm$^{[22, 23]}$，比已知电阻率最小的银还小，是目前已知电阻率最小的导电材料。2010 年，意大利卡利亚里大学 Cocco 等人对石墨烯的剪切方向和单轴应变力方向施加压力，得到高达 0.95 eV 的带隙 [24]。因此，石墨烯具有优异的压阻效应。即，外部压力作用于石墨烯敏感薄片时石墨烯产生应变，使石墨烯能带结构发生改变并产生带隙，影响费米能级和费米速度，造成载流子浓度及电子迁移率发生改变，最终导致电阻发生变化。基于此原理，石墨烯目前已经被广泛用于压阻传感器研究，且根据材料的宏观形状，其可分为一维的石墨烯纤维压阻传感器 [25]、二维的石墨烯膜压阻传感器 [26] 和三维的石墨烯气凝胶压阻传感器 [27]。目前石墨烯压阻传感器的工作应变范围可达到 200%[28]，其灵敏系数不低于 400[29]。这类压阻传感器的工作机理多表现为量子隧道效应 [25]、石墨烯片层滑移 [29] 或压阻材料的断裂。

具有代表性的研究之一，2013 年瑞典皇家理工学院 Smith 等人对石墨烯膜的压阻特性进行了仿真分析和实验研究，提出了图 1.7 所示的石墨烯压阻式压力传感器结构。仿真结果表明，石墨烯膜压阻效应与膜片晶体取向无关，但压力 - 电阻率特性存在奇点漂移，其稳定性仍需进一步研究 [30]。同年，荷兰代尔夫特理工大学 Zhu 等人对以边长为 280 μm、厚度为 100 nm 的方形氮化硅膜片为基底的石墨烯膜压阻效应进行了仿真，发现其压阻效应优于金属膜片压阻式压力传感器 [31]。

石墨烯的特殊能带结构导致其具有不同于一般凝聚态物质的物理化学性质，如室温下在亚微米尺度呈现弹道输运特性 [32]、反常的半整数量子霍尔效应 [33]、非零最小量子电导 [34] 以及安德森弱局部化 [35] 等；而且，通过掺杂其他功能材料对石墨烯的压阻传感功能进行设计和优化，可实现对压力、应变、温度和湿度等多种刺激的响应。因此，作为压力敏感薄膜，石墨烯具有优异的电学特性，且其具有比硅材料更高的灵敏度与抗过载能力，在高灵敏度动态压力测量方面具有较广阔的潜在应用前景。同时，国内外研究学者在石墨烯及其复合材料的压阻和压电特性上的研究，也为石墨烯压力传感器的研制提供了一种可能。

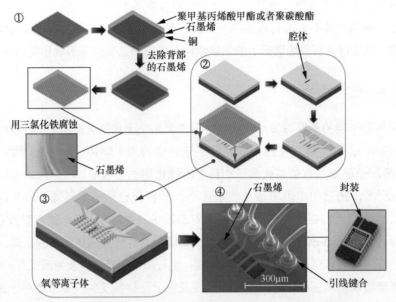

图1.7 瑞典皇家理工学院设计的石墨烯膜压阻式压力传感器结构[30]

1.2 石墨烯用于传感器的优势

总体上，石墨烯相比传统材料在力学、热学、光学、电学等特性方面具有显著优势，这使得石墨烯在传感器领域应用中具有更大的潜力。具体的优势表现在以下几个方面。

（1）石墨烯的高电子迁移率、大比表面积、低热噪声以及单原子层厚度使其更容易吸附气体分子（O_2、CO_x 以及 NO_x 等）、生物分子和化学分子，这提高了石墨烯基离子、气体以及生物传感器的灵敏度。传统分子探测器由于其热噪声明显，很难将探测精度提高到原子水平，而石墨烯则很容易实现单分子探测。

（2）石墨烯的高机械柔韧性与原子级厚度，使其在力学传感器方面表现出优异性能。例如，石墨烯可与物体表面形成良好的共形接触，结合柔性基底材料，做成可穿戴式传感器，用于人体脉搏、血压、心率等体征参数的测量；以及石墨烯可作为压力或声压传感器的弹性敏感元件，用于高灵敏度力学参数的测量。

（3）石墨烯具有宽光谱吸收的特点，且在 300 ~ 2500 nm 波段，其光谱吸收较为平坦，这使得石墨烯成为光谱光电探测器的优良材料。此外，利用石墨烯的光谱吸收响应和基于表面等离子体共振特性，可将其作为敏感材料制作表面等离子体共振

（Surface Plasmon Resonance，SPR）传感器。

（4）石墨烯是目前已知最薄的单层二维材料，质量轻、机械柔韧性好、易于加工、与大面积柔性固体支持物的兼容性良好，适合制备柔性传感器。而且，石墨烯复合其他功能材料可以增强对特定分析物的敏感性和选择性，并诱导柔韧性和可拉伸性，构建多功能石墨烯基柔性传感器[36]。

（5）石墨烯还具有稳定的物理化学性质，可进行官能化处理及具有超强的量子约束。通过改性或掺杂，可形成石墨烯基材料或石墨烯衍生物；通过在材料表面吸附单个化学或生物分子以引起电荷或能量转移，进而改变石墨烯的电子和光学性质，这可为石墨烯基电学或光纤传感器在生物、化学感领域应用带来新的机遇。

1.3 石墨烯与基底间的界面吸附性质

单层石墨烯是由单层碳原子以 sp^2 杂化呈蜂巢晶格排列构成的单层二维晶体。石墨烯内部碳原子之间的连接非常柔韧，当外力作用于石墨烯时，石墨烯发生弯曲形变，而其中碳原子不会重新排列来适应外力，从而保持结构稳定。而且，石墨烯在表面力的作用下将会与基底表面紧密吸附。近年来，针对石墨烯膜与基底材料间吸附力学特性，国内外学者开展了大量理论与实验研究。

2010 年，新加坡 Dunn 等人[37]利用范德瓦耳斯力原理，分析了石墨烯与刚性碳基底间的吸附作用。理论结果与原子仿真结果均表明，范德瓦耳斯力是石墨烯吸附作用的主要来源。

2011 年，美国 Koenig 等人利用 AFM 研究了石墨烯膜与 SiO_2 基底间的吸附特性，发现单层石墨烯具有更大的吸附能，测量得到单层石墨烯与基底间的吸附能为（0.45±0.02）J/m^2，少层（2～5层）石墨烯与基底间的吸附能为（0.31±0.03）J/m^2[6]。单层石墨烯之所以比多层石墨烯具有更大的吸附能，是因为单层石墨烯有更好的柔性，可以紧随基底表面的形态变化，形成更大的范德瓦耳斯力。

2012 年，韩国 Yoon 等人应用断裂力学理论，利用双悬臂梁测试的方法测量了单层石墨烯与 Cu 基底间的吸附能为（0.31±0.03）J/m^2[38]。次年，美国东北大学 Li 等人在 Au 基底上设置了"Au 柱阵列"，建立 Au 界面与石墨烯间的吸附能模型，测得两者界面间的吸附能为（0.45±0.1）J/m^2[39]。

2014 年，湖南师范大学何艳等人利用原子间松弛原理，理论推导了不同层厚石墨烯与不同基底间（石墨烯 /SiO_2、石墨烯 /Cu、石墨烯 /Cu/Ni、Cu/ 石墨烯 /Ni）的吸附能范围。研究发现，层厚与临界距离是影响石墨烯吸附能的主要因素，其中临界距离随着层厚的增加而减小[40]。

2015 年，美国 Jiang 等人基于 Dugdale 理论和改进的 Rumpf 模型，通过改变原子探针材料，利用 AFM 测量了不同材料的探针与石墨烯之间的吸附能，其中单层石墨烯与 SiO_2 基底和 Cu 基底间的吸附能分别为 0.46 J/m^2 和 0.75 J/m^2[41]。

2016 年，英国剑桥大学 Kumar 等人融合有限元与分子动力学仿真，分析了石墨烯与基底间吸附作用不仅与范德瓦耳斯力有关，还与 Si-O 键和石墨烯间的键能作用有关，这一成果为吸附理论研究提供新的可能[42]。同年，意大利米兰大学 Budrikis 等人利用分子动力学仿真，分析了悬浮石墨烯膜的温度响应。结果表明，膜片中心下沉深度与温度、界面作用强度近似成正比，如图 1.8 所示[43]。

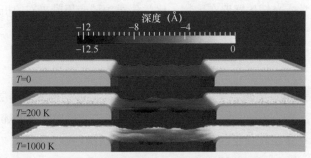

图1.8　石墨烯温度响应分子动力学仿真结果[43]

近年来，笔者所在课题组通过引入吸附能参数，建立了悬浮石墨烯膜与基底间的吸附能与薄膜预应力之间的关系，获取吸附能对石墨烯膜压力敏感特性的影响规律，并提出了间接求解吸附能的测量方法，利用声压测试实验平台进行了基于动态声压测试的吸附能计算。实验结果表明，6 ~ 8 层石墨烯与 ZrO_2 基底间的吸附能约为 0.286 J/m^2，10 ~ 15 层石墨烯与 ZrO_2 基底间的吸附能约为 0.275 J/m^2[44]。在此基础上，进一步实现了基于纳米金颗粒填充于石墨烯膜泡的薄膜与 SiO_2 基底间的吸附能的直接测量方法。结果表明，单层和 3 ~ 5 层石墨烯与 SiO_2 基底间的平均吸附能分别为 0.453 J/m^2 和 0.317 J/m^2，而约 13 层厚石墨烯与 SiO_2 基底间的吸附能约为 0.277 J/m^2[45]。所得实验结果与前人文献中的理论与实测值相吻合。

这些研究表明，石墨烯膜的吸附力学特性会直接影响石墨烯膜光纤 F-P 传感器的性能，已成为国内外前沿研究热点。因此，以提高传感器性能为目标，获取微纳尺度下石墨烯与基底间吸附力学特性及其对石墨烯传感器响应特性的影响因素及规律，具有重要的理论价值与实际的应用价值。

1.4　石墨烯膜光纤F-P传感器研究进展

光纤 F-P 传感器具有诸多优点，例如抗电磁干扰、电气绝缘、耐腐蚀、耐高温，以及具有高灵敏度、高稳定性、制备工艺相对简单等特征，而提高F-P传感器测量性能的关键方法之一是优化敏感薄膜材料。由于石墨烯具有优异的材料性能，石墨烯膜光纤F-P传感器研究已成为国内外学者的研究热点。本节以压力（静压）、声压、湿度等典型参数为例介绍相关研究进展。

1. 石墨烯膜光纤F-P压力传感器

2012年，香港理工大学Ma等人通过熔接单模光纤与石英毛细管，将石墨烯膜转移至毛细管端面，首次完成了石墨烯膜F-P探头的制作，如图1.9（a）所示。实验结果表明，在0～5.0 kPa压力范围内，该F-P压力传感器的灵敏度可达39.4 nm/kPa，并验证了石墨烯膜能承受高达2.5 MPa的压力，从而表明石墨烯压力传感器具有宽动态压力范围[46]。

2014年，本课题组基于圆膜大挠度弹性力学方程，建立了石墨烯膜压力 - 挠度模型，获得了低压力条件下压力与挠度之间的近似线性关系，并仿真分析了石墨烯膜的压力—挠度响应，表明了石墨烯膜在低压测量领域具有极大潜力[47]。

2017年，北京理工大学Dong等人提出一种基于F-P干涉仪和光纤布拉格光栅（Fiber Bragg Grating，FBG）的微型光纤传感器，可同时测量压力和温度，其结构如图1.9（b）所示。实验结果表明，该传感器在0～2 kPa压力范围内可实现501.4 nm/kPa的灵敏度[48]，且FBG的引入可实现压力、温度的双参数、检测与温度耦合抑制。

2019年，美国中央密歇根大学Cui等人通过聚焦离子束微加工方式，在单模光纤端面上制作了直径为20 μm的微腔，并转移石墨烯膜至该端面，形成F-P腔，如图1.9（c）所示。在0～13.2 kPa压力范围内，传感器灵敏度约为9.728 nm/kPa[49]。这种基于微加工技术的微型压力传感器有望应用于生物医疗领域。

2021年，南京信息工程大学Ge等人采用化学蚀刻的方法，制作了光纤微腔结构，并利用石墨烯膜覆盖微腔，如图1.9（d）所示。在0～100 kPa的压力范围内，传感器具有79.956 nm/kPa的灵敏度与良好的线性度，并使用基于遗传算法的小波神经网络来补偿压力传感器的温度漂移[50]。

2022年，南京邮电大学Chen等人以氧化石墨烯为压敏薄膜，制作了光纤F-P压力传感器，如图1.9（e）所示。在50.5～59.0 kPa压力范围内，传感器灵敏度为3.81 nm/kPa[51]。虽然测得的传感器灵敏度相对较低，但表明石墨烯衍生物薄膜，如氧化石墨烯等类似二维材料，也可用作膜片式光纤F-P压力传感器的敏感材料，结合改进的薄膜制备与悬浮转移方法，可提升当前压力传感器性能。

综上，目前石墨烯膜光纤F-P压力传感器的灵敏度仍有限，且动态测量范围较窄。如何保证高灵敏度的同时拓宽测压的动态范围是接下来的研究重点。此外，温度的变化对解调压力有关键影响，提出有效的温度补偿手段，如全光纤结构的石墨烯压力传感器等，实现高精度、高灵敏度的压力检测也是亟须攻克的难题。

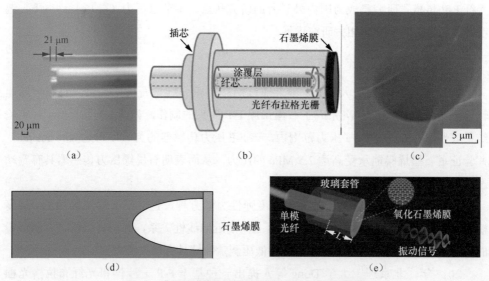

图1.9　典型研究机构的石墨烯基F-P压力传感器结构
（a）香港理工大学[46]；（b）北京理工大学[48]；（c）美国中央密歇根大学[49]；
（d）南京信息工程大学[50]；（e）南京邮电大学[51]

2. 石墨烯膜光纤 F-P 声压传感器

如前文所述，2012 年香港理工大学 Ma 等人首次将石墨烯材料转移至毛细管端面，制备了 F-P 压力传感器。2013 年，该课题组结合动压（声压）测量需求，仍利用 F-P 压力传感器结构，开展了石墨烯膜光纤 F-P 声压传感器的探索研究，将 100 nm 厚的多层石墨烯膜转移至内径为 125 μm 的陶瓷插芯端面，制作了石墨烯膜光纤 F-P 声压传感器，如图 1.10（a）所示[52]。声压测试表明，传感器在 0.2 ～ 22 kHz 的频率范围内具有较平坦响应，并在 10 kHz 声压条件下获得 1.1 nm/Pa 的机械灵敏度，对应的电压灵敏度为 13.15 mV/Pa。当声压为 400 mPa 时，该传感器在 10 kHz 处的信噪比为 57.5 dB，对应的最小可探测声压（Minimum Detectable Acoustic Pressure，MDAP）为 75 μPa/Hz$^{1/2}$。该工作首次将石墨烯作为敏感膜用作光纤 F-P 声压传感器，为后续研究人员推进本研究提供了有价值的经验指导。

2015 年，本课题组选用 4.6 nm 厚的石墨烯膜，基于内径为 125 μm 的陶瓷插芯，制备了石墨烯膜光纤 F-P 声压传感器[53]。声压测试表明，该传感器的电压灵敏度为47.38 mV/Pa@15 kHz，对应的机械灵敏度提升至 2.38 nm/Pa@15 kHz，且在 15 kHz 频率下传感器的信噪比为 51.6 dB，MDAP 为 2.7 mPa/Hz$^{1/2}$，进一步提升和验证了石墨烯膜光纤 F-P 声压传感器的有效性。

2018 年，华中科技大学 Ni 等人利用直径为 2 mm、厚度为 10 nm 的石墨烯膜制备了光纤 F-P 声压传感器，如图 1.10（b）所示[54]。声压测试表明，在 10 Pa@5 Hz 声场作用下该传感器的信噪比为 20 dB，MDAP 为 0.77 Pa/Hz$^{1/2}$。

2019 年，美国天普大学 Dong 等人开展了石墨烯膜光纤 F-P 声压传感器增敏结构研究，即在石墨烯膜上镀银，如图 1.10（c）所示；扩大传感器背腔体积，如图 1.10（d）所示。声压测试表明，对于参比的常规石墨烯膜光纤 F-P 声压传感器，其电压灵敏度为 21.32 mV/Pa@2 kHz，对应的机械灵敏度为 1.17 nm/Pa@2 kHz，如图 1.10（e）所示，经薄膜镀银处理后，该传感器的电压灵敏度提高至 68.41 mV/Pa@2 kHz，但机械灵敏度相应降低为 1.17 nm/Pa@2 kHz。而由图 1.10（f）所示的仿真结果可知，在 0.5 ～ 20 kHz 范围内扩大传感器背腔体积可实现增敏，机械灵敏度提升至 6 ～ 10 nm/Pa@0.5 ～ 10 kHz。该工作为石墨烯膜光纤声压传感器增敏提供了必要参考[55]。

由于氧化石墨烯相较石墨烯具有制备简单、成本低与厚度可控等优势，近年来有学者尝试利用该薄膜材料制作光纤 F-P 声压传感器。例如，2017 年电子科技大学 Wu 等人利用直径为 1.8 mm、厚度为 100 nm 的氧化石墨烯膜制备了光纤 F-P 声压传感器，如图 1.10（g）所示。声压测试表明，该传感器的电压灵敏度为 750 mV/Pa@10 kHz，且在 -180°～ 180° 范围内输出电压变化约为 20 mV[56]。

2020 年，重庆大学 Wang 等人利用直径为 4.337 mm、厚度为 500 nm 的氧化石墨烯膜制作了光纤 F-P 声压传感器，如图 1.10（h）所示。声压测试表明，该传感器的电压灵敏度为 25.8 mV/Pa@10 kHz，且在 -180°～ 180° 范围内输出电压变化约为 3 mV[57]。

2022 年，南京邮电大学 Chen 等人利用直径约为 1.7 mm、厚度约为 64 nm 的氧化石墨烯膜制备了光纤 F-P 声压传感器，如图 1.10（i）所示。声压测试表明，该传感器在空气声探测时，其频率响应为 4 Hz ～ 20 kHz，电压灵敏度最高为 102 mV/Pa@20kHz，MDAP 为 28.74 μPa/Hz$^{1/2}$@20 kHz[58]。

针对声压传感器的增敏优化，2021 年本课题组在常规石墨烯膜 F-P 声压传感器结构的外部，设计、配接了一种基于人耳仿生的外部声放大结构，如图 1.10（j）所示。该放大结构在 0.2 ～ 2 kHz 范围内取得了明显的声放大效果，并在 1.2 kHz 处具有谐响应，相应的电压灵敏度从约 20 mV/Pa 放大至 565.3 mV/Pa，明显提高了石墨烯膜光纤 F-P 声压传感器的低频灵敏度[59]。

综上，目前石墨烯膜光纤 F-P 声压传感器研究多聚焦于灵敏度增强，包括膜厚减薄或尺寸增大等常规方式，以及引入外部增敏结构等新思路；但受 F-P 微腔尺寸限制，文献中传感器灵敏度频率响应的平坦性不佳，且信噪比与 MDAP 有限，限制了该传感器的实用性。如何实现宽频带、高增益、高灵敏度、低噪声的石墨烯膜光纤声压传感器是亟待解决的核心问题。

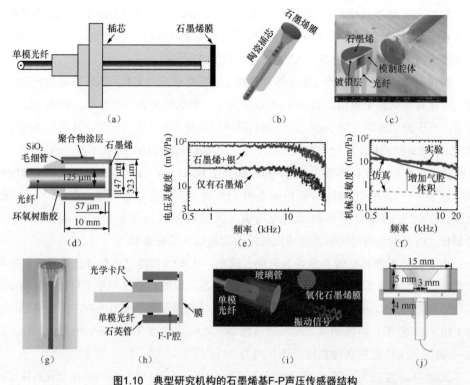

图1.10 典型研究机构的石墨烯基F-P声压传感器结构

（a）香港理工大学[52]；（b）华中科技大学[54]；（c）～（f）美国天普大学[55]；（g）电子科技大学[56]；

（h）重庆大学[57]；（i）南京邮电大学[58]；（j）北京航空航天大学[59]

3. 石墨烯膜光纤 F-P 湿度传感器

本部分围绕石墨烯、氧化石墨烯、石墨烯量子点等材料，介绍了光纤湿度传感器的代表性研究进展，明确了石墨烯膜光纤 F-P 湿度传感器的发展潜力。

2009 年，比利时安特卫普大学 Leenaerts 等人利用密度泛函理论研究了石墨烯表面水分子的最优吸附态、吸附方向和吸附能，认为石墨烯是超疏水的材料；并通过能态密度和被吸附分子的杂化轨道分析可知，石墨烯和水分子间的电荷转移量较小，石墨烯自身阻抗变化也相对较小[60]。同年，美国得克萨斯理工大学 Wang 等人测试了石墨烯、氧化石墨烯等薄膜的可湿性和表面自由能，测得水滴在石墨烯表面接触角为 127°，在氧化石墨烯表面接触角为 67.4°，表明氧化石墨烯与水等各类溶剂间的吸附能都大于石墨烯，具有亲水性[61]。

随着石墨烯、氧化石墨烯等材料独特的二维结构与其对水分子的超通透性被验证，国内外学者相继开展石墨烯膜光纤 F-P 湿度传感器的研究。2018 年本课题组制作了一种开腔式石墨烯膜光纤 F-P 探头结构，如图 1.11（a）所示。根据测得的干涉光谱可知，在 20%RH ～ 70%RH 范围内波长偏移量为 0.02 nm/%RH，功率变化量为 0.02 dB/%RH，均远低于先前报道的 F-P 湿度传感器，也验证了石墨烯的疏水特性[62]。同年，本课题组以悬浮于毛细管端面的氧化石墨烯膜为湿度敏感单元，通过熔接单模光纤和石英毛细管，制作了光纤 F-P 湿度传感器，其结构如图 1.11（b）所示。湿度实验表明，在 10 %RH ～ 90 %RH 范围内，传感器具有约 0.2 nm/%RH 的较高灵敏度和约 60 ms 的超短响应时间[63]，为氧化石墨烯光纤湿度传感器的性能优化提供了方向参考。

石墨烯量子点（Graphene Quantum Dots，GQDs）作为一种新的准零维纳米级石墨烯材料，有着优异的物理化学性质。在 GQDs 吸附水分子时，其电子密度会降低，导致其折射率降低，从而实现湿度传感。2018 年，东北大学 Zhao 等人结合聚乙烯醇（Poly Vinyl Alcohol，PVA）的高湿度敏感性，将一段空芯光纤熔接在单模光纤末端，并将 GQDs-PVA 化合物填充在空芯光纤的纤芯，制作了 GQDs-PVA 光纤 F-P 湿度传感器，如图 1.11（c）所示。实验结果表明，在 13.47%RH ～ 81.34%RH 范围内，该传感器灵敏度高达 117.25 pm/%RH[64]。同年，该课题组在空芯光纤和单模光纤之间熔接光子晶体光纤，同样将 GQDs-PVA 化合物填充在 F-P 腔中，如图 1.11（d）所示。实验结果表明，在 19.63%RH ～ 78.86%RH 范围内，测得腔长灵敏度可达 0.456 nm/%RH[65]。类似，2021 年，中国石油大学 Wang 等人[66] 也制作了 GQDs 填充的光纤 F-P 湿度传感器，如图 1.11（e）所示，其在 11 %RH ～ 85 %RH 范围内灵敏度为 0.567 nm/%RH。

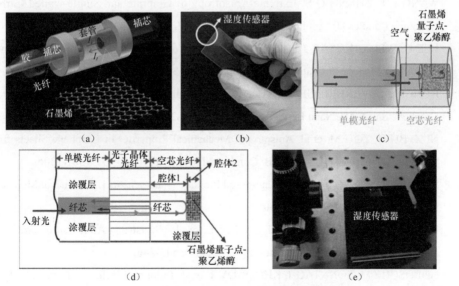

图 1.11　不同研究机构的石墨烯基F-P湿度传感器结构

（a）、（b）北京航空航天大学[62, 63]；（c）、（d）东北大学[64, 65]；（e）中国石油大学[66]

综上，基于氧化石墨烯的光纤湿度传感器可获得超快响应，但灵敏度尚不显著。与之相比，GQDs 或 GQDs-PVA 化合物有助于提升湿度测量的超高灵敏度和分辨率。

因此，将湿度敏感元件填充至 F-P 腔内可有效改善湿度敏感性能，但过厚的湿度敏感元件或过长的干涉腔体长度会严重限制湿度敏感响应时间和恢复时间。如何结合湿度敏感填充新材料、光纤传感微结构与探头结构制作工艺，实现湿度敏感的高灵敏度与快速响应是后续石墨烯膜光纤 F-P 湿度传感器的研究重点。

1.5　本章小结

作为一种目前已知最薄的新型材料，石墨烯具有独特的二维结构和众多优异的材料特性，已成为当前国内外先进传感器领域的前沿研究热点。本章总结了石墨烯的材料特性，并从传感器制作与性能优化的角度，围绕石墨烯吸附力学行为与典型石墨烯膜光纤 F-P 传感器（压力、声压、湿度）等方面，介绍了国内外学者在理论研究、特性仿真与实验方面取得的一些进展，为有效实现石墨烯膜光纤 F-P 传感器的研制提供了重要的理论和新技术支撑，进而推动具有自主知识产权的新型高性能石墨烯传感器技术的创新发展。

参 考 文 献

[1]　WANG L F, ZHENG Q S. Extreme Anisotropy of Graphite and Single-walled Carbon Nanotube Bundles [J]. Applied Physics Letters, 2007, 90(15): 153113.

[2]　LEE C, WEI X, KYSAR J W, et al. Measurement of the Elastic Properties and Intrinsic Strength of Monolayer Graphene [J]. Science, 2008, 321(5887): 385-388.

[3]　BUNCH J S, VERBRIDGE S S, Alden J S, et al. Impermeable Atomic Membranes from Graphene Sheets [J]. Nano Letters, 2008, 8(8): 2458-2462.

[4]　NI Z, BU H, ZOU M, et al. Anisotropic Mechanical Properties of Graphene Sheets from Molecular Dynamics [J]. Physica B: Condensed Matter, 2010, 405(5): 1301-1306.

[5]　SORKIN V, ZHANG Y W. Graphene-based Pressure Nano-sensors [J]. Journal of Molecular Modeling, 2011, 17(11): 2825-2830.

[6]　KOENIG S P, BODDETI N G, DUNN M L, et al. Ultrastrong Adhesion of Graphene Membranes [J]. Nature Nanotechnology, 2011, 6(9): 543-546.

[7]　GOLDSCHE M, SONNTAG J, KHODKOV T, et al. Tailoring Mechanically-tunable Strain Fields in Graphene [J]. Nano Letters, 2017, 18(3): 1707-1713.

[8]　NAIR R R, BLAKE P, GRIGORENKO A N, et al. Fine Structure Constant Defines Visual Transparency of Graphene [J]. Science, 2008, 320(5881): 1308-1308.

[9]　NI Z H, WANG H M, KASIM J, et al. Graphene Thickness Determination Using Reflection

and Contrast Spectroscopy [J]. Nano Letters, 2007, 7(9): 2758-2763.

[10]　CASIRAGHI C, HARTSCHUH A, LIDORIKIS E, et al. Rayleigh Imaging of Graphene and Graphene Layers [J]. Nano Letters, 2007, 7(9): 2711-2717.

[11]　BONACCORSO F, SUN Z, HASAN T, et al. Graphene Photonics and Optoelectronics [J]. Nature Photonics, 2010, 4(9): 611-622.

[12]　NELSON F J, KAMINENI V K, ZHANG T, et al. Optical Properties of Large-area Polycrystalline Chemical Vapor Deposited Graphene by Spectroscopic Ellipsometry [J]. Applied Physics Letters, 2010, 97(25): 25319.

[13]　CAI W, MOORE A L, ZHU Y, et al. Thermal Transport in Suspended and Supported Monolayer Graphene Grown by Chemical Vapor Deposition [J]. Nano Letters, 2010, 10(5): 1645-1651.

[14]　GHOSH S, BAO W, NIKA D L, et al. Dimensional Crossover of Thermal Transport in Few-layer Graphene [J]. Nature Materials, 2010, 9(7): 555-558.

[15]　SEVIK C. Assessment on Lattice Thermal Properties of Two-dimensional Honeycomb Suctures: Graphene, H-BN, H-MoS$_2$, and H-MoSe$_2$ [J]. Physical Review B, 2014, 89(3): 125-136.

[16]　MOUNET N, MARZARI N. First-principles Determination of the Structural, Vibrational and Thermodynamic Properties of Diamond, Graphite, and Derivatives [J]. Physical Review B, 2005, 71(20): 205214.

[17]　YOON D, SON Y W, CHEONG H. Negative Thermal Expansion Coefficient of Graphene Measured by Raman Spectroscopy [J]. Nano Letters, 2011, 11(8): 3227-3231.

[18]　BAO W, MIAO F, CHEN Z, et al. Controlled Ripple Texturing of Suspended Graphene and Ultrathin Graphite Membranes [J]. Nature Nanotechnology, 2009, 4(9): 562-566.

[19]　PAN W, XIAO J, ZHU J, et al. Biaxial Compressive Strain Engineering in Graphene/Boron Nitride Heterostructures [J]. Scientific Reports, 2012, 2(1): 1-6.

[20]　BAILEY A C, YATES B. Anisotropic Thermal Expansion of Pyrolytic Graphite at Low Temperatures [J]. Journal of Applied Physics, 1970, 41(13): 5088-5091.

[21]　NETO A H C, GUINEA F, PERES N M R, et al. The Electronic Properties of Graphene [J]. Reviews of Modern Physics, 2009, 81(1): 109.

[22]　BOLOTIN K I, SIKES K J, JIANG Z, et al. Ultrahigh Electron Mobility in Suspended Graphene [J]. Solid State Communications, 2008, 146(9-10): 351-355.

[23]　SUBRINA S, KOTCHETKOV D. Simulation of Heat Conduction in Suspended Graphene Flakes of Variable Shapes [J]. Journal of Nanoelectronics and Optoelectronics, 2008, 3(3): 249-269.

[24]　COCCO G, CADELANO E, COLOMBO L. Gap Opening in Graphene by Shear Strain [J]. Physical Review B, 2010, 81(24): 241412.

[25]   JIANG X, REN Z, FU Y, et al. Highly Compressible and Sensitive Pressure Sensor under Large Strain Based on 3D Porous Reduced Graphene Oxide Fiber Fabrics in Wide Compression Strains [J]. ACS Applied Materials & Interfaces, 2019, 11(40): 37051-37059.

[26]   SMITH A D, NIKLAUS F, PAUSSA A, et al. Piezoresistive Properties of Suspended Graphene Membranes under Uniaxial and Biaxial Strain in Nanoelectromechanical Pressure Sensors [J]. ACS Nano, 2016, 10(11): 9879-9886.

[27]   LU Y, TIAN M, SUN X, et al. Highly Sensitive Wearable 3D Piezoresistive Pressure Sensors Based on Graphene Coated Isotropic Non-woven Substrate [J]. Composites Part A: Applied Science and Manufacturing, 2019, 117: 202-229.

[28]   WANG Y, HAO J, HUANG Z, et al. Flexible Electrically Resistive-type Strain Sensors Based on Reduced Graphene Oxide-decorated Electrospun Polymer Fibrous Mats for Human Motion Monitoring [J]. Carbon, 2018, 126: 360-371.

[29]   WANG D Y, TAO L Q, LIU Y, et al. High Performance Flexible Strain Sensor Based on Self-locked Overlapping Graphene Sheets [J]. Nanoscale, 2016, 8(48): 20090-20095.

[30]   SMITH A D, NIKLAUS F, PAUSSA A, et al. Electromechanical Piezoresistive Sensing in Suspended Graphene Membranes [J]. Nano Letters, 2013, 13: 3237-3242.

[31]   ZHU S E, GHATKESAR M K, ZHANG C, et al. Graphene Based Piezoresistive Pressure Sensor [J]. Applied Physics Letters, 2013, 102(16): 161904.

[32]   DU X, SKACHKO I, BARKER A, et al. Approaching Ballistic Transport in Suspended Graphene [J]. Nature Nanotechnology, 2008, 3(8): 491-495.

[33]   ZHANG Y, TAN Y W, STORMER H L, et al. Experimental Observation of the Quantum Hall Effect and Berry's Phase in Graphene [J]. Nature, 2005, 438(7065): 201-204.

[34]   MIAO F, WIJERATNE S, ZHANG Y, et al. Phase-coherent Transport in Graphene Quantum Billiards [J]. Science, 2007, 317(5844): 1530-1533.

[35]   MOROZOV S V, NOVOSELOV K S, Katsnelson M I, et al. Strong Suppression of Weak Localization in Graphene [J]. Physical Review Letters, 2006, 97(1): 016801.

[36]   姜鸿基, 王美丽, 卢志炜, 等. 石墨烯基人工智能柔性传感器 [J]. 化学进展, 2022, 34(05): 1166-1180.

[37]   LU Z, DUNN M L. Van Der Waals Adhesion of Graphene Membranes [J]. Journal of Applied Physics, 2010, 107(4): 044301-044305.

[38]   YOON T, SHIN W C, KIM T Y, et al. Direct Measurement of Adhesion Energy of Monolayer Graphene As-grown on Copper and its Application to Renewable Transfer Process [J]. Nano Letters, 2012, 12(3): 1448-1452.

[39]　LI G, YILMAZ C, AN X, et al. Adhesion of Graphene Sheet on Nano-patterned Substrates with Nano-pillar Array [J]. Journal of Applied Physics, 2013, 113(24): 244303.

[40]　HE Y, CHEN W F, YU W B, et al. Anomalous Interface Adhesion of Graphene Membranes [J]. Scientific Reports, 2013, 3(9): 2660.

[41]　JIANG T, ZHU Y. Measuring Graphene Adhesion Using Atomic Force Microscopy with a Microsphere Tip [J]. Nanoscale, 2015, 7(24): 10760-10766.

[42]　KUMAR S, PARKS D, KAMRIN K. Mechanistic Origin of the Ultra Strong Adhesion between Graphene and a-SiO$_2$: Beyond Van Der Waals [J]. ACS Nano, 2016, 10(7): 6552-6562.

[43]　BUDRIKIS Z, ZAPPERI S. Temperature-dependent Adhesion of Graphene Suspended on a Trench [J]. Nano Letters, 2016, 16(1): 387-391.

[44]　LI C, GAO X, FAN S, et al. Measurement of the Adhesion Energy of Pressurized Graphene Diaphragm Using Optical Fiber Fabry-Perot Interference [J]. IEEE Sensors Journal, 2016, 16(10): 3664-3669.

[45]　GAO X Y, YU X Y, LI B X, et al. Measuring Graphene Adhesion on Silicon Substrate by Single and Dual Nanoparticle-loaded Blister [J]. Advanced Materials Interfaces, 2017, 4(9): 1601023.

[46]　MA J, JIN W, HO H L, et al. High-sensitivity Fiber-tip Pressure Sensor with Graphene Diaphragm [J]. Optics Letters, 2012, 37(13): 2494-2495.

[47]　LI C, XIAO J, GUO T T, et al. Interference Characteristics in a Fabry-Perot Cavity with Graphene Membrane for Optical Fiber Pressure Sensors [J]. Microsystem Technologies, 2015, 21(11): 2297-2306.

[48]　DONG N N, WANG S M, JIANG L, et al. Pressure and Temperature Sensor Based on Graphene Diaphragm and Fiber Bragg Gratings [J]. IEEE Photonics Technology Letters, 2018, 30(5): 431-434.

[49]　CUI Q S, THAKUR P, RABLAU C, et al. Miniature Optical Fiber Pressure Sensor with Exfoliated Graphene Diaphragm [J]. IEEE Sensors Journal, 2019, 19(14): 1-11.

[50]　GE Y X, SHEN L W, SUN M M. Temperature Compensation for Optical Fiber Graphene Micro-pressure Sensor Using Genetic Wavelet Neural Networks [J]. IEEE Sensors Journal, 2021, 21(21): 24195-24201.

[51]　CHEN Y F, WAN H D, LU Y, et al. An Air-pressure and Acoustic Fiber Sensor Based on Graphene-oxide Fabry-Perot Interferometer [J]. Optical Fiber Technology, 2022, 68(68): 102754.

[52]　MA J, XUAN H F, HO H L, et al. Fiber-optic Fabry-Perot Acoustic Sensor with Multilayer Graphene Diaphragm [J]. IEEE Photonics Technology Letters, 2013, 23(10): 932-935.

[53]　LI C, GAO X Y, GUO T T, et al. Analyzing the Applicability of Miniature Ultra-high

　　　　Sensitivity Fabry-Perot Acoustic Sensor Using a Nanothick Graphene Diaphragm [J].
　　　　Measurement Science and Technology, 2015, 26(8): 085101.

[54]　NI W, LU P, FU X, et al. Ultrathin Graphene Diaphragm-based Extrinsic Fabry-Perot
　　　　Interferometer for Ultra-wideband Fiber Optic Acoustic Sensing [J]. Optics Express, 2018,
　　　　26(16): 20758-20767.

[55]　DONG Q, BAE H, ZHANG Z. Miniature Fiber Optic Acoustic Pressure Sensors with Air-
　　　　backed Graphene Diaphragms [J]. Journal of Vibration and Acoustics, 2019, 141(4): 041003.

[56]　WU Y, YU C, WU F, et al. A Highly Sensitive Fiber-optic Microphone Based on Graphene
　　　　Oxide Membrane [J]. Journal of Lightwave Technology, 2017, 35(19): 4344-4349.

[57]　WANG S, CHEN W. A Large-area and Nanoscale Graphene Oxide Diaphragm-based
　　　　Extrinsic Fiber-optic Fabry-Perot Acoustic Sensor Applied for Partial Discharge Detection
　　　　in Air [J]. Nanomaterials, 2020, 10(11): 2312.

[58]　CHEN Y, WAN H, LU Y, et al. An Air-pressure and Acoustic Fiber Sensor Based on Graphene-
　　　　oxide Fabry-Perot Interferometer [J]. Optical Fiber Technology, 2022, 68: 102754.

[59]　LI C, XIAO X, LIU Y, et al. Evaluating a Human Ear-inspired Sound Pressure
　　　　Amplification Structure with Fabry-Perot Acoustic Sensor Using Graphene Diaphragm [J].
　　　　Nanomaterials, 2021, 11(9): 2284.

[60]　LEENAERTS O, PARTOENS B, PEETERS F M. Water on Graphene: Hydrophobicity and
　　　　Dipole Moment Using Density Functional Theory [J]. Physical Review B, 2009, 79(23): 235440.

[61]　WANG S, ZHANG Y, ABIDI N. Wettability and Surface Free Energy of Graphene Films [J].
　　　　Langmuir, 2009, 25(18): 11078-11081.

[62]　LI C, YU X, ZHOU W, et al. Ultrafast Miniature Fiber-tip Fabry-Perot Humidity Sensor
　　　　with Thin Graphene Oxide Diaphragm [J]. Optics Letters, 2018, 43(19): 4719-4722.

[63]　LI C, YU X, LAN T, et al. Insensitivity to Humidity in Fabry-Perot Sensor with Multilayer
　　　　Graphene Diaphragm [J]. IEEE Photonics Technology Letters, 2018, 30(6): 565-568.

[64]　ZHAO Y, TONG R J, CHEN M Q, et al. Relative Humidity Sensor Based on Hollow Core
　　　　Fiber Filled with GQDs-PVA [J]. Sensors and Actuators: B. Chemical, 2018(284): 96-102.

[65]　ZHAO Y, TONG R J, CHEN M Q, et al. Relative Humidity Sensor Based on Vernier Effect
　　　　with GQDs-PVA Un-fully Filled in Hollow Core Fiber [J]. Sensors and Actuators: A.
　　　　Physical, 2018, (285): 329-337.

[66]　WANG N, TIAN W H, ZHANG H S, et al. An Easily Fabricated High Performance Fabry-
　　　　Perot Optical Fiber Humidity Sensor Filled with Graphene Quantum Dots [J]. Sensors,
　　　　2021, 21(3): 806.

第2章　悬浮石墨烯膜大挠度力学特性

悬浮石墨烯压力传感器多利用石墨烯膜悬浮密封于微型空腔（基底），通过空腔内外压力差的变化，使石墨烯膜产生应力应变，再借助电学的压阻效应或光学的挠度变化，实现压力检测。为此，本章将以石墨烯膜为研究对象，结合大挠度理论和有限元力学分析，开展石墨烯膜压力敏感特性的理论建模与仿真分析，研究石墨烯膜中心挠度的应力 - 应变关系。

2.1　薄膜大挠度非线性理论模型

2.1.1　冯·卡门圆薄板大挠度模型

1910 年，美国科学家冯·卡门推导了平板大挠度非线性方程组[1]，奠定了薄板压力挠度分析的基础。在大挠度情况下，对圆薄板的力学平衡进行假设：圆薄板承受轴对称弯曲形变，且材质为均匀分布，具有相同厚度。对弹性薄膜而言，挠度形变量一般远大于薄膜的厚度，因此在计算挠度值时，将中面位移引起的应力和应变作为参量计算在方程中。

$$\begin{cases} K\dfrac{1}{r}\cdot\dfrac{\mathrm{d}}{\mathrm{d}r}\left\{r\dfrac{\mathrm{d}}{\mathrm{d}r}\left[\dfrac{1}{r}\cdot\dfrac{\mathrm{d}}{\mathrm{d}r}\left(r\dfrac{\mathrm{d}w}{\mathrm{d}r}\right)\right]\right\}-\dfrac{1}{r}\cdot\dfrac{\mathrm{d}}{\mathrm{d}r}\left(rF_r\dfrac{\mathrm{d}w}{\mathrm{d}r}\right)=q \\ r\dfrac{\mathrm{d}}{\mathrm{d}r}\left[\dfrac{1}{r}\cdot\dfrac{\mathrm{d}}{\mathrm{d}r}(r^2F_r)\right]+\dfrac{Et}{2}\left(\dfrac{\mathrm{d}w}{\mathrm{d}r}\right)^2=0 \end{cases} \tag{2.1}$$

式中，$K=\dfrac{Et^3}{12(1-\upsilon^2)}$ 为圆膜的抗弯刚度，其中 E 为弹性模量，t 为薄膜厚度，υ 为泊松比，r 为圆膜半径，q 为均布压力，F_r 为中面内力，w 为中心挠度。

利用式（2.1）可获取周边固支圆膜在均布压力下的挠度形变，但为计算挠度形变，需根据冯·卡门非线性方程组及其边界条件进行 w 的求解，通常采用摄动法和变分法。

（1）摄动法

钱伟长先生在求解圆板大挠度问题时，提出了以载荷和中心挠度为摄动参数的摄动法[2]。为采用摄动法对非线性方程组的渐进解进行计算，将物理特性方程和定解的已知条件进行无量纲化。因此，将挠度 w 与厚度 t 的比值作为无量纲小参数，即摄动量；简化非线性方程组，将无量纲小参数展开成幂级数，代入无量纲化后的方程组，化简为近似方程，并确定各级幂级数的系数，同时对级数进行近似截断处理，则可得到原方程的近似渐进解。

首先，对物理方程及边界条件进行无量纲化。定义无量纲常数 P、η、S 和 W 分别为：

$$P = \frac{qr^4}{Et^4}(1-\upsilon^2), \quad \eta = 1-\frac{\rho^2}{r^2}, \quad S = \frac{F_r r^2}{Et^3}, \quad W = \frac{w}{t}$$

对于周边固支的力学模型，圆膜边上挠度值为 0，则边界条件可表示为：

$$(w)_{\rho=r} = 0, \quad \left(\frac{\mathrm{d}w}{\mathrm{d}\rho}\right)_{\rho=r} = 0, \quad \left[\rho\frac{\mathrm{d}F_r}{\mathrm{d}\rho} + (1-\upsilon)F_r\right]_{\rho=r} = 0$$

式中 ρ 为薄膜密度。

再定义摄动参数：

$$W_m = (W)_{\eta=1} = \left(\frac{w}{t}\right)_{\rho=0} = \frac{w}{t}$$

w 是薄膜中心挠度，即最大挠度。则有如下函数关系：

$$P = P(W_m), \quad W = W(W_m, \eta), \quad S = S(W_m, \eta)$$

由函数的奇偶性可将 P、W、S 展开为 W_m 的幂级数为：

$$\begin{cases} P = \alpha_1 W_m + \alpha_3 W_m^3 + \alpha_5 W_m^5 + \cdots \\ W = g_1(\eta)W_m + g_3(\eta)W_m^3 + g_5(\eta)W_m^5 + \cdots \\ S = h_2(\eta)W_m^2 + h_4(\eta)W_m^4 + h_6(\eta)W_m^6 + \cdots \end{cases}$$

由此，通过反复迭代，可计算出上述幂级数的系数。一般情况下三阶摄动可满足大多数情况，则三阶系数为：

$$\begin{cases} \alpha_1 = 1 \\ g_1(\eta) = \eta^2 \\ h_2(\eta) = \frac{1}{6}\left(\frac{2}{1-\upsilon} + \eta + \eta^2 + \eta^3\right) \end{cases} \quad 和 \quad \begin{cases} \alpha_3 = \frac{1}{360}(1+\upsilon)(173-73\upsilon) \\ g_3(\eta) = \frac{1}{360}(1-\upsilon^2)\eta^2(1-\eta)\left(\frac{83-43\upsilon}{1-\upsilon} + 23\eta + 8\eta^2 + 2\eta^3\right) \end{cases}$$

将上述三阶系数代入级数展开式，联立无量纲常数，则依据式（2.1）可得中心挠度 w 与均布压力 q 之间的关系方程为：

$$\frac{3(1-\upsilon^2)qr^4}{16Et^4} = \frac{w}{t} + \frac{(1+\upsilon)(173-73\upsilon)}{360} \cdot \left(\frac{w}{t}\right)^3 \tag{2.2}$$

由式（2.2），可求得不同均布压力下薄膜中心挠度 w。

（2）变分法

变分法在解决圆膜形变问题时主要以最小余能原理为主要原则。圆膜在受力作用过程中始终保持平衡，即外力做的功全部转化为形变能。以里茨算法为依据，在求解周边固支石墨烯圆膜问题时，需要让挠度形变的计算式在满足位移的边界条件前提下，使得待定常数能够满足泛函的驻值或者极值条件，进而计算出近似于真实值的挠度解[3]。

势能 U 由两部分组成，包括弯曲形变能 U_1 和中面应变能 U_2，即 $U=U_1+U_2$。对于周边固支边界条件：

$$U_1 = \pi D \int \left[\rho \left(\frac{\mathrm{d}^2 w}{\mathrm{d}\rho^2} \right)^2 + \frac{1}{\rho} \left(\frac{\mathrm{d}w}{\mathrm{d}\rho} \right)^2 \right] \mathrm{d}\rho$$

由于圆膜是轴对称的，则

$$U_2 = \pi t \int (\sigma_\rho \varepsilon_\rho + \sigma_\varphi \varepsilon_\rho) \, \rho \mathrm{d}\rho$$

假设：

$$U_\rho = \left(A_0 + A_1 \frac{\rho}{r} \right) \left(1 - \frac{\rho}{r} \right) \frac{\rho}{r}, \quad w = B_0 \left(1 - \frac{\rho^2}{r^2} \right)^2$$

对于周边固支的边界条件：

$$(U_\rho)_{\rho=r} = 0, \quad (w)_{\rho=r} = 0, \quad \left(\frac{\mathrm{d}w}{\mathrm{d}\rho} \right)_{\rho=r} = 0$$

且满足轴对称条件：

$$(u_\rho)_{\rho=0} = 0, \quad \left(\frac{\mathrm{d}w}{\mathrm{d}\rho} \right)_{\rho=0} = 0$$

式中，σ_ρ 和 σ_φ 分别为径向应力和切向应力，ε_ρ 为径向应变，u_ρ 为径向位移。

在圆膜中心（$\rho = 0$）处，圆膜中心挠度 $w = B_0$，对形变能进行变分处理，由于变分位移是完全任意的，并且是互不依赖的，整理得：

$$\frac{\partial V}{\partial A_0}=0, \quad \frac{\partial V}{\partial A_1}=0, \quad \frac{\partial V}{\partial B_0} = 2\pi \int qw\rho \mathrm{d}\rho$$

将上述条件整理积分后，可得 B_0 的关系式为：

$$B_0 + \frac{0.486}{t^2} B_0{}^3 = \frac{qr^4}{64D}$$

则圆膜中心挠度 w 可表示为：

$$w + \frac{0.486}{t^2} w^3 = \frac{3qr^4(1-\upsilon^2)}{16Et^3} \tag{2.3}$$

2.1.2　Beams鼓泡法球壳模型

薄膜应力使膜片弯曲，而弯曲曲率半径与薄膜应力、膜片特性、厚度密切相关，因此薄膜力学行为影响敏感薄膜探头的性能。1959 年 Beams 提出了薄膜理论，用于测量薄膜的力学性质，即膨胀实验测量[4]。Beams 假设当圆膜受均布压力时，薄膜会发生均匀对称的膨胀，即球壳模型，如图 2.1 所示。

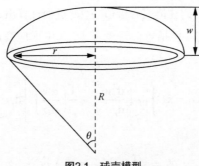

图2.1 球壳模型

对于图 2.1 所示的球壳模型，存在如下的力学平衡关系：

$$q = \frac{2\pi R\sigma t\sin\theta}{\pi r^2} = \frac{2R\sigma t\sin\theta}{r^2}$$

式中，$R = \dfrac{r^2 + w^2}{2w}$ 为曲率半径，其中 t 为薄膜厚度，r 为薄膜半径，$\sigma = \dfrac{E\varepsilon}{1-\upsilon}$ 为薄膜应力。由于 $w \ll r$，则 $\theta \approx \sin\theta = \dfrac{r}{R}$。

对 $\sin\theta$ 进行泰勒展开，只取泰勒展开的前两项，即 $\sin\theta = \dfrac{r}{R} \approx \theta - \dfrac{\theta^3}{6}$，则薄膜应变方程为：

$$\varepsilon = \frac{R\theta - r}{r} = \frac{R\theta}{r} - 1 \approx \frac{\theta^2}{6}$$

将 $\begin{cases} q = \dfrac{2R\sigma t\sin\theta}{r^2} \\ \sigma = \dfrac{E\varepsilon}{1-\upsilon}, \varepsilon = \dfrac{\theta^2}{6} \\ \theta = \dfrac{r}{R}, R = \dfrac{r^2 + w^2}{2w} \end{cases}$ 联立化简，可得 $\begin{cases} q = \dfrac{8Etw^3}{3(1-\upsilon)r^4} \\ \varepsilon = \dfrac{2w^2}{3r^2} \end{cases}$。

考虑到薄膜预应力对薄膜挠度形变的影响，引入薄膜内部的预应变 ε_0，则

$$\varepsilon = \frac{2w^2}{3r^2} + \varepsilon_0$$

由此可推得反映压力 - 挠度关系的 Beams 方程为：

$$q = \frac{4\sigma_0 t}{r^2}w + \frac{8Etw^3}{3(1-\upsilon)r^4} \tag{2.4}$$

式中，σ_0 为石墨烯膜的预应力。

2.1.3 Wei J.分析模型

2012 年香港理工大学 Jin 等人制作了石墨烯膜光纤 F-P 压力传感器 [5]，采用了哥

伦比亚大学 Lee 等人利用 AFM 对石墨烯膜进行纳米压痕实验[6]测量石墨烯的弹性模量和断裂强度时的理论模型,并建立了压力 - 挠度方程:

$$q = \frac{4\sigma_0 t}{r^2}w + \frac{2Et}{(1-\upsilon)r^4}w^3 \tag{2.5}$$

比较上述反映压力与薄膜挠度关系的不同模型公式,式(2.5)包含薄膜挠度 w 的一次项和三次项;式(2.2)和式(2.3)并未考虑预应力对薄膜挠度特性的影响;式(2.4)与式(2.5)分别对应的 Beams 方程和 Wei J. 模型中的高次项不一致,则各自求得的挠度特性存在一定偏差。此外,对于式(2.4)和式(2.5),式中第 1 项均反映了预应力的影响,但随着均布压力的增大,薄膜挠度 w 在不断增大的同时,因预应力而引起的挠度变化却在减弱。由于薄膜与基底之间存在范德瓦耳斯力,薄膜预应力不为 0。

取 σ_0 为文献 [6] 中实测的 1.2 GPa,设第一项 $4\sigma_0 wt/r^2$ 与均布压力 q 之比为:

$$kq = \frac{4\sigma_0 wt}{r^2 q} \times 100\% \tag{2.6}$$

则预应力因子项对均布压力 - 挠度变化的影响如图 2.2 所示。由图 2.2 可知,当施加的均布压力超过 60 kPa 时,预应力所引起的挠度变化小于整个挠度变化的 30%。当石墨烯膜在受到较小的均布压力作用时,高次项对挠度变化贡献较小。

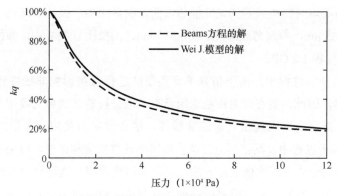

图2.2 预应力对薄膜挠度的影响仿真

当薄膜所受均布压力较小时,对于薄层石墨烯材料,预应力对挠度特性的影响是不可忽略的。以半径为 12.5 μm 的单层石墨烯圆膜为分析对象,边界条件为周边固支;弹性模量 E 取 1 TPa,预应力 σ_0 取 1.2 GPa,单层薄膜厚度 t 取 0.335 nm,泊松比 υ 取 0.17。则由图 2.3 可知,当石墨烯膜所受均布压力小于 3.5 kPa 时,由式(2.4)和式(2.5)理论模型可得到石墨烯膜挠度位移与均布压力基本呈线性关系的结论,此时高次项基本可以忽略。需要说明的是,图 2.3 中响应曲线变化趋势与石墨烯膜力学属

性参数 E、σ_0 和薄膜厚度（或层数）密切相关，则实测结果的压力范围与理论分析存在着不同。

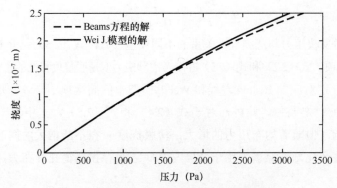

图2.3　石墨烯膜的压力-挠度响应的理论模型分析

2.2　石墨烯膜大挠度有限元仿真

2.2.1　石墨烯圆膜有限元建模

考虑到石墨烯膜要被吸附到光纤插芯端面以制备探头，因此取薄膜直径为光纤插芯直径，即 125 μm，单层薄膜厚度 t 取 0.335 nm，泊松比 υ 为 0.17，弹性模量和预应力分别为 1 TPa 和 1.2 GPa。

在有限元分析过程中，由于仿真单元类型的选择直接影响非线性计算的收敛速度和计算效率，因此，要有针对性地选用具有不同分析特性的单元模型 [7]。由于石墨烯膜的压力 - 挠度模型表现出一定的非线性，结合预应力效应，选用二维结构单元 shell181。在分析过程中，网格划分方法直接影响计算精度和速度。自由网格划分是一种具有高自动划分效率的网格划分方法，可自动识别模型。这种划分方法主要应用于边界形状无规律的曲线区域，但采用这种划分方法得到的网格单元存在非规则排列，在仿真计算时精度不高。而采用映射网格划分得到的网格单元具有规则形状且排列有序，在计算精度上较采用自由网格划分的更高。由于石墨烯膜属于非线性形变范畴，在计算精度上要求更高。因此，在兼顾计算效率的前提下，选用映射方式进行网格划分，并结合网格细化，共获得 46 656 个网格单元。图 2.4 展示了石墨烯膜的网格划分模型。

2.2.2 非线性收敛准则分析

针对图 2.4 所示的网格划分，考虑到石墨烯膜的预应力效应，利用命令流加载 1.2 GPa 的预应力，同时开启预应力效应选项。通过 Large Displacement Static 模块进行大挠度分析，并在非线性选项中启用线性搜索方式。该方法比常用的牛顿迭代法的计算量稍大，但能够避免牛顿迭代法出现的跳跃现象。

在实时计算残差的过程中，有限元仿真软件会在每一个循环迭代中将残差值代入非线性的收敛准则进行判别。而计算残差是将所有单元的内力二范数计算在内，有且仅当残差小于

图2.4 石墨烯膜的有限元网格划分

收敛准则时，非线性迭代结果才能收敛。在仿真过程中，以力和位移作为收敛准则的参考量，选择 L2 规范作为收敛计算标准，力和位移的容值均设为 0.001，且有限元模型的边界条件为周边固支，取其位移量为 0。需要说明的是，在计算过程中，可依据收敛速度适当调整载荷步数并放宽收敛容值，以提高计算效率。

2.2.3 石墨烯膜大挠度特性仿真

对石墨烯圆膜加载相应均布压力，经有限元仿真计算获取挠度响应。以加载 3 kPa 均布压力为例，仿真得到的圆膜从圆心到边缘处的挠度变化如图 2.5 所示。由此可知，随着薄膜半径减小，挠度逐渐增大，并在圆心处取得最大值，且在同一半径位置上各点挠度相同。仿真结果表明，在半径方向上由圆心至边缘的各点挠度按位移均匀分布，验证了基于 Ansys 的挠度响应仿真方法的有效性。

1. 有预应力条件

由图 2.3 所示的理论分析可知，当外部压力低于 3.5 kPa 时，预应力对薄膜挠度特性影响明显。因此，在石墨烯膜的线性挠度区间内，即均布压力小于 3.5 kPa 时，需要将预应力作为主要影响因素计算在内。在（0, 3500）Pa 区间内以 25 Pa、1000 Pa、2000 Pa 为区间点，分别以 100 Pa、160 Pa、250 Pa 为间隔，共取 33 组均布压力分别施加于石墨烯圆膜片，同时考虑预应力的影响，对周边固支单层石墨烯圆膜进行挠度响应仿真，则薄膜中心挠度的理论解析解与有限元仿真解如图 2.6 所示。

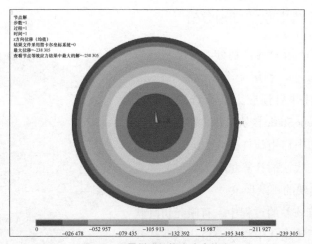

图2.5 石墨烯膜的挠度响应仿真

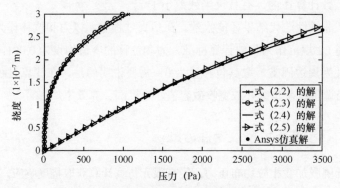

图2.6 有预应力条件下薄膜中心挠度响应仿真

考虑到不同边界条件下理论模型的准确性，取 Ansys 仿真解为标准值。定义模型的相对误差（%）=| 解析解－仿真解 |/ 仿真解 ×100%，则可计算每个压力点处的理论解析解和仿真解之间的相对误差，然后对所有压力点的相对误差取平均，则 Beams 方程结果与 Ansys 仿真解之间的相对误差最小，为 0.49%。

2. 无预应力条件

在石墨烯膜所受均布压力较高时，忽略此时的预应力，即在仿真时取预应力为 0，式（2.4）和式（2.5）不考虑方程中挠度的一次项。在（50, 125）kPa 区间内以 5 kPa 为间距，选取 15 组均布压力值进行压力 - 挠度特性仿真，则基于前述 4 个模型方程，薄膜中心挠度的理论解析解与仿真解如图2.7所示。在该条件下对上述理论模型式(2.2)~

式（2.5）对比可知，Beams 球壳模型的理论结果与 Ansys 仿真结果之间的差异最小，两者之间的平均相对误差为 0.844%。

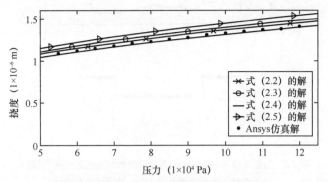

图2.7 无预应力条件下薄膜中心挠度响应仿真

综上所述，在不同均布压力的作用下，Beams 球壳模型能更好地表征周边固支石墨烯圆膜的挠度特性，其与有限元仿真解的平均相对误差均小于 1%。

2.3 石墨烯膜大挠度特性的影响分析

2.3.1 薄膜预应力

根据 2008 年美国康奈尔大学 Bunch 等人的研究可知[8]，石墨烯膜与基底之间存在由范德瓦耳斯力引起的应变拉伸，进而出现薄膜的凹陷形变，产生膜内应力，如图2.8 所示。该石墨烯样本是边长为 4.75 μm 的方形薄膜，其凹陷形变约为 0.17 nm，由范德瓦耳斯力引起的吸附能约为 0.1 J/m^2。因此，在分析微压力下石墨烯膜大挠度力学特性时，预应力的影响是不能忽略的。

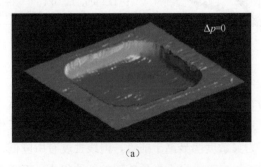

（a）

图2.8 石墨烯膜与SiO$_2$基底间界面吸附的AFM图与示意[8]
（a）界面吸收的AFM图

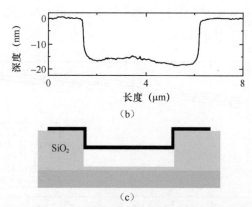

图2.8　石墨烯膜与SiO₂基底间界面吸附的AFM图与示意[8]（续）

（b）凹陷形变的测量结果；（c）界面吸附的示意

　　2013 年北京航空航天大学 Wang 等人对石墨烯膜与不同基底材料间的吸附能进行了仿真研究 [9]。结果表明，不同层数的石墨烯膜与基底间的吸附作用不同，即由范德瓦耳斯力引起的预应力不同。因此，需要分析薄膜预应力对石墨烯膜大挠度特性的影响。在前述理论模型和有限元模型的基础上，调整预应力仿真值分别为 1.2 GPa 和 4 GPa，同时在（0, 3500）Pa 区间内以 25 Pa、1000 Pa、2000 Pa 为区间点，分别选取 33 组均布压力施加于石墨烯圆膜片上，可得到图 2.9 所示的仿真曲线。

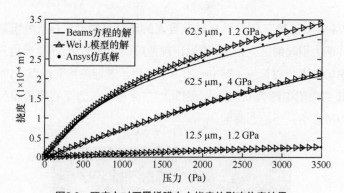

图2.9　预应力对石墨烯膜中心挠度的影响仿真结果

　　由此可知，随着预应力的增大，石墨烯膜刚度增加会导致压力灵敏度降低，但是传感器的线性度在一定程度上会提高，这会增加传感器的线性工作区间；同理，当预应力较小时，薄膜压力灵敏度明显高于前者，但线性度有所降低，从而也限制了传感器的测量范围。因此，针对石墨烯力学传感器的性能优化，可通过调节石墨烯膜与基底间的吸附力学响应，改善传感器的灵敏度或线性测量范围。

2.3.2 薄膜层数

德国马克斯 - 普朗克研究所 Meyer 等人的研究表明 [10]，单层石墨烯膜表面并不是完全平整的，其表面会有一定高度的褶皱，单层石墨烯的褶皱程度明显大于双层或更多层石墨烯，并且褶皱程度会随着石墨烯层数的增加而减小。因此，层数将对石墨烯传感器探头的制备性能、挠度形变与动态特性产生影响。

以半径为 62.5 μm 的石墨烯圆膜为分析对象，在（0, 1000）Pa、（1000, 2000）Pa、（2000, 3500）Pa 3 个区间，以 100 Pa、160 Pa 和 250 Pa 为对应间隔，对半径为 62.5 μm 的石墨烯圆膜施加均布压力，得到薄膜厚度分别为 1、3、5、8 层时薄膜中心挠度的仿真结果，如图 2.10 所示。由此可知，Beams 模型的解析解与 Ansys 仿真解的曲线基本吻合，在压力范围内，针对不同层数，两者间平均相对误差分别为 1.28%、0.77%、0.49% 和 0.26%。该误差随着石墨烯膜层数的增加而减小。同时，基于 Beams 球壳模型的石墨烯膜挠度特性分析的有效性更加明显，压力与挠度更近似于线性关系，而挠度变形的程度或灵敏度也随之下降。由于在制备石墨烯膜过程中薄膜层数尚无法精确控制，且薄膜厚度还与压力和挠度检测手段有关。因此，在设计石墨烯膜压力传感器敏感探头时，应该合理处理薄膜层数对传感器性能的影响。

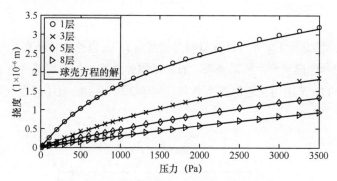

图2.10 薄膜层数对薄膜中心挠度响应的影响仿真

2.3.3 薄膜半径

在分析石墨烯膜的理论模型时，薄膜尺寸也直接影响传感器的灵敏度。根据 Beams 鼓泡法球壳模型，w 对 q 求偏导可得石墨烯膜压力灵敏度，即

$$\frac{\partial w}{\partial q} = \frac{(1-\upsilon)r^4}{4(1-\upsilon)\sigma_0 tr^2 + 8Etw^2} \tag{2.7}$$

在 (12.5, 62.5)μm 的区间内以 5 μm 为间距等间隔选取 11 组不同薄膜半径，其他薄

膜参数同上,厚度取 0.335 nm,弹性模量 E 取 1 TPa,泊松比 υ 取 0.17,预应力 σ_0 取 1.2 GPa。仿真分析得到压力灵敏度随薄膜半径变化曲线如图 2.11 所示。当压力较小($q <$ 1 kPa)时,灵敏度随半径的变化非常显著,并且呈递增趋势;当压力较大($q >$ 10 kPa)时,灵敏度近似为常值,基本不随半径的变化而变化。可以得出,在检测微小压力时,改变石墨烯膜半径能有效地提高传感器的灵敏度。相反,在检测较大压力时,改善效果并不明显。

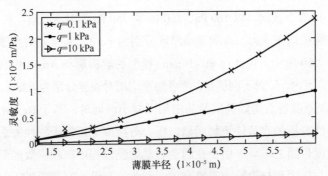

图2.11 不同压力下压力灵敏度随薄膜半径变化曲线

2.3.4 弹性模量

美国哥伦比亚大学 Lee 等人利用 AFM 分别测量了 7 片直径为 1 μm 和 6 片直径为 1.5 μm 的石墨烯膜的弹性模量 [6]。结果表明,石墨烯膜弹性模量的实测值并非为常值,而是在 0.8 ～ 1.25 TPa 范围内呈近似正态分布,如图 2.12 所示,且不同批次的石墨烯膜存在差异。

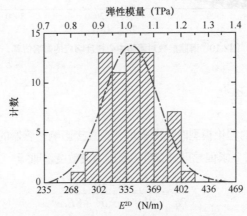

图2.12 不同批次石墨烯膜弹性模量分布[6]

这种差异性将降低石墨烯膜微压力传感器探头的一致性设计，因此为了降低弹性模量差异性对传感器的影响，对一批次多样本中石墨烯膜弹性模量的取值波动影响进行了仿真分析。根据式（2.4），对挠度 w 求 E 的偏导数，则

$$\frac{\partial w}{\partial E} = -\frac{2w^3}{3\sigma_0(1-\upsilon)r^2 + 6Ew^2} \tag{2.8}$$

以周边固支的单层石墨烯圆膜为研究对象，E 以 0.05 TPa 为间隔从（0.8，1.25）TPa 取值，直径取 125 μm，厚度取 0.335 nm，泊松比 υ 取 0.17，预应力 σ_0 取 1.2 GPa，则图 2.13 展示了均布压力 q 分别为 0.1 kPa、1 kPa、10 kPa、100 kPa 时不同弹性模量对薄膜挠度特性的影响仿真。

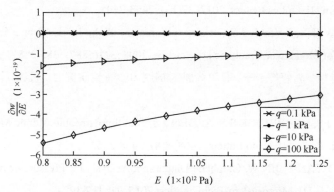

图2.13　不同压力下弹性模量波动对挠度特性的影响

仿真结果表明，当压力 q 较小（$q < 1$ kPa）时，偏导数基本为 0，表明 E 的波动对 w 的影响基本可忽略；当压力 q 较大（$q > 10$ kPa）时，偏导数为较大负值且呈递减趋势，表明 E 较低时，E 的波动对 w 的影响更大。

2.4　本章小结

本章针对石墨烯膜在高灵敏度压力传感器中的应用，基于薄膜大挠度理论，应用冯·卡门圆薄板大挠度模型、Beams 鼓泡法球壳模型和 Wei J. 分析模型，对石墨烯膜大挠度力学特性进行了数值解析与有限元仿真，分析了薄膜预应力、薄膜层数、薄膜半径、弹性模量等参数对薄膜中心挠度的影响规律。结果表明，低压力下预应力对挠度形变有主要影响，且随着压力增加，弹性模量与层数对挠度形变表现出递减效应，但薄膜褶皱程度与层数相关，并影响石墨烯膜片式传感器的制备与挠度微形变检测性能。这为后续石墨烯膜压力传感特性研究提供了模型基础与方法指导。

参 考 文 献

[1]   VON KARMAN T. Festigkeitsprobleme in Maschinenbau [J]. Encyklopädie der mathematischen Wissenschaften, 1910, (4): 311-385.

[2]   CHIEN W Z. Large Deflection of A Circular Clamped Plate Under Uniform Pressure [J]. Acta Physia Sinica, 1947, 7(2): 102-107.

[3]   徐芝纶 . 弹性力学 [M]. 4 版 . 北京 : 高等教育出版社 , 2006.

[4]   BEAMS J W. The Structure and Properties of Thin Film [M]. New York: John Wiley and Sons, 1959.

[5]   MA J, JIN W, HOI H, et al. High-sensitivity Fiber-tip Pressure Sensor with Graphene Diaphragm [J]. Optics Letters, 2012, 37(13): 2493-2495.

[6]   LEE C, WEI X, KYSAR J W, et al. Measurement of the Elastic Properties and Intrinsic Strength of Monolayer Graphene [J]. Science, 2008, 321(5887): 385-388.

[7]   李成，肖俊，郭婷婷，等 . 石墨烯膜大挠度力学特性研究 [J]. 机械工程学报 , 2015, 51(6): 87-91.

[8]   BUNCH J S, VERBRIDGE S S, ALDEN J S, et al. Impermeable Atomic Membranes from Graphene Sheets [J]. Nano Letters, 2008, 8(8): 2458-2462.

[9]   WANG D, FAN S, JIN W. Graphene Diaphragm Analysis for Pressure or Acoustic Sensor Applications [J]. Microsystem Technologies, 2015, 21: 117-122.

[10]   MEYER J C, GEIM A K, KATSNELSON M I, et al. The Structure of Suspended Graphene Sheets [J]. Nature, 2007, 446: 60-63.

第3章　石墨烯膜与基底间界面吸附力学行为

石墨烯与其他薄膜材料一样，在范德瓦耳斯力的作用下会与基底表面紧密吸附，而正是吸附作用使悬浮石墨烯固定于基底表面。因此，本章将总结石墨烯膜与不同基底材料间吸附力学特性的理论与实验研究进展，并从石墨烯膜光纤 F-P 传感器研究的角度出发，开展石墨烯与 ZrO_2 基底间吸附能的间接测量，以及基于纳米金颗粒填充的吸附能直接测量研究，为石墨烯光纤干涉型传感器的性能优化提供内在影响机理的理论与方法指导。

3.1　膜与基底间界面吸附力学特性模型

1948 年，美国 Ruess 和 Vogt 发表了论文，公布了用穿越式电子显微镜拍摄的厚度在 3 到 10 层的少层石墨烯图像 [1]。自 2004 年英国曼彻斯特大学的 Novoselov 和 Geim 利用机械剥离方法制备石墨烯起 [2]，国内外学者对石墨烯特性及其应用研究进入高潮。

2010 年，新加坡 Dunn 等人 [3] 利用范德瓦耳斯力的原理，分析了石墨烯与不同基底间的吸附作用，理论结果与仿真结果均表明范德瓦耳斯力是石墨烯吸附作用的主要来源。2011 年，美国 Koenig 等人利用 AFM 研究了石墨烯膜与 SiO_2 基底之间的吸附特性，测得单层石墨烯与基底间的吸附能为（0.45±0.02）J/m^2、少层（2～5 层）石墨烯与基底间的吸附能为（0.31±0.03）J/m^2 [4]。2012 年韩国 Yoon 等人应用断裂力学理论，利用双悬臂梁测试的方法，测得基于铜基 CVD 法制备的单层石墨烯与 Cu 基底间的吸附能为（0.31±0.03）J/m^2，并分析该结果可能与铜表面的电子与石墨烯吸附相关 [5]。该方法也可用于测量单层石墨烯与其他金属基底间的吸附能。2013 年，美国 Boddeti 等人利用改进的膜泡实验（将原有的恒定压力改为恒定气体分子数），研究得到单层石墨烯与其实验用的 SiO_2 基底间的平均吸附能为 0.24 J/m^2，远低于之前测到的 0.45 J/m^2，推测这两组数值的差异可能源于两次实验用基底的粗糙度不同 [6]。同年，美国东北大学 Li 等人通过在 Au 基底上设置 "Au 柱阵列" 的方法，建立了界面与石墨烯间的吸附能模型 [7]，测得单层石墨烯与 Au 基底间的吸附能为（0.45±0.1）J/m^2。2014

年，湖南师范大学何艳等人利用原子间松弛原理，研究发现石墨烯层厚与临界距离是影响石墨烯与基底间吸附能的主要因素，且临界距离随着层厚的增加而减小[8]。2015年美国 Jiang 等人基于 Dugdale 理论和改进的 Rumpf 模型，通过改变原子探针材料的方法，利用 AFM 测得单层石墨烯与 SiO_2 基底和 Cu 基底间的吸附能分别为 0.46 J/m^2 和 0.75 $J/m^{2\,[9]}$。同年，韩国科学技术院 Seo 等人提出利用紫外线照射和臭氧喷射改善石墨烯与基底间吸附能的方法，如图 3.1 所示，经 15 min 表面处理后的石墨烯与基底间的吸附能可达到（2.10±0.27）$J/m^{2\,[10]}$。2016 年，英国剑桥大学 Kumar 等人综合有限元与分子动力学的分析结果，认为研究石墨烯与基底间的吸附作用时，不仅需考虑范德瓦耳斯力的作用，还需在微观上分析 Si-O 键与石墨烯间的键能作用[11]，这一成果为吸附理论研究提供了新的思路。同年，韩国成均馆大学 Suk 等人提出利用纳米压痕测量石墨烯膜的力学性能及其与其他材料间的吸附强度的实验方法，如图 3.2 所示[12]。

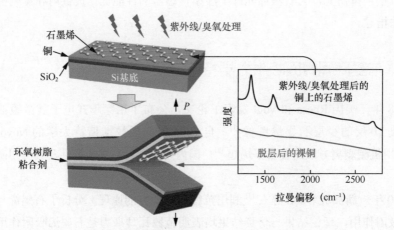

图3.1 紫外线/臭氧处理后的石墨烯与Cu基底间吸附能测量示意[10]

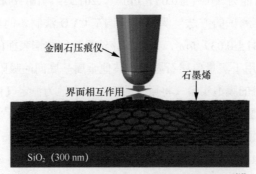

图3.2 利用纳米压痕测量石墨烯膜的吸附能示意[12]

综上所述，石墨烯的吸附力学特性是目前国内外的研究重点，但如何利用吸附力学行为指导石墨烯光纤传感器的制作，尚无可直接遵循的方法，仍处于探索阶段。为此，梳理分析石墨烯膜与基底间界面吸附的研究成果，获取微纳尺度下石墨烯膜与基底间的吸附力学特性及其对传感特性的影响因素及规律，能为高性能石墨烯传感器的研制提供必要的理论基础与方法指导。

3.1.1　基于Blister膜泡的石墨烯膜与基底间界面吸附力学模型

通过Blister膜泡实验获取石墨烯膜与基底间界面吸附力学特性的工作原理为[13]：将石墨烯膜悬浮转移至一带有盲孔的腔体上方，形成石墨烯膜／基底组件，并将该组件置于高压室中，直至腔体内、外的压力（即石墨烯膜两侧的压力）在稳定压力下达到平衡；将该石墨烯膜／基底组件从高压环境中转移至另一稳定的低压室内；此时，石墨烯膜内、外两侧的压力差使薄膜发生膨胀，产生膜泡；借助热力学系统理论公式可推导反映薄膜与基底材料间吸附强度的参数——吸附能。整个过程分为恒 N 和恒 p 两种情况，其中恒 N 是指石墨烯膜／基底组件从高压室中取出前后，膜内气体分子数不变而恒 p 是指石墨烯膜／基底组件从高压室中取出前后，膜内压力不变。为此，在上述两种情况下，对基于 Blister 膜泡的薄膜与基底间界面吸附力学模型进行了总结分析。

1. 恒 N（分子数）

薄膜吸附在基底表面是扩散附着、静电引力、范德瓦耳斯力等综合作用的结果，其中也有一些基底会与薄膜材料形成化合物，此时化学键力就是主要作用因素。如图 3.3 ①所示，材质为 SiO_2 的圆柱形腔体的初始体积为 V_0（内孔的半径为 a_0），将石墨烯膜吸附在 SiO_2 基底上，形成石墨烯膜／圆柱形腔体组件。然后，将整个石墨烯膜组件置于压力为 p_0 的某一高压室内。一段时间后，由于气体扩散的作用，膜内、外压力均为 p_0。这时将系统置于另一已知气压 p_a（$p_a < p_0$）环境下，由于膜内和膜外存在压差，薄膜会向外凸起或剥落，直至达到平衡压力 p_i。当 p_i 小于临界压力 p_{oc} 时，薄膜凸起但与基底不分离，如图 3.3 ②所示；当平衡压力 p_i 大于临界压力 p_{oc} 时，薄膜凸起并与基底分离，如图 3.3 ③所示。分离后的石墨烯膜仍保持膜泡结构，但其半径与高度均不断增大，与此同时，腔内压力随膜泡体积不断增大而降低。压力平衡后，腔体体积变为 $V_0 + V_b$，半径变为 a，其中 V_b 为膜泡体积。

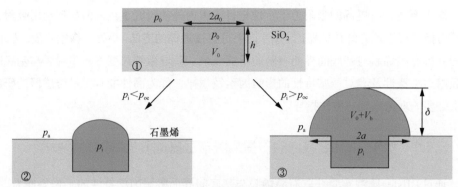

图3.3　膜泡吸附力学理论模型示意[13]

在膜泡实验中，忽略石墨烯膜的弯曲刚度，并利用 Hencky 简化的冯·卡门方程描述石墨烯膜的压力挠度特性。假设石墨烯膜的最大挠度为 δ，作用在膜上的压力 $p = p_i - p_a$，膜泡半径为 a，则有：

$$\delta = C_2 \left(\frac{pa^4}{Et} \right)^{1/3} \tag{3.1}$$

由膨胀引起的体积变化为 $V_b = C_1 \pi a^2 \delta$，式中的 C_1、C_2 是由泊松比确定的常数。对于石墨烯膜（泊松比 $\upsilon = 0.16$），C_1、C_2 的取值分别为 0.524 和 0.687。

膜泡理论的出发点是通过求取石墨烯膜组件的最小自由能，确定平衡状态。为此，石墨烯膜组件的总自由能可定义为：

$$U = U_{\text{mem}} + U_{\text{gas}} + U_{\text{ext}} + U_{\text{adh}} \tag{3.2}$$

式中，U_{mem} 为石墨烯膜在压力差 p 的作用下随变形引起的应变能，U_{gas} 为由石墨烯膜内压力腔中（恒 N）气体膨胀引起的自由能变化，U_{ext} 为由外界环境引起的自由能变化，U_{adh} 为石墨烯膜与基底间的吸附能。

在 Hencky 方程与 V_b 公式的基础上，石墨烯膜应变能 U_{mem} 可表示为：

$$U_{\text{mem}} = \iint N_i d\varepsilon_i \mathrm{d} A_{\text{mem}} = \frac{pV_b}{4} = \frac{(p_i - p_a)V_b}{4} \tag{3.3}$$

式中，N_i 为石墨烯膜上的各张力分量，ε_i 为相应的应变值，$\mathrm{d} A_{\text{mem}}$ 为石墨烯膜面积微分常量。

恒 N 的腔内气体从初始压力体积状态（p_0，V_0）等温膨胀到平衡状态（p_i，$V_0 + V_b$）过程中自由能的变化为：

$$U_{\text{gas}} = -\int p \mathrm{d}V = -p_0 V_0 \ln \left[\frac{V_0 + V_b}{V_0} \right] \tag{3.4}$$

当膜泡体积膨胀 V_b 之后，周围环境的体积将缩小 V_b（假设石墨烯膜没有体积变化），在周围环境气压维持在 p_e 不变的情况下，自由能的变化为：

$$U_{\text{ext}} = \int p_e \mathrm{d}V = p_e V_b \tag{3.5}$$

对于单位面积上恒定的吸附能 Γ，石墨烯膜与基底间的吸附能为：

$$U_{\text{adh}} = \int \Gamma \mathrm{d}A = \Gamma \pi (a^2 - a_0^2) \tag{3.6}$$

结合理想气体公式 $p_0 V_0 = p_i(V_0 + V_b)$ 与上述 4 个等式可知，总自由能仅与膜泡半径 a 相关，如下式所示。

$$U(a) = \frac{(p_i - p_a)V_b}{4} - p_0 V_0 \ln\left[\frac{V_0 + V_b}{V_0}\right] + p_e V_b + \Gamma \pi (a^2 - a_0^2) \tag{3.7}$$

通过计算极值的方式可确定石墨烯膜与基底间的平衡态，其表示为：

$$\frac{\mathrm{d}U(a)}{\mathrm{d}a} = -\frac{3p}{4} \cdot \frac{\mathrm{d}V_b}{\mathrm{d}a} + \frac{V_b}{4} \cdot \frac{\mathrm{d}p}{\mathrm{d}a} + 2\pi \Gamma a = 0 \tag{3.8}$$

分别计算 $\dfrac{\mathrm{d}V_b}{\mathrm{d}a}$ 和 $\dfrac{\mathrm{d}p}{\mathrm{d}a}$ 的值，代入式（3.8），并结合理想气体方程，则单位面积上恒定的吸附能 Γ 可整理为：

$$\Gamma = \frac{5C_1}{4}\left(\frac{p_0 V_0}{V_0 + V_b a} - p_e\right)\delta a \tag{3.9}$$

式中，V_0 为石墨烯膜内气腔的初始体积，用 $V_0 = \pi a_0^2 h$ 表示。

2. 恒 p（压力）

所谓的恒 p 是指在石墨烯膜膨胀为膜泡的过程中，假定膜内的气体压力保持不变，即平衡压力 $p_i = p_0$。石墨烯膜应变能 U_{mem} 和由内腔气体膨胀引起的自由能变化 U_{gas} 二者发生改变，最终影响吸附能的求解。

石墨烯膜应变能 U_{mem} 可表示为：

$$U_{\text{mem}} = \iint N_i \mathrm{d}\varepsilon_i \mathrm{d}A_{\text{mem}} = \frac{p V_b}{4} = \frac{(p_0 - p_a)V_b}{4} \tag{3.10}$$

石墨烯膜内气体从初始压力体积状态（p_0, V_0）等温膨胀到平衡状态（p_0, V_0+V_b），石墨烯膜内自由能为：

$$U_{\text{gas}} = -\int p \mathrm{d}V = -p_0 V_b \tag{3.11}$$

综合考虑恒 p 情况下，总自由能的 4 项组成部分为：

$$U(a) = \frac{(p_0 - p_a)V_b}{4} - p_0 V_b + p_e V_b + \Gamma \pi (a^2 - a_0^2) \tag{3.12}$$

则总自由能是仅关于半径 a 的函数。通过计算极值的方式，确定石墨烯膜与圆柱形腔体间的平衡状态，可表示为：

$$\frac{\mathrm{d}U(a)}{\mathrm{d}a} = -\frac{3p}{4} \cdot \frac{\mathrm{d}V_b}{\mathrm{d}a} + 2\pi \Gamma a = 0 \qquad (3.13)$$

计算$\frac{\mathrm{d}V_b}{\mathrm{d}a}$的值，代入式（3.13），并结合理想气体方程，则单位面积上恒定的吸附能Γ可表示为：

$$\Gamma = \frac{5C_1}{4} p\delta = \frac{5C_1C_2}{4}\left(\frac{p^4 a^4}{Et}\right)^{1/3} \qquad (3.14)$$

3.1.2 基于自由能的石墨烯膜与基底间界面吸附力学模型

石墨烯如同其他薄膜一样，在表面力作用下将会与基底表面紧密吸附，如图 3.4 所示。因此，石墨烯吸附力学内在机理的研究对石墨烯应用及其相关设备的设计与制作具有重要的意义。

图3.4　石墨烯膜与基底间界面吸附力学特性原理示意[8]

假定石墨烯膜与基底间吸附系统的自由能为U，基底表面形貌符合函数$z_s(x, y)$，反映到薄膜上为$z_m(x, y)$，因此自由能U可表示为：

$$U(z_m(x, y)) = U_{ben} + U_e + U_{vdw} \qquad (3.15)$$

式中，U_{vdw}为薄膜与基底间的相互作用能，而U_{ben}和U_e分别为因皱曲、不平整等原因在薄膜上产生的弯曲应变能与弹性应变能。

这 3 种能量可分别展开为[13]：

$$U_{ben} = \int \mathrm{d}A \frac{1}{2} D\left((\kappa_x + \kappa_y)^2 - 2(1-\upsilon)(\kappa_x\kappa_y - \kappa_{xy}^2)\right) \qquad (3.16)$$

$$U_e = \int \mathrm{d}A \frac{1}{2} C\left((\varepsilon_x + \varepsilon_y)^2 - 2(1-\upsilon)(\varepsilon_x\varepsilon_y - \varepsilon_{xy}^2)\right) \qquad (3.17)$$

$$U_{vdw} = \int \mathrm{d}A_m \int \mathrm{d}A_s V_{pot}(z_s, z_m) \qquad (3.18)$$

式中，$\mathrm{d}A$为变形膜的面积微元，$\mathrm{d}A_m$和$\mathrm{d}A_s$分别为膜与基底的面积微元，D、C分别为弯曲和拉伸刚度，κ、ε分别为膜的曲率和应变，V_{pot}为原子间相互作用能。

理想情况时，若认为基底表面绝对平整，则弯曲应变能U_{ben}可忽略不计。这样，总自由能U_{total}只含有弹性应变能U_e和相互作用能U_{vdw}两项，即

$$U_{\text{total}} = U_{\text{vdw}} + U_{\text{e}} \tag{3.19}$$

理论上，总自由能 U_{total} 在平衡状态下为负值，且与吸附能在数值上相等[14]，因此，

$$\Gamma = -U_{\text{total}} \tag{3.20}$$

从式（3.20）可以看出，基底被视为三维连续体，而薄层石墨烯膜被视为二维连续膜片。因而，平面薄层石墨烯膜与平面基底表面之间的界面能为：

$$U_{\text{vdw}} = -\Gamma_0 \left[\frac{3}{2} \left(\frac{h_0}{h} \right)^3 - \frac{1}{2} \left(\frac{h_0}{h} \right)^9 \right] \tag{3.21}$$

式中，h_0 和 Γ_0 分别为平衡状态下的界面位移和大尺寸下单位面积上本质吸附能。

另一方面，由连续性力学理论可知，储存在石墨烯膜上的单位弹性应变能为：

$$U_{\text{e}} = \frac{E t_{\text{f}} \varepsilon_{\text{g}}^2}{1 - \upsilon} \tag{3.22}$$

式中，E 和 υ 分别为石墨烯的弹性模量和泊松比，t_{f} 为石墨烯的厚度，ε_{g} 为薄膜的应变值。

联立式（3.20）～式（3.22），则平衡状态下石墨烯与基底间的吸附能为：

$$\Gamma = \Gamma_0 \left[\frac{3}{2} \left(\frac{h_0}{h^*} \right)^3 - \frac{1}{2} \left(\frac{h_0}{h^*} \right)^9 \right] + \frac{E t_{\text{f}} \varepsilon_{\text{g}}^2}{1 - \upsilon} \tag{3.23}$$

式中，h^* 为石墨烯与基底间的临界界面位移。

由此可知，基于自由能的吸附力学理论只考虑了石墨烯膜／基底所组成系统的能量变化，未考虑其他外界因素影响；而基于 Blister 膜泡的吸附力学理论源于 Blister 膜泡实验，需将石墨烯膜／基底所组成的系统置于稳定的压力场中进行分析。

3.2　影响膜与基底间界面吸附能的主要因素

作为光纤干涉型传感器的敏感元件，石墨烯膜的重要参数及工作条件将直接影响薄膜与基底间的吸附力学行为，进而影响传感器性能。根据前述的膜与基底间界面吸附特性理论可知，石墨烯膜的吸附力学特性不仅与基底材料的选取有关，还受到薄膜厚度（或层数）、基底表面粗糙度和环境温度等主要因素的影响。

3.2.1　薄膜厚度

不同厚度的石墨烯的吸附性能不同。从石墨烯自由能吸附力学理论角度来看，厚度对吸附能的影响主要表现在弹性应变能 U_{e} 上，究其原因为不同厚度的石墨烯的弹性模量与应变值不同。2012 年，韩国西江大学 Lee 等人利用拉曼光谱，通过测量不同膜厚的应变值得到不同厚度石墨烯的弹性模量[15]。2013 年，湖南师范大学 He 等人通

过理论推导得到不同膜厚的石墨烯应变值，并在此基础上，从自由能吸附的角度，分析了薄膜层数对石墨烯膜吸附特性的影响[8]，如表 3.1 所示。

表3.1 不同层数石墨烯膜材料参数[8]

层数	1	2	3	4	5	8
弹性模量（TPa）	2.2	1.7	1.41	1.29	1.23	1.15
应变值（ε）	−0.02	−0.011	−0.008	−0.0065	−0.0055	−0.0045

考虑到单层石墨烯膜厚度为 0.335 nm，利用公式（3.22）及表 3.1 中的数据，可得到不同厚度下石墨烯膜的弹性应变能曲线，如图 3.5 所示。石墨烯膜的应变能随着薄膜厚度的增加而逐渐降低，且在层数达到 5 层以上时，薄膜应变能的降低趋于平缓并稳定在 0.0735 J/m^2，而在石墨烯厚度增加的过程中，临界界面位移 h^* 始终趋近于界面平衡位移 h_0，即 $h^*/h_0 \rightarrow 1$。则由式（3.21）可知，U_{vdw} 可近似等于 Γ_0[8]，其值约为（0.268±0.002）J/m^2。根据石墨烯自由能吸附力学理论推导得到的吸附能 Γ 与厚度 t_f 的关系可知，石墨烯吸附能随厚度的增加而逐渐降低，且当厚度达到 2 nm 时开始趋于稳定。

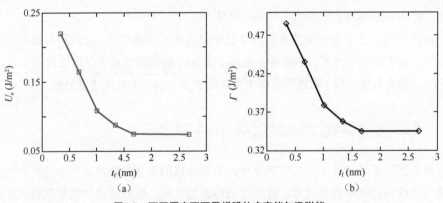

图3.5 不同厚度下石墨烯膜的应变能与吸附能
（a）应变能；（b）吸附能

3.2.2 基底表面粗糙度

2010 年美国得克萨斯大学 Aitken 等人利用晶格位错应变的相关理论，从薄膜与基底间范德瓦耳斯力作用的角度，分析了基底表面形貌对吸附行为稳定性的影响，发现基底表面的不平整将影响膜内应变，进而影响石墨烯膜的吸附状态[16]。2014 年美国犹他大学 Pourzand 等人认为，较小的粗糙度会降低吸附能，适当增大粗糙度可提高吸附能[17]。为此，对基底表面粗糙度的影响进行了分析、研究。

　　理论上，在绝对平整基底表面上吸附的石墨烯膜也趋于平整。由自由能理论可知，由范德瓦耳斯力相互作用得到的单位面积上的界面能如式（3.21）所示，式中 h 为薄膜与基底间的位移距离，h_0 为平衡状态下的临界距离，Γ_0 为单位面积上的本质吸附能。式（3.21）中假设石墨烯膜与基底间的范德瓦耳斯力相互作用主要集中于最近一层石墨烯内，且膜内的相互作用可使石墨烯各层紧密贴合成一个整体。

　　假设基底形貌为图 3.6 所示的正弦周期表面，在范德瓦耳斯力的作用下石墨烯膜形貌与基底形貌趋于一致，此时薄膜的范德瓦耳斯力界面能和弯曲应变能远大于薄膜的弹性应变能，因此，忽略薄膜的弹性应变能，则石墨烯膜的总自由能可简化为：

$$U_{\text{total}} = U_{\text{b}} + U_{\text{vdw}} \tag{3.24}$$

式中，U_{b} 和 U_{vdw} 分别为石墨烯膜的弯曲应变能和范德瓦耳斯力界面能。

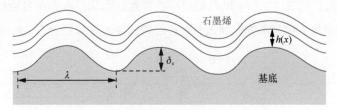

图3.6　石墨烯与褶皱起伏状基底的吸附示意

　　图 3.6 中的基底表面粗糙度可利用褶皱起伏的波长 λ 和幅度 δ_{s} 表征，则石墨烯膜与基底间的距离可表示为：

$$h(x) = h_{\text{m}} + (\delta_{\text{g}} - \delta_{\text{s}})\sin(2\pi x / \lambda) \tag{3.25}$$

式中，h_{m} 为薄膜与基底间的平均距离，δ_{g} 为石墨烯膜的褶皱起伏幅度。这样，利用褶皱起伏幅度表示的石墨烯膜与基底间的范德瓦耳斯力界面能可近似为[16]：

$$\tilde{U}_{\text{vdw}}(h_{\text{m}},\delta_{\text{g}}) \approx U_{\text{vdw}}(h_{\text{m}}) + U_1(h_{\text{m}})\left[\left(\frac{\delta_{\text{g}}}{h_0}\right)^2 + \left(\frac{\delta_{\text{s}}}{h_0}\right)^2\right] + U_2(h_{\text{m}})\frac{\delta_{\text{g}}\delta_{\text{s}}}{h_0^{\,2}} \tag{3.26}$$

式中，

$$U_1(h) = \frac{9\Gamma_0}{2}\left[-\left(\frac{h_0}{h}\right)^5 + \frac{5}{2}\left(\frac{h_0}{h}\right)^{11}\right] \tag{3.27}$$

$$U_2(h) = 9\pi^3\Gamma_0\left[\frac{h_0^5}{\lambda^3 h^2}K_3\left(\frac{2\pi h}{\lambda}\right) - \frac{\pi^3 h_0^{11}}{24 h^5 \lambda^6}\cdot K_6\left(\frac{2\pi h}{\lambda}\right)\right] \tag{3.28}$$

式中，$K_n(z)$ 为第二类修正贝塞尔函数。

　　此外，石墨烯膜因弯曲引起的应变能为[16]：

$$\tilde{U}_b(\delta_g) \approx \frac{D_N}{4} \left(\frac{2\pi}{\lambda} \right)^4 \delta_g^2 \qquad (3.29)$$

式中，D_N 为 N 层石墨烯膜的弯曲模量。

对于弯曲模量而言，经典理论中认为弯曲模量的值与厚度的立方成正比，即 $D \sim t^3$。然而，单层或少层石墨烯因其极小的尺寸使得经典理论不再适用，其固有的弯曲模量可用理论方法推导得到。即对于少层石墨烯膜的弯曲模量一般可由下式确定[18]：

$$D_N = ND_1 + Es^3(N^3 - N)/12 \qquad (3.30)$$

式中，N 为层数，E 为石墨烯的弹性模量，s 为层间距（0.335 nm），D_1=1.61 eV。

为简化分析，分别将临界距离 h_0 和本质吸附能 Γ_0 设置为 h_0=0.6 nm，Γ_0=0.45 J/m^2。对于特定基底表面，其褶皱起伏波长 λ 和幅度 δ_s 为固定值，通过微分运算 $\partial\tilde{U}_{total}/\partial\delta_g = 0$ 和 $\Gamma = -\tilde{U}_{total}$，可确定石墨烯膜褶皱起伏的幅度 δ_g 和平均距离 h_m。而且，h_m/h_0 和 δ_g/h_0 分别是关于 λ/h_0、δ_s/h_0 和 $\Gamma_0 h_0^2/D_N$ 的常数。因此，考虑到自由能的理论结果 $\Gamma = -\tilde{U}_{total}$，则基底表面褶皱的起伏波长 λ 和起伏幅度 δ_s 与吸附能 Γ 之间的关系如图 3.7 所示。

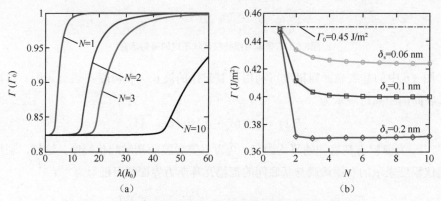

图3.7 基底表面褶皱的起伏波长和幅度与吸附能的影响关系
（a）不同起伏波长下的吸附能；（b）不同起伏幅度下的吸附能

理论结果表明，当 λ 较大时，石墨烯膜与基底接近于完全贴合，此时的吸附能 Γ 趋近于 Γ_0；而当 λ 较小时，吸附能会随之降低，且最低约为 $0.825\Gamma_0$。总体来看，随着石墨烯厚度的增加，基底褶皱波纹波长对吸附能的影响效果越来越大；在保证 λ 不变时，吸附在表面不平整基上的相同厚度的石墨烯，其褶皱的幅度越大，吸附能随层数的变化越明显，且当 δ_s=0.2 nm 时，结果与 Koenig 的实测结果[4]相接近。

因此，基底表面粗糙度对石墨烯的吸附性能产生直接影响，这主要是由于表面不平整造成膜内的弯曲应变能加大，从而影响石墨烯吸附能的变化。

3.3　膜与基底间界面吸附对薄膜压力-挠度特性的影响分析

3.3.1　薄膜预应力

在均布压力作用下，薄层石墨烯膜的挠度形变远大于膜厚，挠度特性表现为大挠度非线性。考虑到薄膜应力使膜片弯曲，而弯曲曲率半径与薄膜应力、膜片特性、厚度密切相关，1959 年 Beams 通过鼓泡实验获得了沉积在基底上的薄膜的力学性能，提出了考虑预应力 σ_0 条件下的球壳模型[19]，即当圆膜受均布压力时发生均匀对称的变形，其挠度满足

$$q = \frac{8Etw^3}{3(1-\upsilon)r^4} + \frac{4\sigma_0 t}{r^2}w \qquad (3.31)$$

式中，E 为弹性模量，t 为薄膜厚度，υ 为泊松比，r 为薄膜半径，q 为压力，w 为薄膜中心挠度，σ_0 为预应力。

为验证 Beams 方程的有效性，利用有限元法，构建了压力 - 石墨烯膜中心挠度的仿真模型。考虑到光纤 F-P 传感器的实际尺寸，结合石墨烯的参数，以直径为 125 μm 的单层石墨烯膜为分析对象。该薄膜边界条件为周边固支，材料参数选用 Lee 等人借助 AFM 的实测结果[20]，即 E、σ_0、υ 分别为 1 TPa、1.2 GPa 和 0.17。分别对预应力作用下的 1、5、10 层石墨烯膜施加 $0 \sim 100$ Pa 范围内的均布压力，则石墨烯膜中心挠度的仿真解与解析解如图 3.8 所示。

由图 3.8 可知，Beams 模型的解析解与有限元仿真解之间的平均相对误差为 0.49%，表明式（3.31）可用于分析均布压力下石墨烯膜中心挠度特性，以及从理论模型上验证了预应力 σ_0 对传感器工作时挠度变形的直接影响。因此，进一步理论分析了预应力

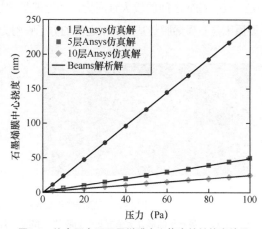

图3.8　均布压力下石墨烯膜中心挠度特性仿真结果

对石墨烯膜压力 - 挠度响应的影响，如图 3.9 所示。仿真结果表明，在 $0 \sim 5$ kPa 的压力范围内，不同预应力下挠度曲线变化明显，但随着预应力增大，石墨烯膜的压力灵敏度会降低，线性度会在一定程度得到提高，有利于信号解调；而当预应力较小时，薄膜的压力灵敏度明显高于前者，但是线性度有所降低。因此，在石墨烯光纤压力传感器的灵敏度优化方面，可从降低薄膜预应力的角度着手，优化石墨烯膜与基底间的吸附性能。

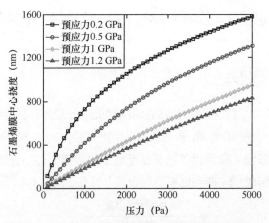

图3.9　不同预应力下石墨烯膜中心挠度特性仿真结果

3.3.2　膜与基底间界面吸附能

目前几乎所有对石墨烯圆膜、方形石墨烯膜以及石墨烯梁的研究均表明，悬浮石墨烯膜具有较强的初始应力和初应变。例如，2007 年美国 Bunch 等人用机械剥离法制备的石墨烯谐振梁具有 2.2×10^{-5} 的初应变[21]。2008 年美国 Lee 等人制备的石墨烯圆膜具有 $0.2\sim2.2$ GPa 之间的较大预应力，并近似呈泊松分布[20]。悬浮石墨烯膜产生预应力的主要原因是石墨烯膜与基底侧壁之间的分子吸附力产生的初始张力，如图 3.10（a）所示。

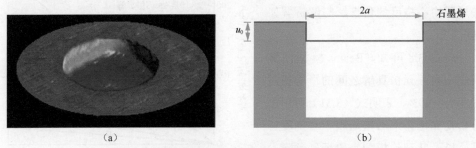

图3.10　石墨烯膜与基底间吸附的AFM实测图与结构示意
（a）吸附于圆形孔上单层石墨烯膜的AFM实测图；（b）石墨烯膜与基底间吸附的结构示意

因此，针对周边固支的石墨烯圆膜自身产生的预应力与基底间吸附能之间的关系，进行如下假设：①石墨烯膜的直径远大于其厚度，这样基底侧壁上薄膜的微观差别可忽略；②基底侧壁平坦，不会因为基底粗糙造成石墨烯膜受力不均匀，且薄膜面内仍是平坦的；③分子间范德瓦耳斯力是轴对称的，且应变均匀，各向同性。石墨烯膜与基底间吸附的结构可近似认为如图 3.10（b）所示，预应力源于薄膜与基底侧壁间的范德瓦耳斯力作用，这样，上述问题可以归类为边界上有径向位移 u_0 而无横向变形的应力分布情况。

根据弹性力学中的圆薄板理论，石墨烯圆膜的相容方程可写为：

$$r^2 \frac{d^2 u}{dr^2} + r \frac{du}{dr} - u = 0 \tag{3.32}$$

对于内径为 b、外径为 a 的环形薄膜，式（3.32）的解为[22]：

$$u(r) = \frac{u_0}{a} \cdot \frac{(r^2 - b^2)}{r(1 - b^2)} \tag{3.33}$$

由于研究的是圆膜，可视为内径为零的圆环，即令上式 $b=0$，其径向位移方程为：

$$u(r) = \frac{u_0 r}{a} \tag{3.34}$$

根据应变 - 位移公式可得：

$$\begin{cases} \varepsilon_r = \dfrac{du}{dr} + \dfrac{1}{2}\left(\dfrac{dw}{dr}\right)^2 \\ \varepsilon_t = \dfrac{u}{r} \end{cases} \tag{3.35}$$

由于之前假设基底与薄膜均为平坦的，因此 $w(r) = 0$，则：

$$\varepsilon_r = \varepsilon_t = \frac{u_0}{a} \tag{3.36}$$

由胡克定律可知，径向和切向的张力为：

$$N_r = N_t = \frac{Et}{1-\upsilon} \cdot \frac{u_0}{a} \tag{3.37}$$

对于线性弹性材料，薄膜的弹性应变能为：

$$U_{mem} = \frac{1}{2} \iint_A (N_r \varepsilon_r + N_t \varepsilon_t) r dr d\theta \tag{3.38}$$

式中，A 为薄膜与基底侧壁间的接触面积，代入应变与张力的解，得到石墨烯膜的弹性应变能为：

$$U_{mem} = \iint_A \frac{Et}{1-\upsilon}\left(\frac{u_0}{a}\right)^2 r dr d\theta = \pi a t \sigma_0 u_0 \tag{3.39}$$

由范德瓦耳斯力引起的吸附能为（假设单位面积上薄膜与基底间的吸附能为 Γ）：

$$U_{adh} = -2\pi a u_0 \Gamma \tag{3.40}$$

平衡状态下，系统的总势能可写为：

$$U = U_{mem} + U_{ben} + U_{adh} \tag{3.41}$$

式中，U_{ben} 为薄膜的弯曲能。由于石墨烯膜极薄，且假设基底绝对平坦，因此弯曲能可以忽略，代入式（3.39）和式（3.40）的值，并令势能最小，则

$$\Gamma = \frac{t\sigma_0}{2} \qquad (3.42)$$

将上述建立的吸附能与预应力的关系表达式［式（3.42）］与 Beams 方程相联立，整理可得

$$\Gamma = \frac{pa^2}{8w} - \frac{Etw^3}{3(1-\upsilon)a^2} \qquad (3.43)$$

由此可知，对于吸附于基底上的受压变形的石墨烯膜，若已知压力 p 和薄膜挠度 w，即可通过式（3.43）求取该情况下石墨烯与基底间的吸附能 Γ。为验证其正确性，选取了 Koenig 膜泡实验[4] 中的实测数据，结合式（3.43）进行求解，所得石墨烯与基底间的吸附能结果如图 3.11 所示。

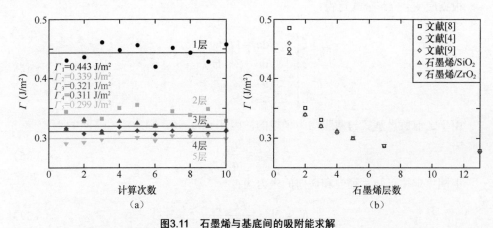

图3.11　石墨烯与基底间的吸附能求解

（a）1～5层石墨烯吸附能的计算结果散点均值图；（b）不同厚度下吸附能的计算值

如图 3.11（a）所示，选取 Koenig 膜泡实验中 1～5 层石墨烯的压力 - 挠度数据，分别计算其吸附能，并算出其均值，其值对应图 3.11（b）中标记符号为△的测点，其中单层石墨烯与 SiO_2 基底间的吸附能为 0.443 J/m²，与理论结果 0.46 J/m² 十分接近。此外，1～5 层石墨烯吸附能的计算结果与 Koenig 膜泡实验（图中符号为○）及理论结果（图中符号为◇）均极好吻合，与二者的互相关系数分别为 99.88% 和 99.96%。本节所用的方法与 Koenig 实验结果存在偏差可能与石墨烯膜表面杂质与基底表面形貌有关。值得注意的是，随着厚度的增加，差值逐渐减小，这也证明了基底表面形貌的影响逐渐降低。

获取石墨烯膜挠度线性变化的压力范围对指导石墨烯微机电系统（Micro-Electro-Mechanical System，MEMS）的加工与制作有重要意义。1956 年 Campbell[22] 给出了薄膜挠度线性变化 $\left(w = \dfrac{pa^2}{4\sigma_0 t}\right)$ 所应满足的关系：

$$\frac{4(1-\upsilon)\sigma_0}{E}\left(\frac{Eh}{pa}\right)^{\frac{2}{3}}\gg 1 \tag{3.44}$$

将式（3.42）的结果代入式（3.44），整理得到

$$p\ll 16\times\left(\frac{2(1-\upsilon)^3\varGamma^3}{Eta^2}\right)^{1/2} \tag{3.45}$$

设 p_{max} 为挠度线性变化时的最大压力，取 p_{max} 为式（3.45）中右侧表达式的 1/10，则 p_{max} 为：

$$p_{max}=1.6\times\left(\frac{2(1-\upsilon)^3\varGamma^3}{Eta^2}\right)^{1/2} \tag{3.46}$$

考虑到石墨烯材料与尺寸参数（E=1 TPa，a=62.5 μm，υ=0.17），并代入图 3.11（a）中计算得到的 1～5 层石墨烯吸附能结果，则可获得相应的线性输出的最大理论压力，如图 3.12 所示。由此可知，该最大理论压力随厚度的增加逐渐降低。以单层石墨烯光纤 F-P 压力传感器为例，在上述边界条件下，其满足线性输出的最大理论压力 p_{max} 约为 447.2 Pa。

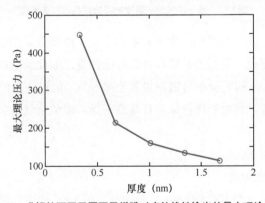

图3.12　求解的不同层厚石墨烯膜对应的线性输出的最大理论压力

3.4　石墨烯膜与基底间界面吸附能的测量

3.4.1　基于纳米金颗粒的石墨烯膜吸附能直接测量

1. 实验平台的搭建

图 3.13 所示为基于纳米粒子吸附的实验样品的制备流程[23]。在经过超声清洗

后的硅片表面，滴加经离心与二次分散的纳米金胶体，并将去除聚甲基丙烯酸甲酯（Polymethyl Methacrylate，PMMA）的石墨烯膜转移至硅片表面。此时置于石墨烯与SiO₂基底之间的纳米金颗粒作为类似于楔子的支撑物，使石墨烯膜在基底上形成"类似的膜泡"。在此基础上，对膜泡形貌进行显微观测，结合构建的膜泡吸附模型，实现石墨烯膜与基底间吸附能的直接测量。

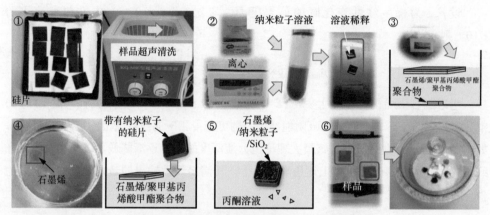

图3.13　基于纳米粒子吸附的实验样品的制备流程

规则的圆膜泡形貌包括膜泡高度 h 和膜泡半径 a 两部分。由于石墨烯膜的厚度远远小于纳米粒子的直径，且石墨烯膜具有较好的弹性，因此膜泡高度一般用粒子直径 $2R$ 代替（即 $h=2R$），即实验中只需测量膜泡半径 a。值得注意的是，整个测试过程均在超净环境中进行，并对最终样品进行高温干燥，避免空气粉尘杂质与水汽对测量准确性的影响。

实验过程具体如下。

（1）硅片表面预处理

利用超声清洗机（型号：KQ-50E）对切割后的 SiO₂ 片进行超声清洗，清洗过程中先用丙酮清洗 10 min，之后用酒精清洗 10 min。之后，将清洗完成的硅片置于胶盒中自然干燥。

利用 AFM（品牌：Bruker Dimension）测得硅片氧化层的表面形貌如图3.14所示。表面起伏幅度仅为 1 nm 左右，其中均值表面粗糙度 R_q 仅为 0.233 nm，满足测试要求。

（2）纳米粒子转移

利用离心机（型号：TG16-WS）对直径为 60 nm 的纳米金胶体进行离心，转速为3000 r/min，时间为 5 min；静置片刻，利用移液枪移除离心管中的上层清液，之后加入等量去离子水；随后利用超声清洗机对离心管进行超声处理。为避免团聚，选用胶头滴管将重新配置的溶液滴加在硅片表面，并常温干燥。

图3.14　硅片氧化层表面形貌示意

利用场发射扫描电子显微镜（型号：TESCAN Maia3）对转移纳米金颗粒后的样片进行观察，结果如图 3.15 所示。从图中可以看出，粒子分布良好，基本没有团聚现象出现，且单个、双个粒子较多，故选用单个、双个粒子对吸附能进行直接测量，并对现有单个粒子的吸附能模型进行了优化，拓展实现了基于双粒子的吸附能求解。

（3）石墨烯膜转移吸附

本实验选择了未经 PMMA 预处理的 CVD 生长的铜基石墨烯，其转

图3.15　硅片表面纳米粒子分布成像

移细节如图 3.16 所示。首先，将附着在有机物基底上的石墨烯膜转移至去离子水中清洗约 3 ～ 5 次；之后，在去离子水中翻转石墨烯膜，使其一面朝上，利用洁净滤纸吸附石墨烯膜并裁剪出实验所需的膜片形状大小；然后，将吸附有石墨烯膜的滤纸转移到铺满纳米粒子胶体的硅片上，然后放在恒温箱中在 80℃下干燥，令石墨烯膜紧密吸附在样品表面，并保证膜泡中间没有水分存在影响测试效果；随后利用玻璃滴管吸取丙酮溶液滴加在干燥的石墨烯膜上，目的是去掉石墨烯膜表面的 PMMA 层；最后将完整样片转移到玻璃干燥器中进行干燥保存，防止空气中粉尘杂质污染表面。

（4）吸附平台测试

利用图 3.17 所示的场发射扫描电子显微镜（型号：JSM 7500F）对 Si 基底上的石墨烯膜的膜泡特征进行观测。

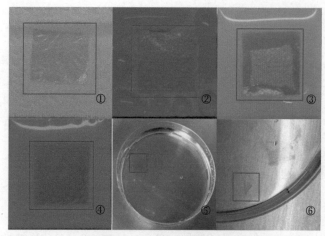

图3.16　石墨烯膜转移细节

如图3.18所示，以3～5层石墨烯膜制成的样片为例进行膜泡形貌结构实测。在大视场中找到较为平整的石墨烯膜吸附表面，随后对局部进行放大观察，发现因纳米金颗粒支撑形成的各种形貌的膜泡结构。选取具有较好形状的规则圆膜泡（单个粒子）和椭圆膜泡（双个粒子）进一步放大，测量其膜泡半径尺寸，代入公式中计算得到吸附能结果。

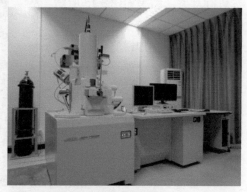

图3.17　场发射扫描电子显微镜JSM 7500F实物

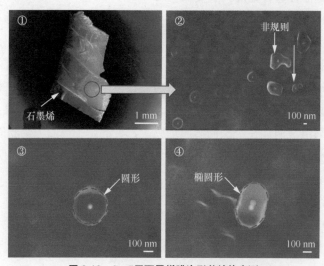

图3.18　3～5层石墨烯膜泡形貌结构实测

2. 吸附能测量模型

在吸附实验过程中，考虑到纳米粒子与中心轴理论的相似性，采用了文献[24]中的中心轴弹性理论解释计算实验中的吸附能。中心轴弹性理论的原理如图3.19(a)所示，中心轴前段球冠部分半径为 R，薄膜厚度为 t，外部压力为 p，膜泡半径与高度分别为 r 和 h。在分析过程中，由于石墨烯膜极薄且柔性极强，实验中包裹在纳米粒子表面，且纳米粒子半径 $R \gg t$，膜泡半径 $r \gg t$，以及薄膜自身未发生因褶皱产生的弯曲形变[3]，因此，本模型不考虑弯曲对膜变形的影响。

对薄层石墨烯而言，一般在分析其力学变形过程中只考虑弹性形变而忽略弯曲带来的影响，则膜泡半径 r 远远大于球冠部分半径 R，因此中心压力 p 可近似看作集中点压力。基于线性弹性断裂力学理论，此时的石墨烯膜变形平衡方程可通过求取最小自由能的方法整理得到。此时，石墨烯膜与基底间的界面吸附能可表示为[24]：

$$\Gamma = \frac{Et}{32k}\left(\frac{h}{r}\right)^4 \tag{3.47}$$

式中，参数 $k = 1-0.5/\cos\theta$，直径为 $50 \sim 70$ nm 的纳米粒子因支撑产生的变形的夹角 $\theta < 25º$，因此有 $k \approx 1/2$。

基于单个粒子的圆膜泡模型，推导了图3.19(b)所示的双个粒子的椭圆膜泡模型。为简化分析，进行了如下假设：①两个粒子相互独立，且具有相同的膜泡半径（$a_1 = a_2$）和膜泡高度（$h_1 = h_2$）；②两个膜泡轴对称且轮廓相切；③石墨烯膜紧密吸附在刚性硅片基底上。由于各膜泡轮廓夹角 $\theta_1 = \theta_2$，为此，统一用 θ 表示。这样，在平衡状态下，由于分子间作用力使两个圆膜泡融合成为短轴为 a、长轴为 b 的椭圆膜泡。

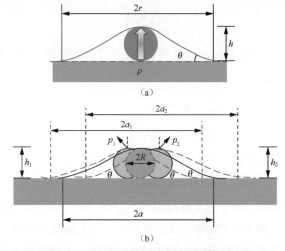

(a)

(b)

图3.19 基于纳米粒子的吸附理论模型原理

（a）基于单个粒子圆膜泡模型 （b）基于双个粒子椭圆膜泡模型

由集中载荷断裂力学理论可知，单个粒子膜泡［如图 3.19（b）中的红虚线所示］的平衡方程为：

$$\frac{\pi Eth_1^3}{8p_1a_1^2}=\frac{\pi Eth_2^3}{8p_2a_2^2}=1-\frac{1}{2\cos\theta} \tag{3.48}$$

对于等效的圆膜泡（如图 3.19（b）中的黑实线所示）有下面关系成立：

$$\frac{\pi Eth^3}{8pa^2}=1-\frac{1}{2\cos\theta} \tag{3.49}$$

式中，$pa^2=p_ia_i^2\,(i=1,2)$，从图中的力学关系可知，等效中心压力 p 可表示为：

$$p=2p_i\cos\theta\,(i=1,2) \tag{3.50}$$

则等效半径 a 可近似表示为：

$$a=\frac{a_i}{\sqrt{2\cos\theta}}\,(i=1,2) \tag{3.51}$$

联立式（3.47）和式（3.51）可得：

$$\Gamma=\frac{Et}{128k\cos^2\theta}\left(\frac{h}{a}\right)^4 \tag{3.52}$$

这里 $h = 2R$，其中 R 为单个纳米金粒子的半径，由于 θ 极小，可认为 $\cos\theta = 1$，$k \approx 1/2$。因此上式可简化为：

$$\Gamma=\frac{Et}{64}\left(\frac{h}{a}\right)^4 \tag{3.53}$$

式（3.47）和式（3.53）可统一简化为：

$$\Gamma=\frac{Et}{C}\left(\frac{h}{a}\right)^4 \tag{3.54}$$

式中，C 为 16 或 64，分别对应单个或双个纳米粒子膜泡情况。式（3.54）可用于石墨烯与基底间吸附能的计算。

3. 石墨烯膜吸附能测量实验与分析

利用上述的实验方案与原理对样片进行测试，计算吸附能数据。如图 3.20 所示，图中空心点和实心点分别对应不同层厚下由单个粒子和双个粒子计算模型计算得到的吸附能数据点，利用合成误差分析得到单层、3～5 层、10～15 层石墨烯的吸附能分别为（0.453±0.006）J/m²、（0.317±0.003）J/m² 和（0.276±0.002）J/m²。值得注意的是，对于半径为 60 nm（实际半径范围为 57～63 nm）的纳米金颗粒，单个粒子圆膜泡半径的变化范围为 155.59～338.19 nm，双个粒子椭圆膜泡等效半径的变化范围为 19.57～238.21 nm，半径值的最大波动范围仅为 1.6%。

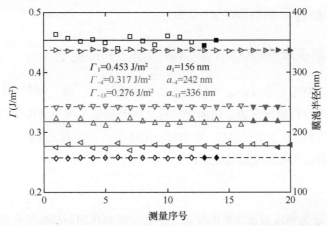

图3.20　单层（黑色）、3～5层（红色）、10～15层（蓝色）石墨烯的吸附能测量结果

如图 3.21 所示，利用实验计算的单层和 3～5 层石墨烯的平均吸附能分别为 0.453 J/m²和 0.317 J/m²，这与文献 [4] 中膜泡实验的实测值（单层为 0.45 J/m²；3～5 层为 0.31 J/m²）和文献 [9] 中利用 AFM 探针得到的测试结果（单层为 0.46 J/m²）相吻合，其中相对误差值分别为 1.32% 和 1.54%，但略低于文献 [8] 中理论仿真得到的吸附能结果（单层为 0.485 J/m²；3～5 层为 0.32 J/m²），主要原因在于理论解在分析系统能量时考虑弯曲的影响，而实际情况则是随着膜厚的增加，弯曲能急剧降低最终趋于稳定。对于约 13 层石墨烯而言，其实验值（10～15 层为 0.277 J/m²）与求解的理论值（10～15 层为 0.276 J/m²）[25] 非常吻合。

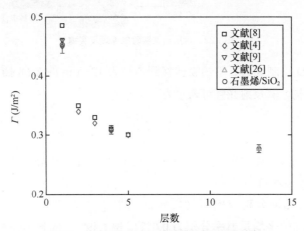

图3.21　基于纳米粒子的石墨烯吸附能测量结果

综上，利用本方法得到的石墨烯与基底间的吸附能与前人的理论与实验结果相一致。该结果与膜泡形貌、粒子数量与膜泡压力等有关，因此本方法为后续深入研究吸附能的影响机理提供了模型基础与方法指导。

3.4.2 基于声压测试的石墨烯膜吸附能间接测量

根据 3.3 节中建立的吸附能与预应力的关系表达式，通过测得的石墨烯膜压力 - 挠度特性，可求解薄膜预应力，进而借助构建的吸附能与预应力模型，实现石墨烯膜吸附能的间接测量。基于上述思想，本小节应用搭建的声压测试实验平台（见第 5 章），开展基于声压测试的吸附能测量实验。

1. 声压测试方案

图 3.22 所示为声压测试实验的原理及实物，将制作的石墨烯膜光纤 F-P 传感器及参比传声器置于封闭的隔音室内，二者水平放置且距离自由场扬声器为 1 m。其中，参比传声器（型号：MP201）的参比灵敏度为 50.7 mV/Pa。

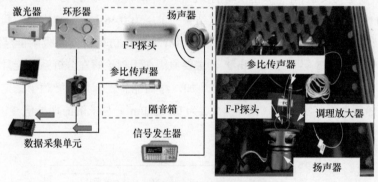

图3.22 声压测试实验的原理及实物

将利用 CVD 法制成的石墨烯膜转移到内径为 125 μm 的 ZrO_2 插芯的端面上，形成膜片式 F-P 结构，其反射光强可表示为：

$$I_R = I_0 \left[R_1 + \xi R_2 - 2\sqrt{\xi R_1 R_2} \cos\left(\frac{4\pi}{\lambda} \cdot L\right) \right] \tag{3.55}$$

式中，R_1 和 R_2 分别为光纤端面与石墨烯膜的反射率，I_0 为入射光强，ξ 为腔长损耗系数，L 为初始腔长，λ 为入射光波长。

实验中利用光谱分析仪测得光纤端面反射率为 2.54%；计算得到 6 ~ 8 层和 10 ~ 13 层石墨烯的平均反射率分别为 0.652% 和 1.49%；腔长损耗系数为 0.2；传感器初始腔长和入射光波长分别为 98 μm 和 1554.2 nm。将制作好的 F-P 传感器与参比传声器共同置于封闭的隔音室中，并正对声源水平放置。参比传声器用于计算出参比声压。实验结果表明，当可调谐激光器产生的光波长为 1554.2 nm 时，传感器具有最好的灵敏度，而反射光在光电探测器中被接收到，其中传感器的交流输出为：

$$V_{AC} = I_i \mathcal{R} \sqrt{\xi R_1 R_1} \cdot \frac{8\pi}{\lambda} \Delta L \tag{3.56}$$

式中，$\mathcal{R}$ 为光电探测器的响应参数（1×10^7 V/W），I_i 为光电探测器在最佳灵敏度位置处的光强。

当探头受到的外部均布压力时，薄膜中心挠度 w 可近似用腔长的变化表示：

$$w = \Delta L = \frac{\lambda(R_1 + \xi R_2) V_{AC}}{8\pi V_{DC} \sqrt{\xi R_1 R_2}} \tag{3.57}$$

式中，V_{AC} 为传感器的交流输出，V_{DC} 为无声压信号输入时传感器的直流输出。

2. 声压测试与结果分析

分别选用 7 层和 13 层石墨烯制备了 F-P 声压传感器，其频率响应测试结果表明，由 13 层石墨烯制成的传感器在 16 kHz 处表现出最佳频率响应，由 7 层石墨烯制成的传感器则在 1 kHz 处具有最佳频率响应。图 3.23 所示为用由 13 层石墨烯制成的传感器的频率响应。实验结果表明，该传感器在 1 ～ 20 kHz 范围内的频率响应波动值小于 7.5 dB。其中，在 1 kHz 处，传感器的频率响应小于 −20 dB。但在小于 100 Hz 的低频段内，频率响应效果较差，这主要是因为 F-P 腔在动压测试过程中出现漏气现象，致使传感器在较高频段内具有更好的声压效应，并且在 16 kHz 处取得最佳频率响应。

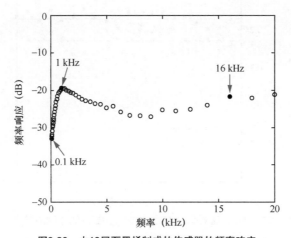

图3.23　由13层石墨烯制成的传感器的频率响应

为此，在最佳响应的频率处，利用声压实验测出不同声压条件下石墨烯的挠度变化，并由最小二乘拟合法，计算出基于 13 层和 7 层石墨烯制成的传感器的机械灵敏度分别为 2.22 nm/Pa@16 kHz 和 1.69 nm/Pa@1 kHz，其中拟合系数分别为 99.12% 和 99.34%，如图 3.24 所示。

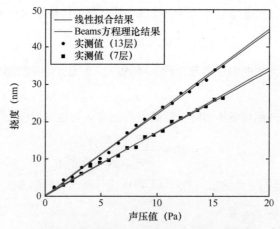

图3.24　石墨烯光纤F-P传感器的机械灵敏度响应

利用声压测试中获得的压力 p 和挠度 w 数据，结合模型式（3.43），可分别计算出相应的石墨烯与 ZrO_2 基底间的吸附能数据，如图 3.25 所示。结果表明，7 层石墨烯与 ZrO_2 基底间的吸附能 Γ_7 约为 0.286 J/m^2；13 层石墨烯与 ZrO_2 基底间的吸附能 Γ_{13} 约为 0.275 J/m^2，与图 3.20 中计算得到的石墨烯与 SiO_2 基底间的吸附能 0.276 J/m^2 基本吻合。

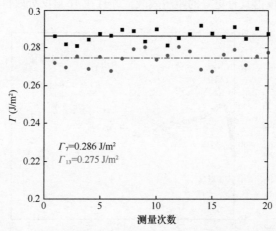

图3.25　基于声压测试的石墨烯与 ZrO_2 基底间的吸附能计算结果

3.5　本章小结

本章分析了适用于石墨烯膜吸附特性的理论模型；基于自由能吸附力学理论，引入吸附能参数，仿真分析了薄膜厚度和基底表面粗糙度对石墨烯膜吸附力学特性的影响规律；进而设计并实现了基于纳米金颗粒填充于石墨烯膜泡的薄膜与 SiO_2 基底间吸附能的直接测量方法，以及基于石墨烯光纤 F-P 声压传感的石墨烯膜吸附能间接测量方法。实验结果表明，本节测得的石墨烯与 ZrO_2、SiO_2 基底间的吸附能与前人的理论与实验成果相吻合，从而为石墨烯光纤干涉型传感器的性能优化与实现提供了理论基础与方法指导。

参 考 文 献

[1] RUESS G, VOGT F. Hachstlamellarer Kohlenstoff Aus Graphitoxyhydroxyd [J]. Monatshefte FÜR Chemie Und Verwandte Teile Anderer Wissenschaften, 1948, 78(3-4): 222-242.

[2] NOVOSELOV K S, GEIM A K, MOROZOV S V, et al. Electric Field Effect in Atomically Thin Carbon Films [J]. Science, 2004, 306(5696): 666-669.

[3] LU Z, DUNN M L. Van Der Waals Adhesion of Graphene Membranes [J]. Journal of Applied Physics, 2010, 107(4): 044301-044305.

[4] KOENIG S P, BODDETI N G, DUNN M L, et al. Ultrastrong Adhesion of Graphene Membranes [J]. Nature Nanotechnology, 2011, 6(9): 543-546.

[5] YOON T, SHIN W C, KIM T Y, et al. Direct Measurement of Adhesion Energy of Monolayer Graphene As-Grown on Copper and Its Application to Renewable Transfer Process [J]. Nano Letters, 2012, 12(3): 1448-1452.

[6] BODDETI N G. Mechanics of Adhered Pressurized Graphene Blisters [J]. Journal of Applied Mechanics, 2013, 80(4): 041044.

[7] LI G, YILMAZ C, AN X, et al. Adhesion of Graphene Sheet on Nano-Patterned Substrates with Nano-Pillar Array [J]. Journal of Applied Physics, 2013, 113(24): 244303.

[8] HE Y, CHEN W F, YU W B, et al. Anomalous Interface Adhesion of Graphene Membranes [J]. Scientific Reports, 2013, 3(9): 2660.

[9] JIANG T, ZHU Y. Measuring Graphene Adhesion Using Atomic Force Microscopy with A Microsphere Tip [J]. Nanoscale, 2015, 7(24): 10760-10766.

[10] SEO J, CHANG W S, KIM T S. Adhesion Improvement of Graphene/Copper Interface Using UV/Ozone Treatments [J]. Thin Solid Films, 2015, 584: 170-175.

[11] KUMAR S, PARKS D, KAMRIN K. Mechanistic Origin of The Ultra Strong Adhesion Between Graphene and A-SiO_2: Beyond Van Der Waals [J]. ACS Nano, 2016, 10(7): 6552-6562.

[12] JI W S, NA S R, STROMBERG R J, et al. Probing the Adhesion Interactions of Graphene on Silicon Oxide by Nanoindentation [J]. Carbon, 2016, 103: 63-72.

[13]   BODDETI N. Adhesion Mechanics of Graphene [D]. America: University of Colorado At Boulder. 2014.

[14]   GAO W, HUANG R. Effect of Surface Roughness on Adhesion of Graphene Membranes [J]. Journal of Physics D Applied Physics, 2011, 44(45): 452001-452004(4).

[15]   LEE J U, YOON D, CHEONG H. Estimation of Young's Modulus of Graphene by Raman Spectroscopy [J]. Nano Letters, 2012, 12(9): 4444-4448.

[16]   AITKEN Z H, HUANG R. Effects of Mismatch Strain and Substrate Surface Corrugation on Morphology of Supported Monolayer Graphene [J]. Journal of Applied Physics, 2010, 107(12): 123531.

[17]   POURZAND H, TABIB-AZAR M. Graphene Thickness Dependent Adhesion Force and Its Correlation to Surface Roughness [J]. Applied Physics Letters, 2013, 104(17): 1-4.

[18]   KOSKINEN P, KIT O O. Approximate Modeling of Spherical Membrane [J]. Physical Review B Condensed Matter, 2010, 82(23): 235420.

[19]   BEAMS J W. The Structure and Properties of Thin Film [M]. New York: John Wiley and Sons, 1959.

[20]   LEE C, WEI X D, KYSAR J W, et al. Measurement of The Elastic Properties and Intrinsic Strength of Monolayer Graphene [J]. Science, 2008, 321(5887): 385-388.

[21]   BUNCH J S, ZANDE A M V D, VERBRIDGE S S, et al. Electromechanical Resonators from Graphene Sheets [J]. Science, 2007, 315(5811): 490-493.

[22]   CAMPBELL J D. On the Theory of Initially Tensioned Circular Membranes Subjected to Uniform Pressure [J]. The Quarterly Journal of Mechanics and Applied Mathematics, 1956, 9(1), 84-93.

[23]   GAO X Y, YU X Y, LI B X, et al. Measuring Graphene Adhesion on Silicon Substrate by Single and Dual Nanoparticle-Loaded Blister [J]. Advanced Materials Interfaces, 2017, 4(9): 1601023.

[24]   WAN K T, MAI Y W. Fracture Mechanics of A Shaft-Loaded Blister of Thin Flexible Membrane On Rigid Substrate [J]. International Journal of Fracture, 1995, 74(2): 181-197.

[25]   LI C, GAO X Y, FAN S C, et al. Measurement of The Adhesion Energy of Pressurized Graphene Diaphragm Using Optical Fiber Fabry-Perot Interference [J]. IEEE Sensors Journal, 2016, 16(10): 3664-3669.

第 4 章 石墨烯膜光纤 F–P 干涉传感特性

光纤 F-P 传感器是目前技术较为成熟、应用较为普遍的一种光纤传感器[1]，根据测量的物理量、化学量和生物量的不同可分为多种类型。石墨烯及其衍生物作为一种新型二维材料，已用于光纤 F-P 传感器来实现压力、温度、湿度、界面吸附能等参数的测量[1-5]。本章主要介绍了非本征法布里 - 珀罗干涉仪（Extrinsic Fabry-Perot Interferometer，EFPI）光纤传感器的原理、优势和解调方法，建立薄膜反射率求解模型，搭建石墨烯膜光纤 F-P 干涉测量实验平台，获取 F-P 干涉对比度和石墨烯膜反射率，为后续基于石墨烯膜光纤 F-P 干涉特性的传感器的优化设计与制作提供了理论基础与方法指导。

4.1　EFPI光纤传感器基本概述

4.1.1　特点与优势

光纤 F-P 传感器是一种采用单根光纤、利用多光束干涉原理来探测被测量的变化的传感器，其克服了 M-Z（Mach-Zehnder，马赫 - 曾德）干涉仪和 Sagnac（萨格纳克）干涉仪光纤传感器中的偏振衰落现象。在 1988 年 Lee 和 Taylor 首次成功制备了本征法布里 - 珀罗干涉仪（Intrinsic Fabry-Perot Interferometer，IFPI）光纤传感器和 1991 年 Murphy 等首次成功制备了 EFPI 光纤传感器之后，光纤 F-P 传感器逐渐成为光纤传感器中的重要类型。其中，EFPI 光纤传感器是目前使用最为广泛的一种光纤 F-P 传感器[6]。

图 4.1 所示为一种传统的 EFPI 光纤传感器结构，其将两根单模光纤放入准直的光纤套管中，调节两光纤端面间距离，然后利用黏结或焊接等方式将光纤与光纤套管固定，从而构成 EFPI 光纤传感器的 F-P 腔部分，其中两根单模光纤端面间的距离 d 为 F-P 腔的腔长。这样，基于相位差的变化实现被测参数的测量。

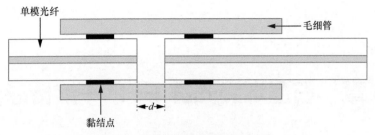

图4.1　EFPI光纤传感器的结构示意

由于其结构特点，EFPI 光纤传感器具有以下优点 [7]。

（1）在 F-P 腔的装配过程中，可以调整腔长，具有灵活、方便的制造工艺，能够精确控制腔长。

（2）当套管材料的热膨胀系数与光纤相同时，可基本抵消材料热胀冷缩所导致的腔长变化，故 EFPI 光纤传感器的温度特性优于 IFPI 光纤传感器。

（4）由于套管长度大于腔长，且套管长度是传感器的实际敏感长度，从而可通过改变套管长度来控制传感器的敏感性。

4.1.2　工作原理

图 4.2 所示为膜片式 EFPI 光纤传感器的结构。该结构由单模光纤的反射端面与敏感薄膜形成 F-P 腔。入射光从光源传输进单模光纤中，一部分光在单模光纤端面处反射，另一部分光传播至 F-P 腔的腔体，并在敏感薄膜端面发生反射。其中部分反射光再次耦合进光纤，产生与腔长有关的相移，并与第一个端面的反射光发生干涉。若外界传感量的变化引起腔长的变化，导致干涉条纹的相位变化，则通过检测相位变化或与之相对应的光强变化，获取待测传感量的信息。

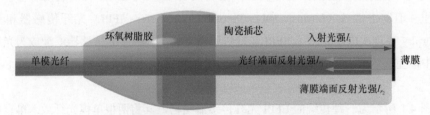

图4.2　膜片式EFPI光纤传感器的结构

假设照射到薄膜表面处的入射光强为 I_i，在光纤端面处的反射光强为 I_{r_1}，在薄膜端面处的反射光强为 I_{r_2}。依据多光束干涉原理，两个反射光发生干涉所产生的干涉光强 I_r 可表示为 [7]：

$$I_r = \frac{R_1 + \xi R_2 - 2\sqrt{\xi R_1 R_2}\cos\delta}{1 + \xi R_1 R_2 - 2\sqrt{\xi R_1 R_2}\cos\delta} \cdot I_i \tag{4.1}$$

式中，R_1 为光纤端面的反射率，R_2 为薄膜的反射率，ξ 为 F-P 腔的耦合系数，δ 为从光纤端面和薄膜端面反射回单模光纤的相位差，且 $\delta = 4\pi L/\lambda$。其中，λ 为入射光波长，L 为光纤端面和薄膜端面之间的距离，即 F-P 腔腔长。

由于光纤端面和石墨烯膜的反射率较小，多光束反射可简化为双光束干涉[8]：

$$I_r = (R_1 + \xi R_2 - 2\sqrt{\xi R_1 R_2}\cos\delta) \cdot I_i \tag{4.2}$$

4.1.3　解调方法

为能够准确获取被测参数信息，一方面需优化传感器探头的自身性能，另一方面则需采用有效的光纤传感信号解调方法。光纤 F-P 传感器的解调方法通常主要有光谱解调和强度解调。前者具有光源影响较小、高分辨率的优点，但响应速度较慢，可用于 F-P 传感器的初始腔长确定、静态信号测量以及传感器标定等；后者具有动态响应速度快的优点，但受光源影响较大，且测量范围有限，可用于动态信号测量。

1. 光谱解调

光谱解调的前提是要有一个完整的干涉光谱，通过提取该干涉光谱的峰谷值实施信号解调。光谱解调的实验平台如图 4.3 所示。以压力测量为例，宽带光源经过三端耦合器传输到膜片式光纤 F-P 传感器探头，敏感膜片感受外部压力作用引起传感器探头干涉腔的腔长变化，从而使返回的干涉光信号的光强发生变化，最后利用光谱仪探测干涉信号，确定 F-P 腔腔长。

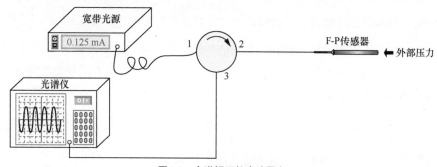

图4.3　光谱解调的实验平台

常用的光谱解调方法有：峰值解调法[9,10]、傅里叶变换法[11]、最小均方误差法[12]等。其中，峰值解调法仅需要两个峰值就可以解调出较高精度的腔长，适于小腔长的 F-P 腔解调；傅里叶变换法对干涉光谱的条纹数目要求较多，一般需要 5 个以上以获得较高的解调精度；最小均方误差法也是在傅里叶变换法的基础上实现的。本节结合后续光纤 F-P 传感器研究，重点对峰值法进行分析介绍。

峰值解调法是将干涉光信号近似处理为周期信号，近似的条件为低细度 F-P 腔，即 F-P 腔两端面的反射率较低。当 R_1、R_2 较小时，结合相位差的关系，式（4.2）可写为：

$$I_r = (R_1 + \xi R_2 - 2\sqrt{\xi R_1 R_2}\cos\delta)I_i = \left(R_1 + \xi R_2 - 2\sqrt{\xi R_1 R_2}\cos\frac{4\pi L}{\lambda}\right)I_i \quad (4.3)$$

当 F-P 腔腔长 L 一定时，输出光强是光波长的单值函数。通过计数可得其干涉级次，并对两个、三个及以上干涉级次峰值（或谷值）的对应波长进行读取。以峰值为例，理论上峰值对应的相位值为：

$$\delta = \frac{4\pi L}{\lambda} = (2m+1)\pi = [2(m+k)+1]\pi \quad (4.4)$$

由式（4.4）可得 F-P 腔腔长为：

$$\begin{cases} L = \left(\dfrac{m}{2}+\dfrac{1}{4}\right)\lambda_m \\ L = \left(\dfrac{m+k}{2}+\dfrac{1}{4}\right)\lambda_{m+k} \end{cases} \quad (4.5)$$

式中，m、$m+k$ 为峰值干涉级次，λ_m、λ_{m+k} 分别为不同干涉级次峰值对应的波长。

（1）单峰解调法

采用单峰解调法需要跟踪某一固定干涉级次的波峰（或者波谷），即跟踪式（4.5）中的一个干涉级次峰值（或谷值）波长，则 F-P 腔腔长为：

$$L = \left(\frac{m}{2}+\frac{1}{4}\right)\lambda_m \quad (4.6)$$

因此，单峰解调法解调 F-P 腔腔长时（跟踪波谷位置时，腔长 $L = \left(m+\frac{1}{2}\right)\lambda_m$），需要准确得到所跟踪的波峰（或者波谷）的干涉级次，并且确定波峰（或者波谷）处对应的光波长。当 F-P 腔腔长改变 ΔL 时，峰值（或波谷）处的光波长会改变 $\Delta\lambda$。由式（4.6）可得，ΔL 与 $\Delta\lambda$ 的关系为：

$$\Delta L = \left(\frac{m}{2}+\frac{1}{4}\right)\Delta\lambda \quad (4.7)$$

根据式（4.6），单峰解调法解调腔长的相对误差为：

$$\frac{\Delta L}{L} = \frac{\Delta\lambda}{\lambda} \quad (4.8)$$

由此可知，单峰解调法解调腔长的误差主要由干涉光谱峰值的定位误差和干涉级次判断不准确引起。

（2）双峰解调法

双峰解调法是通过确定干涉光谱中两个相邻的波峰（或者波谷）位置处的光波长解调出F-P腔腔长信息。由式（4.5）可得到：

$$L = \frac{k}{2}\left(\frac{\lambda_{m+k}\lambda_m}{\lambda_m + \lambda_{m+k}}\right), k = 1,2,3,\cdots \tag{4.9}$$

当$k=1$时，为双峰解调法。理论可得出，计算L不需要光源入射光强I_{in}，因而光源波动对求解出的腔长L无影响。λ_m和λ_{m+1}分别是干涉光谱中相邻波峰位置处的光波长，并且$\lambda_m < \lambda_{m+1}$。由于$\lambda_m$和$\lambda_{m+1}$是干涉光谱中相邻两个峰值处对应的光波长，它们的干涉级次相差1。显然只需确定干涉光谱中相邻波峰（波谷）处对应的光波长，就可以解调出F-P腔腔长。

由此可知，双峰解调法解调得到的腔长的相对误差为：

$$\frac{\Delta L}{L} = \frac{\sqrt{2}\lambda_2}{\lambda_2 - \lambda_1} \cdot \frac{\Delta \lambda}{\lambda} \tag{4.10}$$

虽然使用双峰解调法可以避免干涉级次模糊引起的误差，但是双峰解调法的相对误差是单峰解调法的$\sqrt{2}\lambda_2/(\lambda_2 - \lambda_1)$倍。对于小腔长的F-P腔，$\lambda_1-\lambda_2$较大；而对于大腔长的F-P腔，$\lambda_1-\lambda_2$较小，造成的解调误差相对于小腔长的更大。即双峰解调法更适于小腔长F-P腔的解调。双峰解调法解调F-P腔腔长的主要误差来源是峰值定位误差。

（3）单 - 双峰结合解调法

单 - 双峰结合解调法借鉴了单峰解调法解调腔长的相对误差较小和双峰解调法能确定干涉级次的优点。操作方法为：先利用双峰解调法确定一个粗略的干涉级次，然后确定精确的干涉级次，最后使用单峰解调法计算出F-P腔腔长。由单峰解调法解调F-P腔腔长的式（4.6）和双峰解调法解调F-P腔腔长的式（4.9），可得：

$$m + \frac{1}{2} = \frac{\lambda_{m+1}}{\lambda_{m+1} - \lambda_m} \tag{4.11}$$

由于峰值检测不可避免存在误差，即波峰对应的波长λ_m和λ_{m+1}存在位置误差，则由$\frac{\lambda_{m+1}}{\lambda_{m+1} - \lambda_m}$计算出的干涉级次存在偏差。因此取：

$$m = \text{INT}\left(\frac{\lambda_{m+1}}{\lambda_{m+1} - \lambda_m}\right) \tag{4.12}$$

式中，INT函数为获得整数部分的值，即确定干涉光谱中波峰对应的干涉级次m。

在Qi等人[9]研究的基础上，本节对单 - 双峰结合解调法解调F-P腔腔长的具体操作方法进行了优化，可分为以下6步。

①读取干涉光谱数据，利用MATLAB的小波变换中的去噪函数消除信号噪声。

②基于干涉光谱的峰谷值设定阈值，分离出干涉光谱的波峰与波谷，并找出波峰

与波谷对应的入射光波长位置。

③ 通过式（4.12）计算出每个峰值对应的干涉级次。由于用双峰解调法计算出的干涉级次一般不是整数，需要确定整数化的干涉级次 O_i（i 为计算出的干涉级次对应的位置编号）。

④ 由于相邻波峰（或波谷）的干涉级次相差 1，根据每个峰值（或谷值）对应的干涉级次可推算出其他波峰（或波谷）处的干涉级次 O_i^b（b 为推算的干涉级次对应的位置编号）。

⑤ 根据每个峰值（或谷值）对应的干涉级次，推算其他波峰（或波谷）处的干涉级次，求出第 4 步推算出的干涉级次与第 3 步用双峰解调法计算出的对应的干涉级次的差，即 $O_i^b-O_i$，并求出这些差值的平方和。

⑥ 确定第 5 步得出的平方和最小值对应的波峰（或波谷）的干涉级次 O_i，并选用此干涉级次作为对应的峰值（或谷值）干涉级次，通过单峰解调法求取 F-P 腔腔长 $L=\lambda_i \cdot O_i$。

根据以上步骤可知，单 - 双峰结合解调法根据双峰解调法确定干涉级次，再采用单峰解调法求取 F-P 腔的腔长值。相比单峰解调法，其精确地确定了干涉光谱的干涉级次；相比双峰解调法，其使用了较多的波峰和波谷确定出更精确的干涉级次。因此，单 - 双峰结合解调法解调 F-P 腔腔长具有相对更高的解调精度和更低的相对误差。

2. 强度解调

强度解调的前提是确定 F-P 腔的线性范围。由于干涉光谱为周期函数，要确定 F-P 腔的线性工作范围的前提是确定初始腔长 L_0 和入射光波长 λ_0。因此，可通过制备 F-P 腔，利用单 - 双峰结合解调法选择干涉腔的初始腔长，再结合入射光波长，确定线性工作范围。

（1）确定 F-P 腔初始腔长和入射光波长

对于由 13 层石墨烯膜 - 光纤端面构成的 F-P 腔，根据式（4.3）可知，当入射光波长 λ 一定时，F-P 干涉光谱是其腔长 L 的单值函数，可获得 F-P 干涉光谱，如图 4.4 所示。

为使 F-P 腔具有最佳的线性工作范围（即图中的红线部分），考虑 F-P 腔腔长增加和减小的双向变化，对应的 F-P 腔的初始腔长应位于图 4.4 中的 E 点，此时 F-P 腔腔长可保持的最佳的线性工作范围为 $\lambda_0/4$，则 E 点对应的 F-P 腔的初始腔长 L_0 与入射光波长 λ_0 的关系为：

$$\frac{4\pi L_0}{\lambda_0} = (2m+1)\pi \tag{4.13}$$

式中，m 为光谱干涉级次。

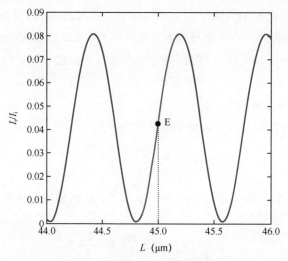

图4.4 F-P腔腔长与光强的响应关系

同样地，由式（4.3）可知，当 F-P 腔的初始腔长 L_0 一定时，F-P 干涉光谱是入射光波长 λ 的单值函数。假设由 13 层石墨烯膜 - 光纤端面构成的 F-P 腔的初始腔长 $L_0 =$ 45 μm，则相应的干涉光谱如图 4.5 所示。图中 a、b、c 和 d 点对应的腔长值与入射光波长的关系为：

$$\frac{4\pi L_0}{\lambda} = (2m+1)\pi \qquad (4.14)$$

式中，m 为干涉光谱的干涉级次，a、b、c、d 点的干涉级次的差值为 1。

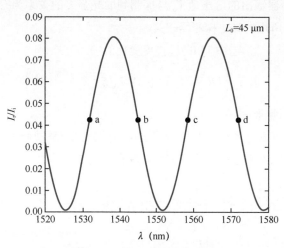

图4.5 L_0=45 μm时的干涉光谱

对比式（4.13）和式（4.14）可知，当 F-P 腔腔长值和入射光波长值一定时，图 4.4 中 E 点和图 4.5 中 a、b、c、d 点的 F-P 腔腔长值和入射光波长值有相同的对应关系。因此，由图 4.5 可知，当 F-P 腔的初始腔长 L_0=45 μm 时，可取 a、b、c、d 点处对应的波长值。假设以 1550 nm 波段为中心，则可取 b 点处对应的波长 λ_b = 1545 nm。此时，L_0 和 λ_b 的关系也同样满足式（4.13），使得 F-P 腔的初始工作点位于图 4.4 中的 E 点。这样，F-P 腔的初始腔长和入射光波长可确定。

（2）干涉信号的解调

由式（4.3）对反射光强 I_r 做微分运算可以得到：

$$\mathrm{d}I_r = 2\sqrt{\xi R_1 R_2} \cdot \frac{4\pi}{\lambda} \cdot I_i \cdot \sin \frac{4\pi L}{\lambda} \cdot \mathrm{d}L \tag{4.15}$$

则在 F-P 腔腔长值变化 $\mathrm{d}L$ 比较小时，$\mathrm{d}\left(\dfrac{I_r}{I_i}\right)$ 与 $\mathrm{d}L$ 近似成线性关系，即

$$\mathrm{d}\left(\frac{I_r}{I_i}\right) = (-1)^m 2\sqrt{\xi R_1 R_2} \cdot \frac{4\pi}{\lambda} \cdot \mathrm{d}L \tag{4.16}$$

式中，m 为 F-P 腔干涉光谱的干涉级次。

确定 F-P 腔的工作点，假设为图 4.4 中的 E 点，则 F-P 腔干涉光强 $I_0 = (R_1 + \xi R_2)I_i$，可得：

$$\frac{I_r - I_0}{I_i} = \mathrm{d}\left(\frac{I_r}{I_i}\right) = (-1)^m 2\sqrt{\xi R_1 R_2} \cdot \frac{4\pi}{\lambda} \cdot \mathrm{d}L \tag{4.17}$$

$$I_r = \left(\frac{I_r - I_0}{I_i} + \frac{I_0}{I_i}\right)I_i = \left((R_1 + \xi R_2) + (-1)^m 2\sqrt{\xi R_1 R_2} \cdot \frac{4\pi}{\lambda} \cdot \mathrm{d}L\right)I_i \tag{4.18}$$

假设光电探测器输出的电压值 V_o 与探测到的光强 I_r 的关系为 $V_o = \Re \cdot I_r$，式中 $\Re$ 为光电转换系数，与所用的光电探测器相关。

根据式（4.18），由电压值和薄膜挠度变化的关系可推得：

$$V_o = \Re \cdot I_i \cdot \left((R_1 + \xi R_2) + (-1)^m 2\sqrt{\xi R_1 R_2} \cdot \frac{4\pi}{\lambda} \cdot \mathrm{d}L\right) \tag{4.19}$$

式中，$\mathrm{d}L$ 为石墨烯膜形变。

由式（4.19）可通过光电探测器测得的电压响应，求解薄膜的挠度变化；进而根据薄膜的挠度与被测参数之间的模型关系，获得被测参数信息。

4.2　石墨烯膜光纤F−P干涉特性的建模分析

4.2.1　F−P微腔的腔长损耗模型

对于膜片式 F-P 腔结构，入射光纤端面为第一反射面，敏感膜片为第二反射面。

传输光束在光纤传输中的孔径效应以及在F-P腔中造成的传输发散，导致传输光束在F-P腔中存在光传输损耗，使得干涉光谱的干涉条纹的对比度随F-P腔腔长的增加而下降。

单模光纤中心玻璃芯的芯径一般为 9 μm 或者 10 μm，只传输光场的基模，其光场 E_1 分布为：

$$E_1(r) = E_0 \mathrm{e}^{-\frac{r^2}{r_0^2}} \tag{4.20}$$

式中，E_0 为基模光场归一化幅度；r_0 为基模光场在光纤中传播的模场半径，且 $r_0 = a$ $\left(0.65 + \dfrac{1.619}{V^{1.5}} + \dfrac{2.879}{V^6}\right)$，其中 V 为光纤归一化频率，且 $V = \dfrac{2\pi \cdot \mathrm{NA}}{\lambda}$（NA 表示数值孔径），$a$ 为单模光纤纤芯半径；高斯光束的模场半径 r 随着光束在 F-P 腔中传输距离的增加而增大。

基模光场由入射光纤耦合到 F-P 腔内，则有：

$$\begin{cases} E_2(r,l) = E_0 \dfrac{r_1^2}{r(l)} \mathrm{e}^{-\frac{r^2}{r_0^2}} \\[2mm] r(l) = r_0 \sqrt{1 + \left(\dfrac{l}{l_\mathrm{R}}\right)^2} \\[2mm] l_\mathrm{R} = \dfrac{\pi N_0 r_0^2}{\lambda} \end{cases} \tag{4.21}$$

式中，$E_2(r,l)$ 为 F-P 腔中光传输的光场分布；l_R 为瑞利距离；l 为光束传播距离，且 $l = 2L$；N_0 为 F-P 腔中的介质折射率。特别地，当 F-P 腔内介质为空气且光纤为单模光纤时，$N_0 = 1$，$r_0 = 4.9$ μm，即耦合系数是入射光波长 λ 和腔长 L 的函数，且耦合系数越大，光强损耗越小。

光纤发出的光束与F-P腔中返回的光束发生干涉，则两者之间的耦合系数为 $\xi(l)$ 为[13]：

$$\xi(l) = \beta^2(l) = \left[\frac{\displaystyle\int_0^\infty \left(\frac{r_0}{r(l)}\right) E_1(r) E_2(r,l) r \mathrm{d}r}{\displaystyle\int_0^\infty E_1^2(r) r \mathrm{d}r}\right]^2 = \left[\frac{2r(l)r_0}{r_0^2 + r^2(l)}\right]^2 \tag{4.22}$$

由上式可知，表征F-P腔腔长损耗的耦合系数 $\xi(l)$ 与F-P腔腔长、入射光波长有关，且 $\xi(l)$ 越大，光强损耗越小。

图 4.6 所示为入射光波长分别为 1500 nm、1550 nm 和 1600 nm 时的干涉光耦合曲线，反映了耦合系数随腔长变化趋势，这主要是由光束在空间的传输损耗引起的。

当腔长为 40 μm 时，波长从 1500 nm 变化到 1600 nm 引起的耦合系数变化仅为 0.0381；当波长为 1550 nm 时，腔长从 40 μm 增加到 350 μm 引起的耦合系数变化约为 0.7。由此可见，腔长引起的耦合系数变化远高于波长引起的耦合系数变化，这样当波长变化较小时，耦合系数可仅视为腔长的函数。此外，光束在空间中的传输损耗、测量仪器的精度和响应时间等外界因素，均会导致计算得到的耦合系数不准确，从而导致石墨烯膜反射率的计算存在误差，因此需减小腔长或提高测量仪器的精度。

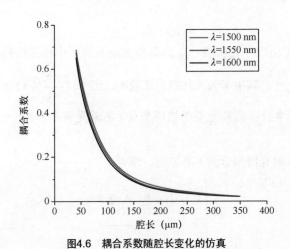

图4.6　耦合系数随腔长变化的仿真

4.2.2　石墨烯膜的光学反射率模型

反射率是指物体表面对垂直入射光线的反射能力。近年来，关于石墨烯膜反射率的一些理论和实验研究多基于电导率或干涉光谱等方法[14, 15]。其中基于干涉光谱的石墨烯膜反射率的测量方法因操作简单而使用较多，但该方法难免受到传输过程中光路损耗的影响，导致测得的反射率不准确。目前市面上的反射率测试仪器结构复杂、空间占用率较高，且超薄光学薄膜的测试方法具有很大的局限性。因此，针对上述问题，本节提出了一种通过引入腔长补偿系数测量石墨烯膜反射率的方法。其中，补偿系数的计算以光纤端面的反射率为标准，通过建立石墨烯膜反射率求解模型实现测量，如图 4.7 所示。

具体的建模步骤如下。

（1）将入射单模光纤与反射单模光纤的端面切割平整，再将两根光纤固定在套管中，两根单模光纤端面间形成 F-P 腔。

（2）通过解调干涉光谱，计算得到此时的腔长和

图4.7　石墨烯膜反射率测量
流程

反射光纤端面的反射率。

（3）借助显微位移台，不断改变两个光纤端面间的距离，记录多组干涉光谱数据，并与反射光纤端面的标准反射率进行比较。

（4）由此可引入式（4.23）所示的反射率补偿系数 $C(L)$，获取补偿系数与腔长间的函数关系：

$$C(L) = \frac{R_1}{R_{1,L}(L)} \tag{4.23}$$

式中，R_1 是标准光纤端面的反射率，可在光谱仪上读取；$R_{1,L}(L)$ 为不同腔长下的光纤端面的反射率。

（5）将补偿系数代入多光束干涉模型，构建石墨烯膜反射率的修正模型。

通过多项式拟合计算得到补偿系数 $C(L)$，并将 $C(L)$ 代入式 4.1，则求解石墨烯膜反射率的修正模型为：

$$\frac{I_r}{I_i} = \frac{R_1 + \xi C(L) R_2 - 2\sqrt{\xi C(L) R_1 R_2}\cos(4\pi L / \lambda)}{1 + \xi C(L) R_1 R_2 + 2\sqrt{\xi C(L) R_1 R_2}\cos(4\pi/L)\lambda} \tag{4.24}$$

式中，R_1 是入射光纤端面的反射率，R_2 是待测石墨烯膜的反射率。

本方法具有如下明显的优点。

（1）本方法所用的测量系统由宽带光源、光谱仪、光环形器等构成，具有结构简单、空间占用率低、性价比高、抗干扰能力强等特点，可避免现有反射率测试系统结构复杂、空间占用率高的问题。

（2）本方法基于光干涉原理对光学薄膜反射率进行计算修正，可有效解决光学薄膜反射率测量误差较大的问题，一定程度上消除光传输损耗的影响，对光学薄膜的光学特性研究具有实际意义。

4.2.3　石墨烯膜光纤F-P干涉特性的理论仿真

（1）膜厚对石墨烯膜反射率的影响

光学上常应用电学上导纳的概念来表示折射率。即在数值上，介质的复折射率表示它的光学导纳。现定义石墨烯膜的光学导纳为 N_1，空气的光学导纳为 N_2，且 $N_2 \approx 1$。考虑到入射光倾斜或者石墨烯膜表面不平整造成入射角度变化的情况，在光学导纳的基础上定义有效导纳。

针对入射光倾斜射入石墨烯膜的情况，将石墨烯膜的光学导纳 N_1 与空气光学导纳 N_2 分别用有效导纳 η_1、η_2 代替，并分别考虑 p-偏振光和 s-偏振光的薄膜反射率 R_p、R_s。对于 p-偏振光，$\eta_1 = N_1/\cos\theta_1$，$\eta_2 = N_2/\cos\theta_2$；对于 s-偏振光，$\eta_1 = N_1\cos\theta_1$，$\eta_2 =$

$N_2\cos\theta_2$。其中，θ_1 为空气界面与薄膜的折射角；θ_2 为薄膜与空气界面的出射角。

根据介质膜理论的矩阵法[16]，定义石墨烯膜和外侧空气组合的特性矩阵为：

$$\begin{bmatrix} Z_1 \\ Z_2 \end{bmatrix} = \boldsymbol{M} \cdot \begin{bmatrix} 1 \\ N_2 \end{bmatrix} \tag{4.25}$$

式中，$\boldsymbol{M}$ 为石墨烯膜的特性矩阵，可表示为：

$$\boldsymbol{M} = \begin{bmatrix} \cos\alpha & \dfrac{\mathrm{i}}{N_1}\sin\alpha \\ \mathrm{i}N_1\sin\alpha & \cos\alpha \end{bmatrix} \tag{4.26}$$

式中，$\alpha = \dfrac{2\pi}{\lambda}N_1 d$ 为薄膜厚度产生的相位差，d 为薄膜厚度。

根据石墨烯膜和外侧空气组合的特性矩阵，可得薄膜反射系数 r_ξ：

$$r_\xi = \frac{N_2 Z_1 - Z_2}{N_2 Z_1 + Z_2} = \frac{\mathrm{i}\left(\dfrac{N_2^2}{N_1} - N_1\right)\sin\alpha}{2N_2\cos\alpha + \mathrm{i}\left(\dfrac{N_2^2}{N_1} + N_1\right)\sin\alpha} \tag{4.27}$$

则石墨烯膜的反射率 R_2：

$$R_2 = r_\xi \cdot r_\xi^* \tag{4.28}$$

式中，r_ξ^* 为 r_ξ 的共轭复数。由此可知，石墨烯膜的反射率与薄膜的复折射率、薄膜厚度以及入射光波长有关系。

根据 2010 年 Nelson 等人[17] 得到的实验结果，可确定石墨烯膜复折射率与入射光波长的关系，如表 4.1 所示。

表4.1　石墨烯膜复折射率与入射光波长的关系

入射光波长λ（nm）	石墨烯膜复折射率N_1
1525	3.43−i 2.30
1550	3.45−i 2.32
1575	3.48−i 2.34
1600	3.51−i 2.36

图 4.8 给出了石墨烯膜反射率与膜厚（以薄膜层数表示）、入射光波长的仿真关系。当石墨烯膜厚小于 9 层时，其反射率低于 1%。这表明在 F-P 腔内石墨烯膜的反射光强度很弱，入射光几乎被透射、吸收或发生损耗。随石墨烯膜厚增加，其反射率随之单调变大。而且，以 13 层石墨烯膜为例，当波长为 1600 nm 和 1550 nm 时，其反射率分别为 1.721% 和 1.711%，两者仅相差 0.01%。这样，对于所选的工作波长范围（C 波段），可忽略入射光波长对反射率的影响。

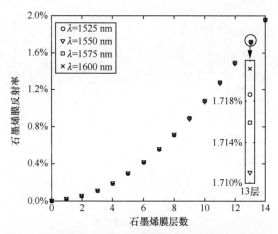

图4.8 不同入射光波长时石墨烯膜层数对反射率的影响仿真

（2）入射光角度对石墨烯膜反射光强的影响

考虑到石墨烯膜利用范德瓦耳斯力实现薄膜与陶瓷插芯端面的界面吸附，因此悬浮于插芯中心孔处的石墨烯膜的微小不平整会使入射光的入射角度发生微小改变。针对入射光角度对石墨烯膜反射率的影响，将式（4.25）和式（4.26）中的石墨烯膜和空气的光学导纳分别用对应的有效导纳代替。

当考虑入射光角度 θ 时，膜厚产生的相位差为 $\alpha=\dfrac{2\pi}{\lambda}N_1 d\cos\theta$，石墨烯膜的反射系数可表示为：

$$r=\frac{\eta_2 Z_1-Z_2}{\eta_2 Z_1+Z_2}=\frac{\mathrm{i}\left(\dfrac{\eta_2^2}{\eta_1}-\eta_1\right)\sin\alpha}{2\eta_2\cos\alpha+\mathrm{i}\left(\dfrac{\eta_2^2}{\eta_1}+\eta_1\right)\sin\alpha} \tag{4.29}$$

将 p-偏振光和 s-偏振光对应的不同有效导纳 η_1、η_2 代入式（4.29），可求取相应的反射系数 $r_{\xi,\mathrm{p}}$、$r_{\xi,\mathrm{s}}$ 及其共轭复数 $r_{\xi,\mathrm{p}}^*$、$r_{\xi,\mathrm{s}}^*$，则石墨烯膜反射率 R_2 由下式确定：

$$R_2=\frac{R_{\xi,\mathrm{p}}+R_{\xi,\mathrm{s}}}{2}=\frac{r_{\xi,\mathrm{p}}r_{\xi,\mathrm{p}}^*+r_{\xi,\mathrm{s}}r_{\xi,\mathrm{s}}^*}{2} \tag{4.30}$$

图 4.9 所示为入射光角度对薄膜反射光强的仿真结果，随着膜厚增加，入射光角度对薄膜反射率的影响逐渐显现，但并不明显。以 13 层石墨烯膜为例，当入射角度为 0°、3°、6° 和 9° 时，薄膜反射率依次为 1.711%、1.698%、1.661% 和 1.601%。这表明在 F-P 腔内石墨烯膜反射率随入射光角度的增加会发生小幅减小，但减小的幅度有限。对于在内径 25 μm 的光纤凹槽以及 125 μm 的陶瓷插芯内形成的微小 F-P 腔，因薄膜吸附变形而引起的入射光小角度变化对反射率的影响可忽略。

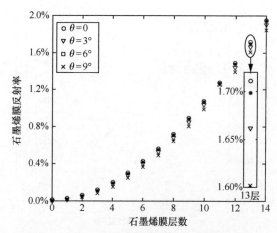

图4.9　入射光角度对石墨烯膜反射率的影响仿真

（3）石墨烯膜光纤 F-P 干涉光谱分析

根据 F-P 干涉的多光束原理模型，仿真求解了 F-P 干涉光谱。当 F-P 腔的腔长 $L =$ 40 μm，入射光波长为 1520 ～ 1590 nm 时，基于式（4.30）求解 1、3、5、8、13 层石墨烯膜的理论反射率分别为 0.13‰、1.12‰、2.97‰、7.15‰、1.71%，则相应的石墨烯膜干涉光谱如图4.10所示。图4.10中 n 表示石墨烯膜层数；Y、N 表示有无考虑 F-P 腔腔长损耗。仿真结果表明，对于层数相同的石墨烯膜，波长变化引起的 F-P 腔腔长损耗主要影响干涉光谱的相对光强峰谷值，不改变曲线的形状，即不改变峰谷值对应的波长值；对于不同膜厚的石墨烯膜，干涉光谱的相对光强峰谷值的大小对薄膜的反射率有很大影响。即通过增加膜厚可使薄膜反射率单调正向变化，改善干涉光谱的条纹对比度，提高检测信号的干涉效果。

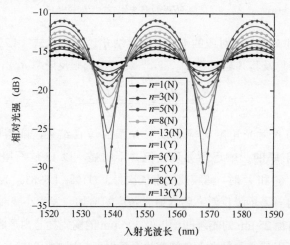

图4.10　不同膜厚下石墨烯膜干涉光谱仿真

F-P 腔的干涉条纹对比度可表示为：

$$FC(L) = \frac{I_{\text{MAX}} - I_{\text{MIN}}}{I_{\text{MAX}} + I_{\text{MIN}}} \qquad (4.31)$$

式中，I_{MAX} 和 I_{MIN} 可根据式（4.3）得，即有：

$$\begin{cases} I_{\text{MAX}} = (R_1 + \xi R_2 + 2\sqrt{\xi R_1 R_2})I_i \\ I_{\text{MIN}} = (R_1 + \xi R_2 - 2\sqrt{\xi R_1 R_2})I_i \end{cases} \qquad (4.32)$$

则

$$FC(L) = \frac{2\sqrt{\xi R_1 R_2}}{R_1 + \xi R_2} \qquad (4.33)$$

由此可知，F-P 腔的两个反射面的反射率越接近，其干涉条纹对比度越大，效果越好。

为便于干涉光谱的光信号检测，F-P 腔的干涉条纹对比度越接近于 1 越好，但是由于石墨烯膜反射率小于光纤端面反射率，其干涉条纹对比度将小于 1。为使干涉条纹对比度尽可能接近于 1，进而计算所需要的石墨烯膜层数。光纤端面的反射率由实验测得为 2.54%，则对应的由不同层数的石墨烯膜构成的 F-P 腔腔长范围可由式（4.33）获得。表 4.2 所示为入射光波长为 1550 nm 时的腔长选择。结果表明，对于 1 层、3 层石墨烯膜，由于其反射率很小，要达到一定的干涉条纹对比度所对应的 F-P 腔腔长是不易实现的。对于 5 层以上的石墨烯膜，反射率随膜厚的增加而增大，F-P 腔腔长的选择范围更广。

表4.2　不同层数石墨烯膜F-P腔的干涉条纹对比度与腔长关系

石墨烯膜层数	石墨烯膜反射率	石墨烯膜F-P腔腔长范围		
		$FC(L) > 0.4$	$FC(L) > 0.5$	$FC(L) > 0.6$
1	0.13‰	无法实现	无法实现	无法实现
3	1.12‰	约<13 μm	无法实现	无法实现
5	2.97‰	约<68 μm	约<44 μm	约<17 μm
8	7.15‰	约<168 μm	约<87 μm	约<64 μm
13	1.71%	约<187 μm	约<143 μm	约<112 μm

4.3　石墨烯膜光纤F-P干涉特性实验

4.3.1　石墨烯膜反射率的F-P干涉测量

1. 实验平台的搭建

图 4.11 所示为基于 F-P 干涉的石墨烯膜反射率测量实验平台。

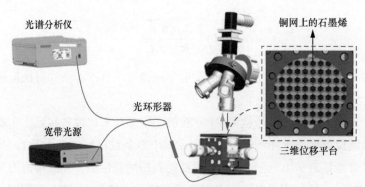

图4.11　石墨烯膜反射率测量实验平台

所用仪器信息如下。

（1）宽带光源为 Amonics 的 ALS-CL-17-B-FA 型的 C+L 波段宽带光源，其光谱范围为 1528 ～ 1608 nm。

（2）光谱仪为高性能光谱分析仪 AQ6370，其测量波长范围为 600 ～ 1700 nm，在 1520 ～ 1580 nm 范围内波长精度可达 0.02 nm。

（3）光环行器，其波长范围为 1525 ～ 1610 nm。

具体的实验流程为：将待测石墨烯转移至铜网上，并将转移有石墨烯膜的铜网固定在三维位移平台上；借助定位夹具，使入射光纤垂直于石墨烯膜的表面；借助光谱仪，解调干涉光谱，结合构建的反射率修正模型，可获取石墨烯膜反射率。

2. 石墨烯膜光学反射率测量

以光纤端面反射率为标准建立石墨烯膜反射率求解模型，分别选择了 50 ～ 100 μm、100 ～ 200 μm、200 ～ 300 μm 和 50 ～ 300 μm 等 4 个不同的腔长范围。在每个腔长范围内，等间距地设置 30 个腔长位置，采集 30 组 F-P 干涉光谱并利用式（4.1）拟合干涉光谱得到反射光纤端面反射率。随后与标准的光纤端面反射率进行比较，对实验数据进行多项式拟合，得到相应的腔长损耗补偿系数 $C(L)$，如图 4.12 所示。

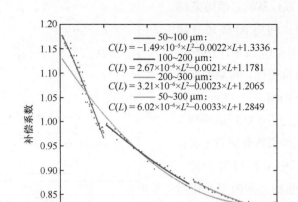

图4.12 不同腔长范围的补偿系数

　　在此基础上，将 $C(L)$ 代入式（4.1）中，获取石墨烯膜反射率求解模型。石墨烯膜反射率的测量方法与光纤端面反射率的测量类似。同样选择 $50 \sim 100\ \mu m$、$100 \sim 200\ \mu m$、$200 \sim 300\ \mu m$ 和 $50 \sim 300\ \mu m$ 等 4 个不同的腔长范围，在每个腔长范围内等间距地采集 30 组 F-P 干涉光谱，再利用式（4.24）拟合干涉光谱，从而得到石墨烯膜反射率。

　　为准确获知膜厚与反射率之间的关系，通过拉曼光谱测试待测石墨烯膜的层数。实验中所用样品分别为 1、2、5、8 和 10 层石墨烯膜，测得的拉曼光谱如图 4.13 所示。从实验结果得出以下认识。

　　（1）石墨烯拉曼光谱的主要特征是 $1582\ cm^{-1}$ 附近的 G 峰和 $2700\ cm^{-1}$ 附近的 G' 峰。对于含有缺陷的石墨烯样品，如参考 10 层石墨烯膜的拉曼光谱，在 $1350\ cm^{-1}$ 附近出现了一个 D 峰，这表明石墨烯膜表面存在缺陷或褶皱。

　　（2）单层石墨烯膜的 G' 峰的强度大于 G 峰的强度，并具有完美的洛伦兹峰型。同时随着层数的增加，多层石墨烯膜中会检测到更多的碳原子，会导致 G' 峰移向更高的波数，G 峰的强度也逐渐增加[18]。

　　（3）单层石墨烯的 G' 峰具有完美的单洛伦兹峰型。随着层数的增加，G' 峰的峰值向高频方向移动且半峰宽增大，当层数增加至约 10 层时，G' 峰的形状与石墨的拉曼光谱基本相同。随着石墨烯层数的增加，G 峰和 G' 峰的位置、强度和半峰宽都发生了改变，根据这些变化可以判定石墨烯的层数[19]。

　　因此，通过图 4.13 所示的石墨烯拉曼光谱可确定所用的石墨烯膜层数分别为 1、2、

5、8 和 10 层。

在此基础上，以较厚的石墨烯膜（8层和 10 层）为例，利用 AFM 进行膜厚测量验证。如图 4.14 所示，根据石墨烯与硅界面的高度变化，待测的石墨烯膜厚度约为 4.54 nm 和 3.57 nm，而单层石墨烯膜厚度约为 0.335 nm，因此，确定待测石墨烯膜的层数分别为 8 层和 10 层。在实际测量中由于 AFM 探针、石墨烯膜和 SiO_2 基底之间的相互作用力会导致较大的表征厚度[20]，故未对较少层数的石墨烯膜进行 AFM 表征。

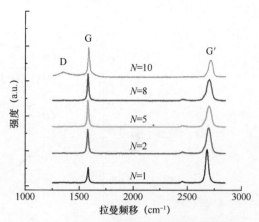

图4.13　1、2、5、8和10层石墨烯膜的拉曼光谱

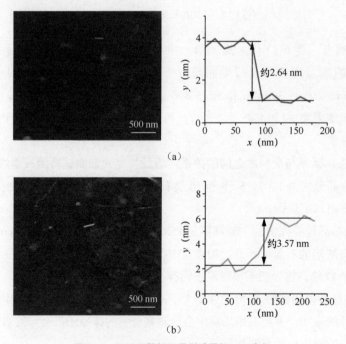

（a）

（b）

图4.14　不同层数的石墨烯膜厚的AFM表征
（a）8层和（b）10层

确定待测的石墨烯膜层数后，将石墨烯膜悬浮固定在三维位移平台上，进行反射率测量。同样地，为准确获取石墨烯膜反射率，分别在 50 ～ 100 μm、100 ～ 200 μm、200 ～ 300 μm 和 50 ～ 300 μm 等 4 个腔长范围内，各确定 30 个腔长位置点。利用式（4.24）所示的石墨烯膜反射率求解模型，拟合各位置点的干涉光谱可得到石墨烯膜

反射率[21]，并与文献[15]的理论结果进行比较。

由图4.15（a）～图4.15（e）可知，对于不同层数的石墨烯膜，在较小的腔长范围内（50～100 μm），测得石墨烯膜反射率更接近于理论值（图中的红线标注位置）。随着腔长范围逐渐增大，箱体逐渐偏离理论值，表明两者之前的偏差逐渐增大。以10层石墨烯膜为例，基于50～100 μm腔长求解模型的石墨烯膜反射率的最大值为2.016%，最小值为1.942%，平均值为1.978%，且所得平均值与文献[15]中10层石墨烯膜2%的理论反射率值的相对误差仅为1.100%；而基于200～300 μm腔长求解模型的石墨烯膜反射率的最大值为2.190%，最小值为2.106%，平均值为2.149%，所得平均值与文献[15]中理论反射率值的相对误差高达7.50%。这是因为随着腔长范围增大，受外界扰动影响增加，反射光能量也逐渐减弱，接收到的干涉光谱条纹可见性逐渐降低，导致计算的石墨烯膜反射率误差随之增加，因此在保证石墨烯膜完整性的前提下，尽可能选择小腔长。同时如图4.1.5（f）所示，随着层数的增加，反射率增加。例如，单层石墨烯膜反射率仅为0.01%，而10层石墨烯膜反射率则增加至2.00%。

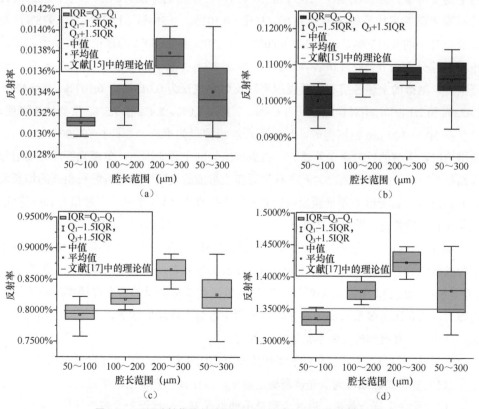

图4.15　不同腔长范围内测得的具有不同厚度的石墨烯膜反射率

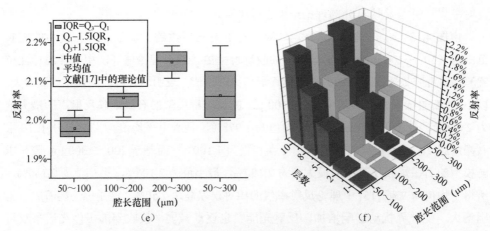

图4.15 不同腔长范围内测得的具有不同厚度的石墨烯膜反射率（续）

（a）单层、（b）2层、（c）5层、（d）8层和（e）10层石墨烯膜反射率的箱形图；

（f）不同层石墨烯膜反射率的三维柱状图

在此基础上，图 4.16（a）～图 4.16（e）给出了不同腔长范围下测得的石墨烯膜的平均反射率。腔长在 50 ～ 100 μm 范围内时，测得的单层、2 层、5 层、8 层和 10层石墨烯膜的平均反射率分别为 0.0131%、0.101%、0.793%、1.335% 和 1.978%，与文献 [15] 中的 0.0130%、0.100%、0.800%、1.350% 和 2.000% 的理论反射率值相比，相对误差分别为 0.7%、1.0%、1.0%、1.1% 和 1.1%。然而，在 200 ～ 300 μm 的腔长范围内，测得的上述各层石墨烯膜的平均反射率依次为 0.0138%、0.107%、0.864%、1.423% 和 2.149%，相对误差分别为 6.0%、7.7%、8.0%、5.4% 和 7.5%。实验结果表明，腔长在 50 ～ 100 μm 范围内时，反射率求解模型最为准确，而腔长在 200 ～ 300 μm范围内时，求解的反射率误差最大。造成该结果的主要原因是：单模光纤的光场近似为高斯分布，而光纤端面出射光在石墨烯膜上形成的光斑半径随着腔长距离的增长而变大。这样，一部分经石墨烯膜反射的光无法直接馈入光纤，造成光干涉信号强度降低，尤其在较大的腔长范围内测试时。

图 4.16（f）给出了不同腔长范围内测得的不同层石墨烯膜反射率的标准差。鉴于小腔长范围具有更高精度，则以 50 ～ 100 μm 的腔长范围为选取对象，测得的单层、2 层、5 层、8 层和 10 层石墨烯膜反射率的单次测量标准差随着石墨烯膜层数的增加而增大，这是因为多层石墨烯膜在转移过程中容易出现层间褶皱以及厚度不均匀等情况，从而使计算得到的反射率结果较为离散。

需要补充的是，本节提出的石墨烯膜反射率的测量方法 [22] 需注意以下几点：

（1）宽带光源或可调激光器需稳定输出，以保证光强输出的平稳性；

（2）增加采样点数量，以减少测量中偶然误差、操作误差等带来的影响；

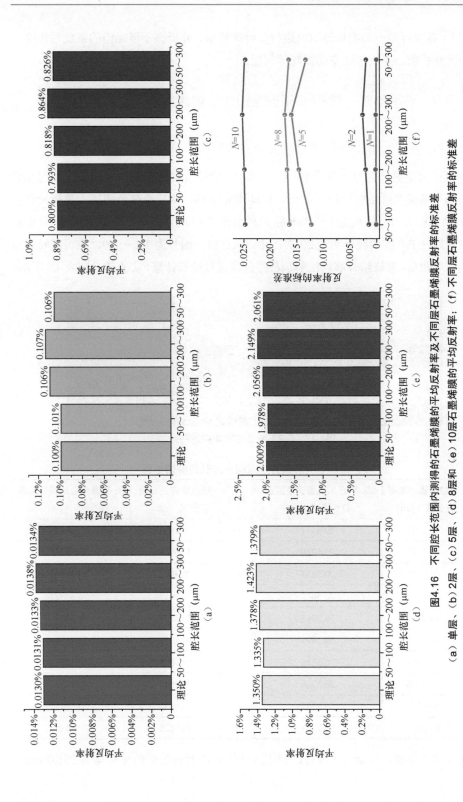

图4.16 不同腔长范围内测得的石墨烯膜的平均反射率及不同层石墨烯膜反射率的标准差

（a）单层、（b）2层、（c）5层、（d）8层和（e）10层石墨烯膜的平均反射率；（f）不同层石墨烯膜反射率的标准差

（3）在尽可能小的腔长范围内进行反射率测量，并提高干涉光谱的条纹对比度，以解决光斑扩散、光束传输空间损耗等问题。

4.3.2　石墨烯膜光纤F-P干涉条纹对比度求解

1."光纤端面 – 光纤端面"F-P干涉条纹对比度

实验中为了更好地对比双峰解调法与单 - 双峰结合解调法的解调精度，使用光纤切割刀切平单模光纤端面形成反射面，借助陶瓷插芯，从其两端分别插入单膜光纤，制备了"单模光纤 - 单模光纤"F-P腔。利用图 4.17 所示的 F-P 干涉光谱解调实验平台，对同一 F-P 腔的腔长测量 20 次，并记录存储，编号为 1,2,…,20。编写双峰解调法解调程序和单 - 双峰结合解调法解调程序分别进行腔长计算，实验结果如表 4.3 所示。

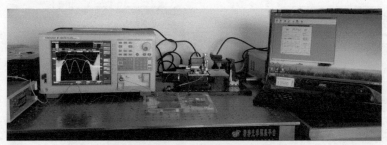

图4.17　F-P干涉光谱解调实验平台

表4.3　不同解调方法对同一腔长的解调结果

序号	双峰解调法解调腔长值（μm）	单-双峰结合解调法解调腔长值（μm）	序号	双峰解调法解调腔长值（μm）	单-双峰结合解调法解调腔长值（μm）
1	70.1149	70.4037	11	70.1901	70.3882
2	70.2147	70.4080	12	70.5069	70.3873
3	69.9443	70.3853	13	70.4092	70.3868
4	70.5994	70.4013	14	70.7617	70.3751
5	69.9108	70.3985	15	70.3277	70.3787
6	70.3963	70.3879	16	70.5513	70.3851
7	70.1695	70.3786	17	70.1836	70.3846
8	70.2766	70.3766	18	70.4967	70.3831
9	70.6420	70.3782	19	70.5458	70.3841
10	69.5173	70.3785	20	70.5120	70.4035

通过实验验证，由表 4.3 可得，利用双峰解调法解调腔长的标准差为 296.0 nm，

而利用单 - 双峰结合解调法解调腔长的标准差为 9.3 nm，腔长分辨率为 20.6 nm。双峰解调法由于峰值的定位误差，导致最终计算出的腔长误差较大；而单 - 双峰结合解调法解调腔长首先确定干涉光谱的干涉级次，且没有出现干涉级次的跳动，其误差是由单峰解调法解调的峰值定位产生。根据分析可知，单峰解调法解调腔长的误差明显小于双峰解调法。

基于图 4.17 所示的 F-P 干涉光谱解调实验平台，通过三维位移平台水平旋钮调节 F-P 腔的腔长值。根据每组腔长值测得的干涉光谱的峰谷值，由式（4.31）可计算不同腔长时 F-P 腔的干涉条纹对比度。实验与仿真对比如图 4.18 所示，验证了"光纤端面 - 光纤端面" F-P 腔的干涉条纹对比度与仿真分析结果相吻合。

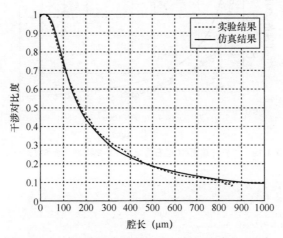

图4.18 "光纤端面-光纤端面" F-P腔的干涉条纹对比度

2. "光纤端面 -10 层石墨烯膜" F-P 干涉条纹对比度

同样地，基于陶瓷插芯，制备了"光纤端面 -10 层石墨烯膜" F-P 腔（石墨烯膜 F-P 传感器探头的具体制备方法见第 6 章）。在腔长为 0 ～ 1000 μm 范围内，测得 64 组干涉数据（其中 F-P 腔腔长小于 140 μm 的干涉数据有 24 组，间隔为 5 μm；F-P 腔腔长在 140 ～ 340 μm 的干涉数据有 21 组，间隔为 10 μm；F-P 腔腔长在 340 ～ 540 μm 的干涉数据有 11 组，间隔为 20 μm；F-P 腔腔长在 540 ～ 1000 μm 的干涉数据有 8 组，间隔为 50 μm）。对测得的干涉数据进行处理分析，具体步骤如下。

（1）根据单 - 双峰结合解调法，提取每组干涉数据的峰值和谷值，分别计算出干涉数据对应的腔长值。

（2）根据每组腔长值测得的干涉光谱的峰谷值，由式（4.31）计算出不同腔长值的 F-P 腔的干涉对比度。

则"光纤端面-10层石墨烯膜"F-P腔的干涉条纹对比度的实验结果与仿真结果比较如图 4.19 所示。实验结果与仿真结果趋势基本吻合，但实验所得值比仿真结果偏小，这与实验测得石墨烯膜反射率较仿真值偏小有关。实验结果表明，更小腔长条件下可获得更高的 F-P 干涉条纹对比度，当腔长大于 100 μm 时，实测的干涉对比度小于 0.4，这也与前文所述的较大的腔体条件下测得的薄膜反射率误差较大的现象相吻合。

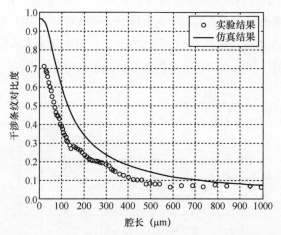

图4.19　"光纤端面-10层石墨烯膜"F-P腔的干涉条纹对比度

4.4　本章小结

本章在介绍 EFPI 光纤传感器基本概况的基础上，结合 F-P 多光束干涉原理，探讨了 F-P 腔解调方法，分析了有利于小腔长的峰值解调法，实现了石墨烯膜 F-P 腔的单-双峰解调；考虑到 F-P 腔内介质耦合系数对薄膜反射率计算精度的影响，引入腔长损耗补偿系数，建立了石墨烯膜反射率的测量模型，提出了一种基于腔长损耗修正的石墨烯膜光纤 F-P 反射率测量方法，并进行了石墨烯膜反射率与干涉条纹对比度测量的实验验证。该测量方法不局限于石墨烯膜，可进一步扩展到其他二维薄膜材料，因此对光学薄膜的光学特性研究具有实际意义，有望服务于高精度光学测量领域。

参 考 文 献

[1]　LI C, LAN T, YU X Y, et al. Room-temperature Pressure-induced Optically-actuated Fabry-Perot Nanomechanical Resonator with Multilayer Graphene Diaphragm in Air [J]. Nanomaterials, 2017, 7(11): 366.

[2]　LI C, LIU Q W, PENG X B, et al. Measurement of Thermal Expansion Coefficient of Graphene Diaphragm Using Optical Fiber Fabry-Perot Interference [J]. Measurement Science and Technology, 2016, 27(7): 075102.

[3]　LI C, YU X Y, ZHOU W, et al. Ultrafast Miniature Fiber-tip Fabry-Perot Humidity Sensor with Thin Graphene Oxide Diaphragm [J]. Optics Letters, 2018, 43(19): 4719.

[4]　LI C, YU X Y, LAN T, et al. Insensitivity to Humidity in Fabry-Perot Sensor with Multilayer Graphene Diaphragm [J]. IEEE Photonics Technology Letters, 2018, 30(6): 565-568.

[5]　LI C, GAO X Y, FAN S C, et al. Measurement of the Adhesion Energy of Pressurized Graphene Diaphragm Using Optical Fiber Fabry-Perot Interference [J]. IEEE Sensors Journal, 2016, 16(10): 3664-3669.

[6]　YU F F, LIU Q W, GAN X, et al. Ultrasensitive Pressure Detection of Few-layer MoS_2 [J]. Advanced Materials, 2017, 29(4): 1603266.

[7]　靳伟, 阮双琛. 光纤传感技术新进展 [M]. 北京: 科学出版社, 2005: 255-256.

[8]　LI C, PENG X B, LIU Q W, et al. Nondestructive and in Situ Determination of Graphene Layers Using Optical Fiber Fabry-Perot Interference [J]. Measurement Science and Technology, 2017, 28(2): 025206.

[9]　QI B, PICKRELL G R, XU J C, et al. Novel Data Processing Techniques for Dispersive White Light Interferometer [J]. Optical Engineering, 2003, 42(11): 3165-3171.

[10]　WANG A, XIAO H, MAY R G, et al. Optical Fiber Sensors for Harsh Environments [C]. International Society for Optics and Photonics, 2000.

[11]　章鹏, 朱永, 唐晓初, 等. 基于傅里叶变换的光纤法布里-珀罗传感器解调研究 [J]. 光学学报, 2005, 25(2): 186-189.

[12]　ZHOU X, YU Q. Wide-range Displacement Sensor Based on Fiber-optic Fabry-Perot Interferometer for Subnanometer Measurement [J]. IEEE Sensors Journal, 2011, 11(7): 1602-1606.

[13]　FALKOVSKY L A, PERSHOGUBA S S. Optical Far-infrared Properties of a Graphene Monolayer and Multilayer [J]. Physical Review B, 2007, 76(15): 15349.

[14]　STAUBER T, PERES N M R, GEIM A K. Optical Conductivity of Graphene in the Visible Region of the Spectrum [J]. Physical Review B, 2018, 78(8): 085432.

[15]　MA J, JIN W, HOI H L, et al. High-sensitivity Fiber-tip Pressure Sensor with Graphene Diaphragm [J]. Optics Letters, 2012, 37(13): 2493.

[16]　唐晋发, 顾培夫. 薄膜光学与技术 [M]. 北京: 机械工业出版社, 1989.

[17] NELSON F J, KAMINENI V K, ZHANG T, et al. Optical Properties of Large-area Polycrystalline Chemical Vapor Deposited Graphene by Spectroscopic Ellipsometry [J]. Applied Physics Letters, 2010, 97(25): 2531103.

[18] 吴娟霞, 徐华, 张锦. 拉曼光谱在石墨烯结构表征中的应用 [J]. 化学学报, 2014, 72(03): 301-318.

[19] FERRARI A C, MEYER J C, SCARDACI V, et al. Raman Spectrum of Graphene and Graphene Layers [J]. Physical Review Letters, 2006, 97(18): 187401.

[20] CAMERON J S, ASHLEY D S, ANDREW J S, et al. Accurate Thickness Measurement of Graphene [J]. Nanotechnology, 2016, 27(12): 125704.

[21] WAN Z, LI C, LIU Y, et al. Measuring Optical Reflectivity of Graphene Films Using Compensated Fabry-Perot Interferometry [J]. Applied Surface Science, 2023, 639: 158237.

[22] 李成, 万震, 刘洋. 一种基于光学干涉的光学薄膜反射率测量系统及测量方法: 114813048A[P]. 2022-04-13.

第5章 石墨烯膜光纤 F-P 声压传感器

光纤声压传感器，尤其是基于 F-P 腔的膜片式光纤声压传感器，因具有高灵敏度、微型化、抗电磁干扰、适应恶劣环境等优点，近年来备受国内外学者关注，但多以硅、有机聚合物为压敏薄膜，其厚度一般在微米量级。作为一种目前已知最薄的新型材料，石墨烯已成为当前国内外先进压力传感器领域的前沿研究热点，以获得小尺寸或超小尺寸与高灵敏度。本章将以石墨烯为压敏薄膜，设计制作石墨烯膜光纤 F-P 声压传感器，并分别通过改变石墨烯膜转移方法、基底材料和镀膜方法等，研究光纤 F-P 声压传感增敏效应，进而基于薄膜应力释放，设计制作氧化石墨烯波纹膜光纤 F-P 声压传感器，从而为推动具有自主知识产权的新型高性能石墨烯声学传感器的创新发展提供方法指导。

5.1 石墨烯膜光纤F-P声压传感器原理分析

5.1.1 声压敏感模型

光纤 F-P 声压传感器基于双光束干涉原理，由单模光纤、陶瓷插芯和石墨烯膜等构成，其结构示意如图 5.1 所示。F-P 腔腔长反映了两束反射光 I_{r_1} 与 I_{r_2} 的光程差，悬浮于插芯端面基底的周边固支石墨烯膜在外部声压作用下产生挠度形变，进而导致 F-P 干涉光强变化，可通过光电探测器的输出电压变化解调光强信号，获取待测声压信号。

图5.1 石墨烯膜光纤F-P声压传感器结构示意

由于声压较小，导致石墨烯膜的挠度变形也较小。根据第 2 章中式（2.4）所分析的 Beams 方程与仿真分析可知，当超薄石墨烯膜因声压产生线性挠度变化时，该挠度以薄膜预应力为主导，加载在石墨烯膜上的压力 q 和石墨烯膜中心挠度 w（即 dL）的关系可近似为：

$$q = \frac{4\sigma_0 t}{r^2} w \tag{5.1}$$

由式（5.1）和式（4.19）可知，输出电压 V_o 与压力 q 的关系可改写为：

$$V_o = \Re \cdot R \cdot I_i \cdot \left((R_1 + \xi R_2) + (-1)^m 2\sqrt{\xi R_1 R_2} \cdot \frac{4\pi}{\lambda} \cdot \frac{r^2}{4\sigma_0 t} q \right) \tag{5.2}$$

当 $q=0$ 时，光电探测器的输出电压 $V_o^A = \Re \cdot R \cdot I_i \cdot (R_1 + \xi R_2)$，由此可得：

$$\Re \cdot R \cdot I_i = V_o^A / (R_1 + \xi R_2) \tag{5.3}$$

则：

$$V_o = \frac{V_o^A}{(R_1 + \xi R_2)} \cdot \left((R_1 + \xi R_2) + (-1)^m 2\sqrt{\xi R_1 R_2} \cdot \frac{4\pi}{\lambda} \cdot \frac{r^2}{4\sigma_0 t} q \right) \tag{5.4}$$

声压测试实验中，首先测量 $q=0$（空载）时的电压，即 V_o^A。用信号发生器产生正弦信号驱动扬声器产生声压，利用锁相放大器或者示波器测量正弦声压信号的幅值，经直流滤波可得声压作用下光电探测器的输出电压 V_o^B。将式（5.4）中常数项（$R_1 + R_2$）滤除，则：

$$V_o^B = \frac{V_o^A}{(R_1 + \xi R_2)} \cdot 2\sqrt{\xi R_1 R_2} \cdot \frac{4\pi}{\lambda} \cdot \frac{r^2}{4\sigma_0 t} q = \frac{2\pi r^2 q \sqrt{\xi R_1 R_2}}{\lambda \sigma_0 t (R_1 + \xi R_2)} V_o^A \tag{5.5}$$

由式（5.5）可知，通过强度解调可获取动态声压信号。

5.1.2 机械灵敏度

灵敏度是指传感器在稳定工作条件下输出量变化与引起此变化的输入量变化的比值，是传感器性能中的一个重要指标。

在外部压力作用下，周边固支圆膜的中心归一化挠度 δw 与归一化压差 δp、归一化拉伸残余应力 β 具有如下关系 [1]：

$$\delta p = 12\delta w^3 + 2(\beta + 16)\delta w \tag{5.6}$$

式中，$\delta w = w/t$，其中 w 为薄膜中心挠度，t 为薄膜厚度。

归一化压差 δp 可表示为：

$$\delta p = \frac{6r^4 (1 - \upsilon^2) q}{E t^4} \tag{5.7}$$

归一化拉伸残余应力 β 可表示为：

$$\beta = \frac{12r^2(1-\upsilon^2)F}{Et^3} \tag{5.8}$$

式中，r、E、υ 和 t 分别为薄膜半径、弹性模量、泊松比和厚度；q 为外部压力，F 为薄膜的张力，且张力 F 与预应力 σ 的关系可表示为

$$F = \sigma \cdot t \tag{5.9}$$

联立式（5.6）～式（5.8），并通过数值近似的方式，可得到薄膜中心归一化挠度 δw 的近似解为：

$$w = \begin{cases} \dfrac{\delta p}{2\beta + 32}, & \delta p \ll \sqrt{\dfrac{2}{3}}(\beta + 16)^{\frac{3}{2}} \\[4mm] \left(\dfrac{\delta p}{12}\right)^{\frac{1}{2}}, & \delta p \gg \sqrt{\dfrac{2}{3}}(\beta + 16)^{\frac{3}{2}} \end{cases} \tag{5.10}$$

基于式（5.10），对石墨烯膜 F-P 声压传感器进行机械灵敏度分析。

以表 5.1 中 10 层石墨烯膜的参数为例，设定石墨烯膜直径为 125 μm，压力 q 为 100 Pa（实际声压远小于该值），代入式（5.7），可得归一化压差 δp 约为 1×10^8。根据后续 5.3 节中声压测试结果可知，石墨烯膜的悬浮转移预应力均大于 100 MPa。为使计算数据更具有说服力，取薄膜预应力 σ 为 100 MPa，代入式（5.8）和式（5.9），则归一化拉伸残余应力 β 约为 1×10^{13}。这样，根据式（5.10）可知，$\delta p \ll \sqrt{\dfrac{2}{3}}(\beta + 16)^{\frac{3}{2}}$。

表5.1　石墨烯膜的参数

厚度t（nm）	弹性模量E（TPa）	密度ρ（kg/m^3）	泊松比υ
3.35	1	2200	0.17

将参数 δp、δw 和 β，代入式（5.10），则有：

$$\frac{w}{t} = \frac{\dfrac{6r^4(1-\upsilon^2)q}{Et^4}}{2 \times \dfrac{12r^2(1-\upsilon^2)F}{Et^3} + 32} \tag{5.11}$$

将式（5.9）代入式（5.11），整理可得传感器的机械灵敏度 S_m 为：

$$S_m = \frac{w}{q} = \frac{6r^4(1-\upsilon^2)}{32Et^3 + 24\sigma t r^2(1-\upsilon^2)} \tag{5.12}$$

式中，当 $32Et^3 \gg 24\sigma t r^2(1-\upsilon^2)$ 时，即 $\sigma \ll 4Et^2/[3r^2(1-\upsilon^2)]$ 时，石墨烯膜预应力对传感器灵敏度的影响可忽略不计。

针对石墨烯膜光纤 F-P 声压传感器，通过表 5.1 中数据，则由式（5.12）中分母项可知 $32Et^2/[24r^2(1-\upsilon^2)] \approx 4$ kPa，而悬浮于插芯端面的石墨烯膜预应力 σ 高于 1 MPa，

因此，$\sigma \ll 32Et^2/[24r^2(1-\upsilon^2)]$的关系不成立。换句话说，石墨烯膜光纤 F-P 声压传感器的机械灵敏度受薄膜预应力显著影响。

结合式（5.12），对传感器机械灵敏度与压敏膜半径、预应力之间的影响关系进行理论分析。对于施加的 100 Pa 外部压力，当传感器压敏膜的半径 r 分别取 62 μm、64 μm、66 μm、68 μm 和 70 μm 时，薄膜中心挠度随预应力的变化关系如图 5.2 所示。

由此可知，随着薄膜预应力的增大，薄膜中心挠度呈非线性减小趋势，即薄膜刚度随之逐渐增加；当预应力接近 300 MPa 时，挠度减缓的趋势变小，薄膜压力 - 挠度的非线性特性逐渐趋于稳定，此时薄膜直径对压力 - 挠度响应的增敏作用变得不明显。因此，较低预应力下通过增大薄膜径厚比可有效增加挠度变形，提升传感器灵敏度。

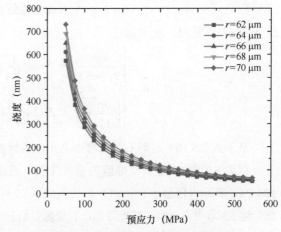

图5.2　预应力对压力-挠度特性的影响分析

在上述条件下，当薄膜预应力分别取 100 MPa、200 MPa、300 MPa、400 MPa 和 500 MPa 时，不同薄膜半径对传感器机械灵敏度的影响如图 5.3 所示。由此可知，传感器机械灵敏度随薄膜半径的增大而增大，且在较小预应力条件下更为明显。当预应力由 100 MPa 增加至 500 MPa 时，机械灵敏度缩至原来的 $\frac{1}{4}$。因此，通过选用大面积低刚度材料作为压敏膜可显著提升机械灵敏度，但会牺牲频率响应特性；而对于弹性模量较大的压敏膜材料，可借助薄膜制备与转移工艺降低膜内应力。

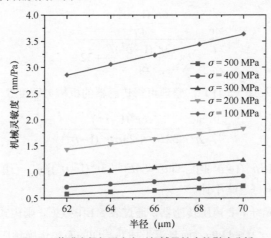

图5.3　薄膜半径与预应力对机械灵敏度的影响分析

5.1.3　电压灵敏度

基于双光束干涉原理，干涉光强与入射光强之间的关系为[2]：

$$\frac{I_{\mathrm{r}}}{I_{\mathrm{i}}} = \frac{R_1 + \xi R_2 - 2\sqrt{\xi R_1 R_2}\cos(4\pi L/\lambda)}{1 + \xi R_1 R_2 - 2\sqrt{\xi R_1 R_2}\cos(4\pi L/\lambda)} \tag{5.13}$$

式中，I_{r}、I_{i} 分别为干涉光强和入射光强，R_1、R_2 分别为光纤端面的反射率和敏感膜的反射率，ξ 为 F-P 腔腔长耦合系数，λ 为入射光的中心波长。

由于光纤端面与敏感膜的反射率比较小，则 $1 + \xi^2 R_1 R_2 - 2\xi\sqrt{R_1 R_2}\cos(4\pi L/\lambda) \approx 1$，式（5.13）可以近似简化为：

$$\frac{I_{\mathrm{r}}}{I_{\mathrm{i}}} = R_1 + \xi R_2 - 2\sqrt{\xi R_1 R_2}\cos(4\pi L/\lambda) \tag{5.14}$$

若光电探测器的转换系数为 $\mathfrak{R}$，则干涉光信号经光电探测器的输出电压 V 为：

$$V = I_{\mathrm{r}} \cdot \mathfrak{R} \tag{5.15}$$

联立式（5.14）与式（5.15），并对 F-P 腔腔长 L 进行求导，则：

$$\frac{\mathrm{d}V}{\mathrm{d}L} = \mathfrak{R} \cdot I_{\mathrm{i}} \frac{8\pi}{\lambda}\sqrt{\xi R_1 R_2}\sin\left(\frac{4\pi L}{\lambda}\right) \tag{5.16}$$

则光纤 F-P 传感器的电压灵敏度 S_{V} 为[3]：

$$S_{\mathrm{V}} = \frac{\mathrm{d}V}{\mathrm{d}L} \cdot \frac{\mathrm{d}L}{\mathrm{d}p} = \mathfrak{R} \cdot I_{\mathrm{i}} \frac{8\pi}{\lambda}\sqrt{\xi R_1 R_2}\sin\left(\frac{4\pi L}{\lambda}\right) \cdot S_{\mathrm{m}} \tag{5.17}$$

式中，S_{m} 为光纤 F-P 传感器的机械灵敏度，且一般光电转换系数 $\mathfrak{R}$ 与光纤端面反射率 R_1 为定值，不受外界因素影响。

F-P 探头在测试过程中，通常选取电压灵敏度最大值时所对应的入射光波长作为 F-P 传感器探头的工作点，因此式（5.17）可简化为：

$$S_{\mathrm{V}} = \mathfrak{R} \cdot I_{\mathrm{i}} \frac{8\pi}{\lambda}\sqrt{\xi R_1 R_2} \cdot S_{\mathrm{m}} \tag{5.18}$$

式中，腔长耦合系数 ξ 与腔长 L、入射光波长 λ 之间的关系为[4]：

$$\xi = \frac{4\left[1 + \left(\dfrac{2\lambda L}{\pi N_0 r_{\mathrm{m}}^{~2}}\right)^2\right]}{\left[2 + \left(\dfrac{2\lambda L}{\pi N_0 r_{\mathrm{m}}^{~2}}\right)^2\right]^2} \tag{5.19}$$

式中，N_0 为 F-P 腔内介质折射率，r_{m} 为光纤模场半径。

当 λ 与 L 确定时，耦合系数 ξ 为定值，因此由式（5.18）可知，传感器电压灵敏度与入射光强 I_{i} 和薄膜反射率 R_2 密切相关。

　　设定入射光波长为 1560 nm，激励光功率为 −20.3 dBm，初始 F-P 腔腔长为 60 μm，F-P 腔腔长耦合系数为 0.499，机械灵敏度为 1 nm/Pa，则传感器电压灵敏度与薄膜反射率之间的理论关系如图 5.4 所示。即传感器电压灵敏度随薄膜反射率增大而增大；当反射率从 1.1% 增大到 1.3% 时，电压灵敏度由 12.36 mV/Pa 增大到 13.44 mV/Pa。

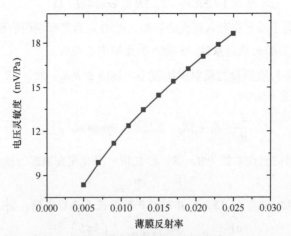

图5.4　电压灵敏度与薄膜反射率之间的理论关系

　　若不改变其他参数，设薄膜反射率为 1.49%，分析电压灵敏度与激励光功率之间的关系，如图 5.5 所示。由此可知，传感器电压灵敏度与激励光功率之间呈线性关系，且电压灵敏度随着激励光功率的增大而逐渐增大。但在实际应用中，光电探测器具有一定的光饱和度，不能无限制增大激励光功率。因此，可在光电探测器的饱和临界点以下，通过提高激励光功率来提升传感器电压灵敏度。

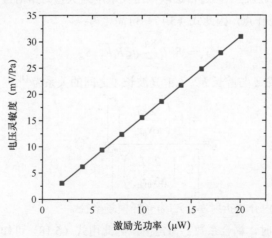

图5.5　电压灵敏度与激励光功率之间的关系

5.2 石墨烯膜光纤F-P声压传感器探头的制作

5.2.1 石墨烯膜的悬浮转移

本实验中石墨烯膜转移至基底（插芯基底）的过程如图 5.6 所示。

（1）如图 5.6 ①所示，一步转移石墨烯膜，并将其放置于无纺布上。

（2）如图 5.6 ②所示，将去离子水滴到薄膜周边，使去离子水缓慢地渗入无纺布，如图 5.6 ③所示。

（3）当去离子水完全渗透无纺布后，薄膜浮于去离子水上，如图 5.6 ④所示。

（4）将薄膜置于表面皿的去离子水中，如图 5.6 ⑤所示。

（5）用定性滤纸将石墨烯膜捞起，并裁剪至合适尺寸，置于去离子水中，如图 5.6 ⑥所示。

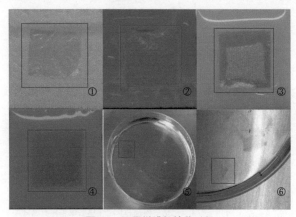

图5.6 石墨烯膜的转移过程

（6）接下来将石墨烯膜转移到直径为 125 μm 的插芯端面。将 PMMA/ 石墨烯放置于去离子水中，用处理过端面的插芯捞取石墨烯膜，并将吸附有 PMMA/ 石墨烯的插芯倾斜放入丙酮溶液中，使 PMMA 完全溶解，再捞取石墨烯膜。之后，经过恒温箱干燥后，完成石墨烯膜的悬浮转移，如图 5.7 所示。但在薄膜转移过程中，由于较大的悬浮直径和较薄的膜厚，在干燥过程中会出现薄膜破损或褶皱等情况，影响薄膜转移的成功率。如图 5.8 ①所示，由于插芯基底中心直径较大，为 125 μm，在去除 PMMA 的过程中，不当的干燥温度与时间导致了中心孔上石墨烯膜的破裂；以及对比插芯中心孔与周边基底石墨烯膜，存在 PMMA 的残留，破坏了薄膜的完整性与平整性，如图 5.8 ②和图 5.8 ③所示。

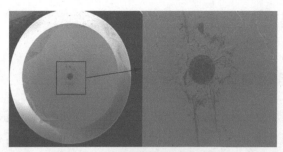

图5.7　石墨烯膜悬浮转移至插芯端面

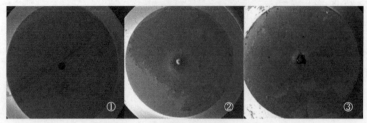

①　　　　　　②　　　　　　③

图5.8　石墨烯膜悬浮转移的问题

5.2.2　F-P声压传感器探头的制备

图 5.9 所示为 F-P 声压传感器探头的制作流程。该探头所用的实验材料主要包括单模光纤、ZrO_2 插芯、石墨烯膜和固化环氧树脂胶等[5]。

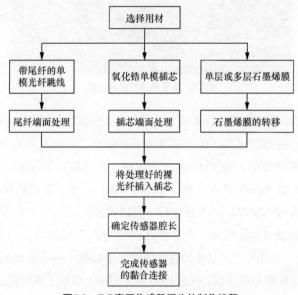

图5.9　F-P声压传感器探头的制作流程

（1）单模光纤的处理

选取带尾纤的单模光纤跳线，使用光纤剥线钳去除光纤的保护套和涂覆层；然后用无纺布蘸取酒精去除残留的涂覆层；再利用光纤切割刀切割单模光纤端面，采用光纤熔接机进行端面平整度的检测。

（2）陶瓷插芯的处理

用酒精清洗插芯，之后再对插芯进行超声清洗。

（3）石墨烯膜的转移

石墨烯膜的悬浮转移过程可参见 5.2.1 节。

（4）F-P 腔腔长的确定

利用第 4 章中图 4.17 所示的光谱解调实验平台，将吸附石墨烯膜的插芯置于三维位移平台，调节三维位移平台使光纤插入陶瓷插芯，并通过峰值解调确定适合的F-P 腔腔长，进而利用环氧树脂胶固封，完成基于陶瓷插芯的 F-P 声压传感器探头的封装。

图 5.10 所示为制备的某石墨烯膜光纤 F-P 传感器探头的干涉光谱。图中紫色谱线为入射光纤端面的反射光谱线，其在有效波长范围内并不平整；黄色谱线为 F-P 腔的干涉光谱线。为消除光源光谱的不平整对干涉光谱线的影响，定义 y 为图中黄色谱线，x 为紫色谱线，进行了 $10×\lg(y/x)$ 的处理，可得到图中绿色谱线。利用单 - 双峰解调法，计算得初始腔长 L_0=98 μm。

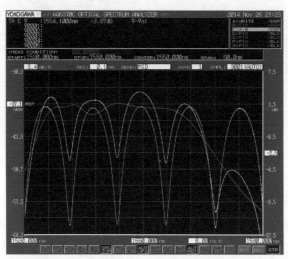

图5.10　石墨烯膜光纤F-P传感器探头的干涉光谱

（5）F-P 声压传感器探头的封装

利用固化环氧树脂胶黏合入射光纤和 ZrO_2 插芯，实现 F-P 声压传感器探头的密封。

图 5.11 所示为制备的石墨烯膜光纤 F-P 传感器探头实物。

图5.11 石墨烯膜光纤F-P 传感器探头实物

5.3 石墨烯膜光纤F-P声压传感器性能的影响实验

5.3.1 声压实验平台的搭建

图 5.12 所示为声压测试的实验平台示意。所用仪器包括可调谐激光器、光纤环形器、光电探测器、信号发生器、锁相放大器、参比传声器、扬声器。

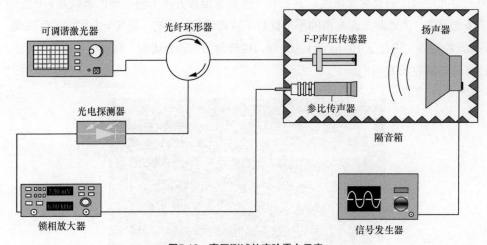

图5.12 声压测试的实验平台示意

（1）可调谐激光器

选用的可调谐激光器 AP3350A 的波长范围为 1525 ～ 1567 nm，波长设置精度可达 1 pm，最大输出功率可达 13 dBm，正常工作温度范围为 15 ～ 35 ℃，调谐速度为 1.5 nm/s。

（2）光电探测器

选用 Thorlabs 光电探测器的带宽为 1.2 GHz，有效波段为 800 ～ 1700 nm，最大峰值功率为 70 mW。

（3）锁相放大器

采用的 HF2LI 锁相放大器是一款高端数字锁相放大器。

（4）参比传声器

实验中参比传声器选用 MP201，用于对 F-P 声压传感器进行参数对比，上述传声器的测量灵敏度约为 50 mV/Pa。

（5）信号发生器和扬声器

信号发生器采用 DG5102，产生正弦波信号，传输到扬声器。该扬声器作为声源产生声压。

图 5.13 所示为声压测试平台实物。其中，F-P 声压传感器通过光纤环形器连接可调谐激光器和光电探测器，参比传声器作为参考信号接入锁相放大器。扬声器的声音信号由信号发生器产生加载已知频率和幅值的信号。

图 5.14 所示为隔音箱内部，包括扬声器、F-P 声压传感器和参比传声器。隔音箱中尽量将 F-P 声压传感器和参比传声器置于扬声器中心的对称位置，避免信号不对称造成的误差及影响，也有利于消除声音回波干扰。

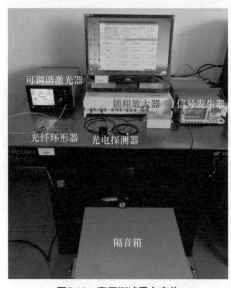

图5.13　声压测试平台实物

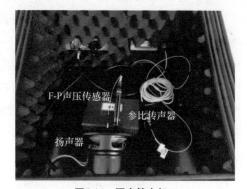

图5.14　隔音箱内部

5.3.2　基底材料对声压响应的影响

本节选用不同基底材料（SU-8、PDMS 和 ZrO_2），制备石墨烯膜光纤 F-P 声压传感器，从石墨烯膜与基底之间的吸附行为，分析传感器灵敏度的影响机制[6]。

1. 不同基底材料的制备

（1）SU-8 基底制备

SU-8 基底的制作流程如图 5.15 所示。首先，将内径为 125 μm 的 ZrO$_2$ 陶瓷插芯用超声清洗机清洗干净，待其干燥后，将光纤插入插芯；然后，将 SU-8 光刻胶涂在插芯带有倒角的端面，并将其置于 95 ℃ 精密干燥箱中前烘 20 min，前烘结束后将带有光刻胶的一端放到紫外线灯下曝光 2 min；之后，将其放到 95 ℃ 精密干燥箱中后烘 30 min；待光刻胶完全固化后，进行端面光滑处理；最后，将插芯置于精密干燥箱中加热到 75 ℃ 后，去除裸纤，并擦拭基底端面，去除杂质与细小碎屑。

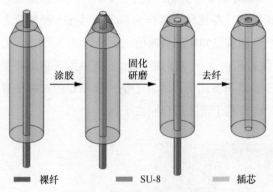

图5.15　SU-8基底的制作流程

（2）PDMS 基底制备

聚二甲基硅氧烷（polydimethylsiloxane，PDMS）基底的制作流程如图 5.16 所示。将插芯从两端插入套管，并将去除涂覆层的单模光纤插入插芯中；之后，将 PDMS 和固化剂按照 10：1 的比例进行配比，搅匀后用移液管将 PDMS 滴在套管的侧壁缝隙，使得 PMDS 液体流入并填满套管；随后，将填满 PDMS 的套管置于精密干燥箱中加热至 95 ℃，使得 PDMS 完全固化；接下来，拔出光纤和套管任意一侧的插芯，然后将另一侧的插芯推向套管内直至将整个套管去除。同样，对基底端面进行处理以去除杂质与细小碎屑。

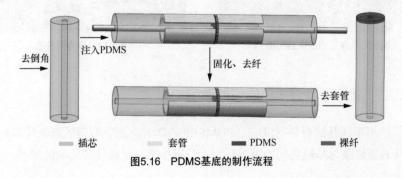

图5.16　PDMS基底的制作流程

（3）石墨烯膜转移与封腔

3种基底的薄膜转移均采用前文所述的薄膜转移方法。具体的转移步骤可参见5.2.2节。

2. 薄膜吸附行为分析

目前研究石墨烯吸附特性的实验方法主要有鼓泡法、划痕实验和剥离实验等。石墨烯的吸附特性与石墨烯的厚度（或层数）和基底材料等诸多因素密切相关。表5.2所示为石墨烯膜与不同基底间吸附能的研究结果。

表5.2　单层/多层石墨烯膜与不同基底间的吸附能

基底	石墨烯膜与基底间的吸附能（J/m²）		弹性模量（GPa）
	单层	多层	
Si_3N_4[7]	0.34±0.06	—	约320
PDMS[8]	—	0.07	约0.010
Si[9]	—	0.151±0.028	约127
Au[10]	0.45±0.10	—	约795
Si[11]	0.12～0.19	—	约130
SiO_2[12]	—	0.31±0.003	约270

由表5.2可得石墨烯膜与不同基底间的吸附能和基底弹性模量的关系如图5.17所示。由此可知，单层/多层石墨烯膜与基底间的吸附能随基底的弹性模量的增大而逐渐增大，当基底的弹性模量从约130 GPa增加到约795 GPa时，单层石墨烯膜与基底的吸附能增加近3倍。因此，选用弹性模量较低的基底材料，理论上可降低石墨烯膜的吸附能，而降低吸附能会降低石墨烯膜的预应力，从而提升传感器的灵敏度。

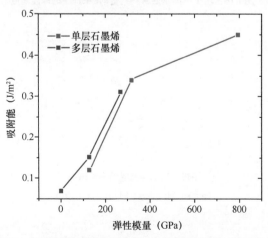

图5.17　石墨烯膜与基底间的吸附能与基底弹性模量之间的关系

3. 实验测试与分析

利用图 5.12 所示的声压平台，在 1 kHz 声压激振频率下，调节可调谐激光器的光功率为 -17.3 dBm，测试不同基底材料对传感器灵敏度的影响，实验结果如图 5.18 所示。由此可知，PDMS、SU-8 和 ZrO_2 基底的 3 个探头的电压灵敏度分别为 12.8 mV/Pa、10.6 mV/Pa 和 26.6 mV/Pa。这样，用弹性模量较小的 PDMS、SU-8 基底制备的 F-P 探头的灵敏度低于用 ZrO_2 基底制备的探头，即较小的石墨烯与基底间的吸附能并没有改善声压灵敏度，反而使效果变差。主要原因是制备的 PDMS、SU-8 基底的表面粗糙度较大，如图 5.19 所示。这两种基底虽可减小石墨烯与基底间的吸附能，但性能欠佳的基底表面形貌导致悬浮石墨烯的周边固支边界条件变差，且较软的基底材料也易导致 F-P 腔腔体变形，造成灵敏度整体上未能提升。

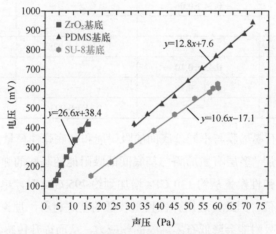

图5.18 基于不同基底材料制备的F-P探头的声压响应

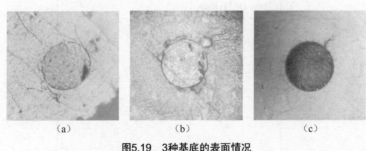

（a）　　　　　　　　（b）　　　　　　　　（c）

图5.19 3种基底的表面情况
（a）PDMS；（b）SU-8；（c）ZrO_2

5.3.3　石墨烯复合膜对声压响应的影响

1. 石墨烯复合膜的制备

采用磁控溅射镀膜工艺在铜基石墨烯膜（型号：JCVSG-85-1/1-Cu）上溅射一层 5 ～ 10 nm 厚的银膜或金膜。镀膜前、后的铜基石墨烯膜实物对比如图 5.20 所示。

（a）　　　　　　　　（b）　　　　　　　　（c）

图5.20　镀膜前、后的铜基石墨烯膜

（a）镀膜前铜基石墨烯；（b）镀膜后石墨烯/银复合膜；（c）镀膜后石墨烯/金复合膜

图 5.21 给出了一种石墨烯复合膜的转移方法。

（1）将石墨烯复合膜剪裁为 1.5 mm×1.5 mm 的小方块。

（2）将剪裁好的石墨烯复合膜置入装有氯化铁（$FeCl_3$）溶液（浓度为 5%）的玻璃容器中，将铜基腐蚀干净。

（3）利用移液管和去离子水稀释氯化铁溶液至浓度低于 0.1%。

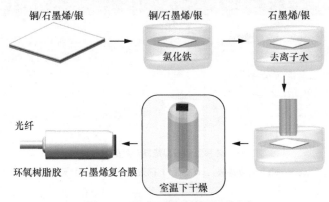

图5.21　一种石墨烯复合膜的转移方法

（4）将陶瓷插芯垂直对准石墨烯复合膜并向下按压，由于分子间作用力石墨烯复合膜会吸附于插芯端面。

（5）将插芯放置于培养皿中并在室温环境下干燥，进而封腔成F-P探头。

图5.22（a）～图5.22（d）所示为石墨烯复合膜转移过程中不同浓度氯化铁溶液去除铜基底的实物图。用浓度为30%和15%的氯化铁溶液经15 min与2.5 h腐蚀可将铜基底去除干净，但转移到陶瓷插芯端面后石墨烯复合膜质量较低且破损较多，如图5.23（a）和图5.23（b）所示。因此，将氯化铁溶液浓度稀释至5%，经过腐蚀、转移后石墨烯复合膜的显微形貌如图5.23（c）和图5.23（d）所示，此时石墨烯复合膜上有少量铜残留，延长腐蚀时间到8 h以上，转移后石墨烯复合膜的显微形貌如图5.23（e）和5.23（f）所示，这时石墨烯复合膜的铜基底被腐蚀干净。

（a）　　　　　（b）　　　　　（c）　　　　　（d）

图5.22　石墨烯复合膜与不同浓度的氯化铁溶液
（a）30%；（b）15%；（c）5%；（d）小于0.1%

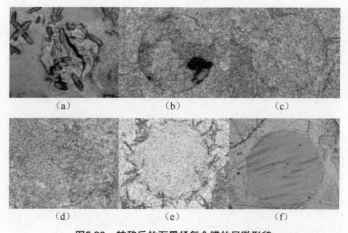

（a）　　　　　（b）　　　　　（c）

（d）　　　　　（e）　　　　　（f）

图5.23　转移后的石墨烯复合膜的显微形貌
（a）、（b）薄膜破损；（c）、（d）铜残留；（e）、（f）无铜残留

2. 实验测试与分析

利用声压实验平台对制备的6个石墨烯复合膜光纤F-P声压传感器探头进行了测

试，传感器在 0.5～18 kHz 频率范围内均有良好响应，本实验中图 5.12 所示的参比传声器换为 BK4189。图 5.24 所示为石墨烯 / 银复合膜光纤 F-P 声压传感器的归一化频率响应（F-P 探头的频率响应与参比传声器的频率响应之比）。

由图 5.24 可知，在 0.5～10 kHz 频率范围内，传感器具有较好的平坦性，其波动为 ±4 dB，其中 4 号和 5 号探头相对其他探头具有较好的声压响应，且在 14～18 kHz 频率范围内具有更显著的灵敏度响应。

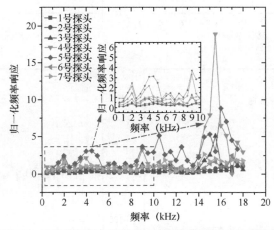

图5.24　石墨烯/银复合膜光纤F-P声压传感器归一化频率响应

图 5.25 所示为石墨烯 / 金复合膜光纤 F-P 声压传感器的实验结果。通过对干涉光谱拟合计算，得到石墨烯 / 金复合膜的反射率为 2.66%，相比石墨烯 / 银复合膜的反射率提高了 0.92%，从而显著提升了传感器的电压灵敏度。如图 5.25（a）所示，在 0.5～18 kHz 范围内，石墨烯 / 金复合膜光纤 F-P 声压传感器的响应在整体上已超过 BK4189；图 5.25（b）所示为在 1 kHz 声压信号下石墨烯 / 金复合膜光纤 F-P 声压传感器的电压灵敏度响应，其拟合方程为 $y = 70.7x + 22.8$，拟合优度 $R^2 = 0.998$，即传感器的电压灵敏度为 70.7 mV/Pa；图 5.25（c）所示为计算的传感器机械灵敏度，其拟合方程为 $y = 0.44x + 0.15$，拟合优度 $R^2 = 0.998$，即传感器机械灵敏度为 0.44 nm/Pa；如图 5.25（d）所示，传感器在 1 kHz 频率下的信噪比为 63.5 dB，则 MDAP 为 60.3 μPa/Hz$^{1/2}$。

如表 5.3 所示，对于石墨烯复合膜，镀银或镀金膜的存在使敏感薄膜的光反射率从 0.8% 分别提升到 1.74% 和 2.66%，导致传感器的电压灵敏度从 25.6 mV/Pa 分别增大到 41.8 mV/Pa 和 70.7 mV/Pa。但镀银和镀金处理造成石墨烯膜的厚度增大，导致传感器压力 - 挠度特性降低，使机械灵敏度分别减小了 0.07 nm/Pa 和 0.43 nm/Pa。

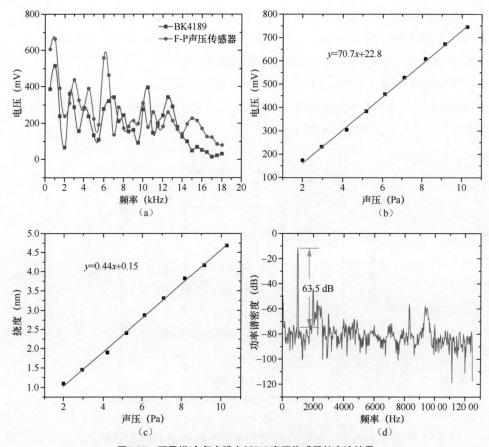

图5.25　石墨烯/金复合膜光纤F-P声压传感器的实验结果
（a）频率响应；（b）电压灵敏度；（c）机械灵敏度；（d）信噪比

表5.3　石墨烯膜与石墨烯复合膜传感器对比

薄膜类型（直径为125 μm）	电压灵敏度（mV/Pa）	机械灵敏度（nm/Pa）	反射率
石墨烯膜	25.6	0.87	0.8%
石墨烯/银复合膜	41.8	0.8	1.74%
石墨烯/金复合膜	70.7	0.44	2.66%

5.3.4　大腔体结构对声压响应的影响

1. COMSOL仿真分析及大腔体尺寸选择

为研究气腔体积对石墨烯基光纤F-P声压传感器机械灵敏度的影响，并为石墨烯基光纤F-P声压传感器确定最佳气腔半径 R 与长度 L，利用有限元仿真软件COMSOL

Multiphysics（简称 COMSOL）进行了多物理场仿真。即悬浮石墨烯膜和气腔分别用壳模块和压力声学模块代替，石墨烯膜与气腔之间利用声 - 结构边界进行多物理场耦合。仿真中石墨烯膜的属性参数采用表 5.1 的取值，且设定石墨烯膜直径 d 为 125 μm。图 5.26 中石墨烯膜 F-P 声压传感器的机械灵敏度表示为对石墨烯膜施加 1 Pa@1 kHz 的均布声压时膜片中心的最大挠度变形量。通过图 5.26 可以看出，增大气腔半径及长度均可提高传感器的机械灵敏度。随着气腔尺寸的增大，探头在 1 kHz 处的声压灵敏度不断提高并逐渐趋于稳定。根据光纤 F-P 声压传感器的结构特点，气腔的最小半径应为石墨烯膜的半径 62.5 μm，气腔的最小长度应为 F-P 腔腔长，在这里取约 70 μm。为简化分析，将该尺寸的气腔命名为"常规腔体"。根据仿真结果，基于常规腔体结构的石墨烯膜 F-P 声压传感器的机械灵敏度为 0.99 nm/Pa@1 kHz。考虑到增敏效果与加工难度，选取仿真结果中最高机械灵敏度处的尺寸（气腔直径为 6 mm、长度为 1 mm）作为实际加工的气腔尺寸。为表述方便，将该气腔命名为"大腔体"。此时，基于大腔体的石墨烯膜 F-P 声压传感器的机械灵敏度仿真结果为 25.63 nm/Pa@1 kHz。

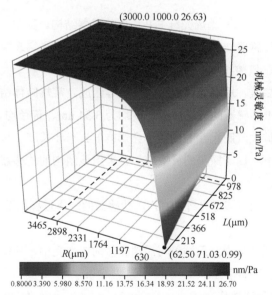

图5.26　石墨烯膜F-P声压传感器的机械灵敏度与腔体尺寸关系的COMSOL仿真结果

在此基础上，进一步仿真分析了当给石墨烯膜施加 1 Pa@1 kHz 的声压时，常规腔体结构与大腔体结构内的压力变化，结果如图 5.27 所示。常规腔体结构内部的最大压力变化为 0.97 Pa，此时实际作用于石墨烯膜表面的压力为 0.03 Pa；而在相同声压作用下，大腔体结构内部的最大压力变化不明显，此时实际作用于石墨烯膜表面的压力与实际声压基本相同。因此大腔体结构降低了石墨烯膜在声压作用下受到的压膜阻尼，提高了 F-P 声压传感器的机械灵敏度。

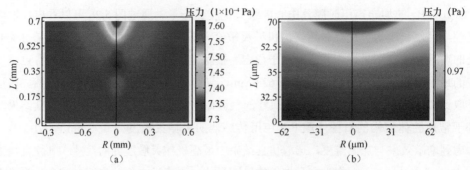

图5.27　声压为1 Pa@1 kHz时不同腔体内部压力变化

（a）大腔体；（b）常规腔体

2.探头结构设计制作及实物展示

图 5.28 所示为设计的石墨烯光纤 F-P 声压传感器结构。其中，基于常规腔体的石墨烯光纤 F-P 声压传感器结构与图 5.1 中的传感器结构一致，该探头直径为单模光纤的直径（125 μm）、气腔长度为 F-P 腔腔长（约 70 μm）。基于大腔体结构的传感器探头主要由插芯、端盖、后端壳体和石墨烯膜等组成。常规腔体结构与大腔体结构的石墨烯光纤 F-P 声压传感器的敏感薄膜厚度均为 3.34 nm、直径均为 125 μm。本节设计的大腔体结构在扩大气腔尺寸的同时不会影响 F-P 干涉长度，从而在保证光学灵敏度不会降低的前提下，提高探头的灵敏度；且采用该结构的传感器具有体积小、制作简单和成本低等优势[13]。

基于大腔体结构的石墨烯光纤 F-P 声压传感器的制作过程如下。

（1）插芯拼接。

将短插芯与长插芯分别塞入端盖与后端壳体的中心孔中，并保证陶瓷插芯端面与端盖以及后端壳体的端面平齐。

（2）石墨烯膜悬浮转移。

石墨烯膜悬浮转移流程与 5.2.1 节相同，将石墨烯膜转移至图 5.28 所示的端盖端面，并保证石墨烯膜完全覆盖短陶瓷插芯的中心孔形成悬浮结构。

（3）F-P 腔腔长确定。

F-P 腔腔长的确定方式与 5.2.2 节相同。

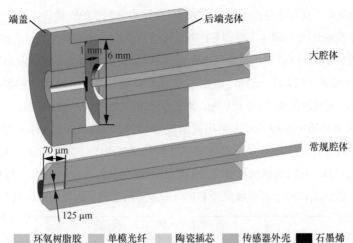

图5.28　基于大腔体与常规腔体的设计的石墨烯膜光纤F-P声压传感器结构

（4）F-P 探头的封装。

利用环氧树脂胶密封单模光纤与陶瓷插芯尾端，保证单模光纤与陶瓷插芯之间的距离稳定以及气腔的密封性。制作完成的传感器实物如图 5.29 所示。

3. 声压实验结果与分析

图 5.30（a）中的归一化频率响应为 F-P 声压传感器的频率响应与参比传声器的频率响应之比。由图 5.30（a）可以看出，在 0.5 ～ 18.5 kHz 范围内，采用大腔体结构的 F-P 声压传感器的归一化频率响应明显高于采用常规腔体结构的 F-P 声压传感器的。在图 5.30（b）中的 0.5 ～ 17 kHz 频带内，采用大腔体结

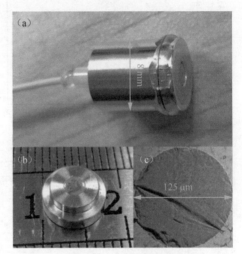

图5.29　F-P探头的封装
（a）声压传感器实物；（b）带石墨烯膜的端盖；
（c）悬浮石墨烯膜

构的 F-P 声压传感器具有 21.51 ～ 96.65 nm/Pa 的机械灵敏度，而采用常规腔体结构的 F-P 声压传感器的机械灵敏度仅为 0.56 ～ 3.07 nm/Pa。相应地，采用大腔体结构的 F-P 声压传感器的电压灵敏度为 262.36 ～ 1178.57 mV/Pa，而采用常规腔体结构的 F-P 声压传感器的电压灵敏度仅为 17.31 ～ 95.2 mV/Pa。比较图 5.30（a）和图 5.30（b），采用大腔体结构的 F-P 声压传感器的归一化频率响应以及灵敏度在 12 kHz 处有一个明显的峰值。产生这一现象的原因是大腔体结构的尺寸较大，使得膜 - 腔耦合结构在较低的 12 kHz 处出现谐振。

此外，图 5.30（b）中的仿真结果与实验结果有微小偏差，主要表现为仿真获得的灵

敏度曲线更加光滑，这可能是由于模拟的物理条件比声学测试的物理条件更理想。而且，实验结果曲线不光滑还与参比传声器和 F-P 声压传感器的指向性不同有关。由图 5.30（c）可知，采用大腔体结构的 F-P 声压传感器在典型频率 1 kHz 处的电压灵敏度为 337.64 mV/Pa，对应的机械灵敏度为 27.61 nm/Pa；而采用常规腔体结构的 F-P 声压传感器在典型频率 1 kHz 处的电压灵敏度仅为 27.92 mV/Pa，对应的机械灵敏度为 0.90 nm/Pa。采用大腔体结构的 F-P 声压传感器可获得的最大电压灵敏度为 1178.57 mV/Pa@12 kHz，对应的机械灵敏度为 96.65 nm/Pa@12 kHz。采用常规腔体结构的 F-P 声压传感器的最大电压灵敏度为 95.20 mV/Pa@9 kHz，对应的机械灵敏度为 3.07 nm/Pa@9 kHz。因此，在 0.5～17 kHz 范围内，本节设计的大腔体结构对于石墨烯光纤 F-P 声压传感器机械灵敏度的提高具有显著效果。

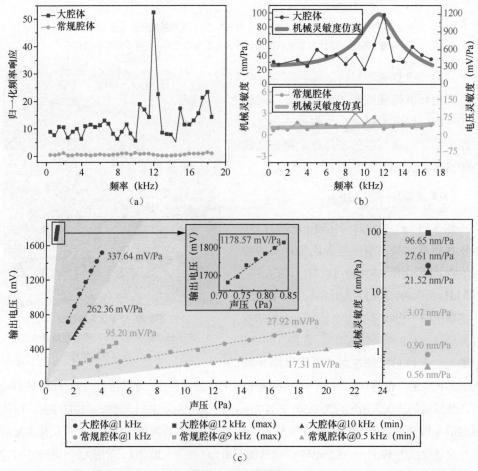

图5.30 声压测试结果

（a）归一化频率响应；（b）机械灵敏度与电压灵敏度的频率响应；（c）电压灵敏度与机械灵敏度的响应

采用大腔体结构的石墨烯光纤 F-P 声压传感器的幅频特性曲线及其对应的信噪比

如图5.31（a）所示。由此可知，在测试的频率范围内，采用大腔体结构的石墨烯光纤F-P声压传感器的信噪比为54.52～72.54 dB，其平均值为65.28 dB。通过文献调研可知，该传感器的信噪比明显高于已知文献中报道的石墨烯基 F-P 声压传感器 [3, 4, 14, 15]。而且在 0.5～16 kHz 频率范围内，该传感器的MDAP如图5.31（b）所示。在 0.5～16 kHz 范围内，MDAP 为 78.38～1047 μPa/Hz$^{1/2}$，其平均值为 349.84 μPa/Hz$^{1/2}$。

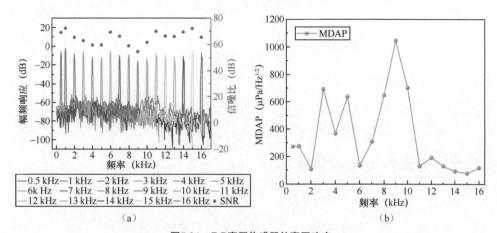

图5.31　F-P声压传感器的声压响应

（a）测得的幅频率响应与信噪比；（b）不同频率下的MDAP

5.4　氧化石墨烯波纹膜光纤F-P声压传感实验

5.4.1　周边固支圆波纹膜机械灵敏度分析

根据文献调研 [16-19]，通常具有波纹膜结构的 F-P 声压传感器的灵敏度明显高于同尺寸平膜片结构。因此，以氧化石墨烯膜为例，设计了图 5.32 所示的中心平整圆波纹膜的剖面结构。图中 h_c 为波纹深度，t_c 为薄膜的厚度，l_c 为波纹波长，s_c 为单个波纹的弧长，R_D 为薄膜的半径，R_F 为中心区域的半径。

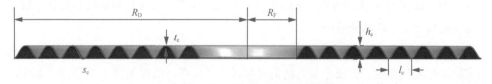

图5.32　中心平整圆波纹膜剖面结构

对小挠度变形来说，在均匀压力 q 的作用下具有初始应力的周边固支、中心平整圆波纹膜的中心挠度变形 w_c 可由下式计算 [20]：

$$q = A \cdot E \frac{t_c^3 w_c}{R_D^4} + 4B \cdot \frac{\sigma_0}{2.83} \cdot \frac{t_c w_c}{R_D^2} \quad (5.20)$$

式中，E 为薄膜的弹性模量，σ_0 为没有波纹时薄膜的预应力，且：

$$A = \frac{2(3+Q)(1+Q)}{3\left(1 - \dfrac{\upsilon^2}{Q^2}\right)} \quad (5.21)$$

$$B = 32 \frac{1-\upsilon^2}{Q^2-9}\left[\frac{1}{6} - \frac{3-\upsilon}{(Q-\upsilon)(Q+3)}\right] \quad (5.22)$$

式中，υ 为薄膜的泊松比，且：

$$Q = \sqrt{\frac{s_c}{l_c}\left[1 + 1.5\left(\frac{h_c}{t_c}\right)^2\right]} \quad (5.23)$$

对于矩形波纹，s_c / l_c 可以表示为：

$$\frac{s_c}{l_c} = \frac{R_D + 2Nh_c}{R_D} \quad (5.24)$$

式中，N 为波纹个数。圆波纹膜的机械灵敏度 S_m 可以被定义为：

$$S_m = \frac{\mathrm{d}w_c}{\mathrm{d}q} \quad (5.25)$$

结合式（5.20）和式（5.21），具有预应力的周边固支、中心平整圆波纹膜在小挠度变形条件下的机械灵敏度为：

$$S_m = \frac{R_D^2}{4t_c\left[\sigma_0 \dfrac{B}{2.83} + \dfrac{A}{4} \cdot E \dfrac{t_c^2}{R_D^2}\right]} \quad (5.26)$$

综上，系数 Q 同时决定了 A 和 B 的大小，进而会对波纹膜的性能造成影响。根据式（5.23）和式（5.24），波纹个数 N 对 Q 的影响很小；而波纹深度 h_c 几乎与 Q 成正比，这说明波纹膜的机械灵敏度主要受波纹深度的影响[20]。通过式（5.20）和式（5.26）可以看出，圆平膜的预应力 σ_0 在波纹结构的影响下减小了 $2.83/B$ 倍。通过计算可以发现，当波纹深度 h_c 大于 0 时，$2.83/B$ 很容易大于 1[16]。这就是圆波纹膜相比于圆平膜实现机械灵敏度提高的原因。

为优化氧化石墨烯波纹膜的波纹参数，基于式（5.21）～式（5.26）对波纹膜机械灵敏度与波纹深度、波纹个数之间的关系进行了仿真，结果如图 5.33 所示。其中，氧化石墨烯膜的仿真参数如表 5.4 所示，性能参数来自参考文献 [21]。没有波纹结构时氧化石墨烯的预应力 σ_0 取 131 MPa，该数值来源于 5.4.3 节中氧化石墨烯圆平膜平均机械灵敏度对应的预应力。

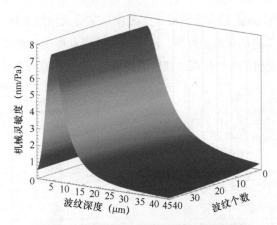

图5.33　氧化石墨烯波纹膜的机械灵敏度数值解

表5.4　氧化石墨烯膜的仿真参数

弹性模量E（GPa）	泊松比υ	厚度t_c（μm）	半径R_D（mm）	中心区域半径R_F（mm）
约40	0.165	1.2	0.55	0.15

根据图 5.33 可知，氧化石墨烯波纹膜的机械灵敏度受波纹个数 N 的影响不大，而受波纹深度 h_c 的影响显著。该结论与前文的分析相吻合。当波纹深度 h_c 为 0 ～ 7 μm 时，氧化石墨烯波纹膜的机械灵敏度随波纹深度的增加而增加；当波纹深度 $h_c > 7$ μm 时，氧化石墨烯波纹膜的机械灵敏度随波纹深度的增加而减小。在氧化石墨烯波纹膜半径与中心平整区域半径确定的条件下，波纹个数 N 与波纹波长 l_c 相对应，二者之间的关系为 $l_c = \dfrac{R_D - R_F}{N}$。由于波纹个数对机械灵敏度的影响不明显，考虑到模具单面环形凹槽的制作难度及成本，将波纹个数设定为 4，对应的波纹波长 l_c 为 100 μm。

5.4.2　氧化石墨烯波纹膜光纤F−P声压传感器制作

基于氧化石墨烯波纹膜的光纤 F-P 声压传感器的制作主要包括：波纹膜模具与传感器壳体制作、氧化石墨烯波纹膜的制作与转移，以及 F-P 腔腔长的确定。

1. 波纹膜模具与传感器壳体制作

氧化石墨烯波纹膜的模具材料为正方形紫铜板，其边长为 3 mm，厚度为 1 mm。模具端面的环形凹槽采用激光刻划。环形凹槽的加工参数与氧化石墨烯波纹膜的尺寸参数相对应，即环形凹槽的中心线间距（对应波纹膜的波纹波长 l_c）为 100 μm，宽度（对应环形凹槽中心线间距的一半）为 50 μm，深度（对应波纹膜的波纹深度 h_c）为 7 μm，波纹个数为 4 个，中心平面区域的半径为 0.15 mm。图 5.34（a）所示为加工的环形凹槽表面形貌。

传感器壳体采用 6061 铝合金机械加工制作,其结构如图 5.34(b)所示。端面沉孔的横截面为与模具同尺寸的正方形,深度略大于模具厚度;圆柱沉孔用于固定陶瓷插芯,其内径与陶瓷插芯外径相同;背腔的高度为 1 mm,直径为 1.1 mm。

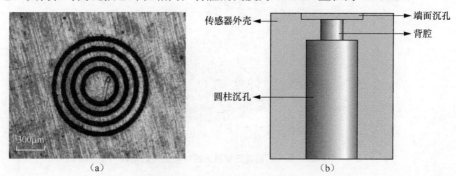

(a)　　　　　　　　　　　　　　(b)

图5.34　模具端面与传感器壳体的结构

(a)模具端面环形凹槽表面形貌;(b)传感器壳体结构

2. 氧化石墨烯波纹膜的制作与转移

将 1.75 mg/mL 的氧化石墨烯溶液滴加在模具带有环形凹槽的一面,并置于干燥箱中烘干,以制得铜基氧化石墨烯波纹膜。氧化石墨烯波纹膜的厚度可通过 AFM 确定。具体步骤为:

(1)在表面干净、平整的铜箔上滴加氧化石墨烯溶液,并烘干成膜;

(2)将成膜的铜箔置于 $FeCl_3$ 溶液以刻蚀铜基底,并用去离子水进行稀释;

(3)用表面洁净的硅片捞取氧化石墨烯膜并烘干;

(4)将表面转移了氧化石墨烯膜的硅片置于 AFM 下,测得薄膜厚度约为 1.2 μm,如图 5.35 所示。

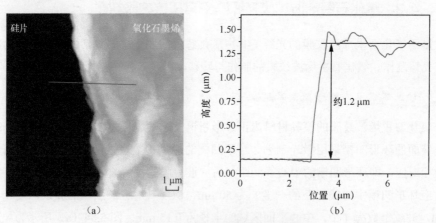

(a)　　　　　　　　　　　　　　(b)

图5.35　氧化石墨烯膜厚度的AFM测量

(a)AFM测氧化石墨烯膜厚度;(b)膜厚

在端面沉孔底面处均匀涂抹环氧树脂胶，将模具带有氧化石墨烯波纹膜的一面朝里放入端面沉孔中。待环氧树脂胶固化后，将模具从端面沉孔中取出。

3. F-P 腔腔长的确定

F-P 腔腔长的确定方式与 F-P 微腔的相同。在确定 F-P 腔腔长之前，将陶瓷插芯插入圆柱沉孔的底端，并将环氧树脂胶涂抹在陶瓷插芯与传感器外壳尾端之间的缝隙处，从而实现密封。之后，将传感器外壳固定在三维位移平台上，确定干涉腔腔长，并利用环氧树脂胶固定。完成的基于氧化石墨烯波纹膜的光纤 F-P 声压传感器探头实物照片如图 5.36（a）所示。图 5.36（b）所示为悬浮氧化石墨烯波纹膜的显微形貌。利用 AFM 测量了波纹膜的波纹深度为 3 μm，如图 5.36（c）和图 5.36（d）所示，该值与设计的模具端面凹槽深度存在一定偏差，可能的原因有激光加工精度、悬浮氧化石墨烯膜内应力以及薄膜厚度不均匀等。

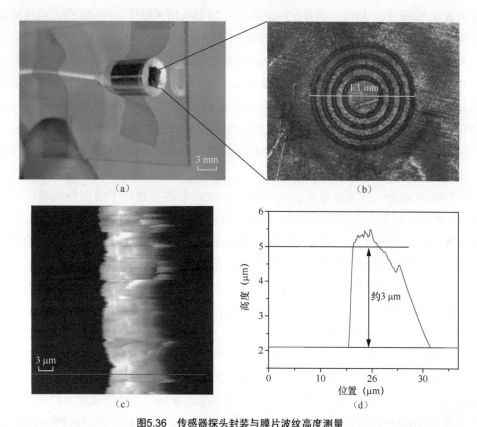

图5.36　传感器探头封装与膜片波纹高度测量

（a）传感器实物照片；（b）悬浮氧化石墨烯波纹膜的显微形貌；（c）、（d）膜片波纹高度的AFM测量

5.4.3 声压测试与分析

图 5.37（a）比较了制备的氧化石墨烯波纹膜 F-P 声压传感器与氧化石墨烯平膜 F-P 声压传感器的归一化频率响应（参比传声器为 BK4189，50 mV/Pa）。为提高可比性，两种 F-P 声压传感器的敏感薄膜尺寸相同，且 F-P 腔腔长也十分接近。两种 F-P 探头的结构参数如表 5.5 所示。

表5.5　F-P探头的结构参数

探头类型	F-P腔腔长L（μm）	厚度t_c（μm）	半径R_D（mm）
氧化石墨烯波纹膜	63.72	1.2	0.55
氧化石墨烯平膜	65.67	1.2	0.55

如图 5.37（b）所示，在典型的 1 kHz 处，前者的电压灵敏度为 124.76 mV/Pa，对应的机械灵敏度为 4.89 nm/Pa，而后者的电压灵敏度为 14.81 mV/Pa，对应的机械灵敏度为 0.29 nm/Pa。同时，前者在声源频率为 13 kHz 时灵敏度取得最大值，电压灵敏度为 450.44 mV/Pa，对应的机械灵敏度为 17.67 nm/Pa；后者在 11 kHz 时灵敏度取得最大值，但电压灵敏度仅为 53.19 mV/Pa，对应的机械灵敏度约为 1.05 nm/Pa。整体上，在 0.5 ～ 20 kHz 频率范围内，氧化石墨烯波纹膜 F-P 声压传感器的机械灵敏度波动范围为 3.94 ～ 17.67 nm/Pa，相应的平均机械灵敏度为 9.59 nm/Pa，而氧化石墨烯平膜 F-P 声压传感器的机械灵敏度波动范围为 0.19 ～ 1.05 nm/Pa，相应的平均机械灵敏度为 0.48 nm/Pa。因此，在测试的 0.5 ～ 20 kHz 频率范围内，波纹膜结构显著提高了 F-P 声压传感器的灵敏度。

在此基础上，对传感器探头在 -180° ～ 180° 范围内进行了指向性实验，以及 0.5 ～ 20 kHz 范围内的信噪比测试。在进行指向性测试时，以 1 kHz 声源正入射到氧化石墨烯波纹膜作为 0°，并将 0° 时传感器的灵敏度作为基准值，将其余角度的灵敏度除以该基准值进行归一化处理，最后获得的指向性实验结果如图 5.37（c）所示。由此可知，氧化石墨烯波纹膜光纤 F-P 声压传感器并非全向性麦克风，在 0° 时获得最高灵敏度，而在 -180° ～ 180° 范围内以 0° 为基准大致呈轴对称分布，且在 -45° ～ 45° 范围内具有较好的声压响应。

其次，氧化石墨烯波纹膜光纤 F-P 声压传感器在 0.5 ～ 20 kHz 频率范围内的幅频特性曲线及其对应的信噪比如图 5.37（d）所示。在该频率范围内，传感器的信噪比为 50.32 ～ 71.13 dB，相应的平均值为 61.19 dB。氧化石墨烯波纹膜光纤 F-P 声压传感器的 MDAP 如图 5.37（e）所示，则传感器在 0.5 ～ 20 kHz 范围内的 MDAP 为 178.02 ～ 1807.6 μPa/Hz$^{1/2}$，相应的平均值为 865.74 μPa/Hz$^{1/2}$。

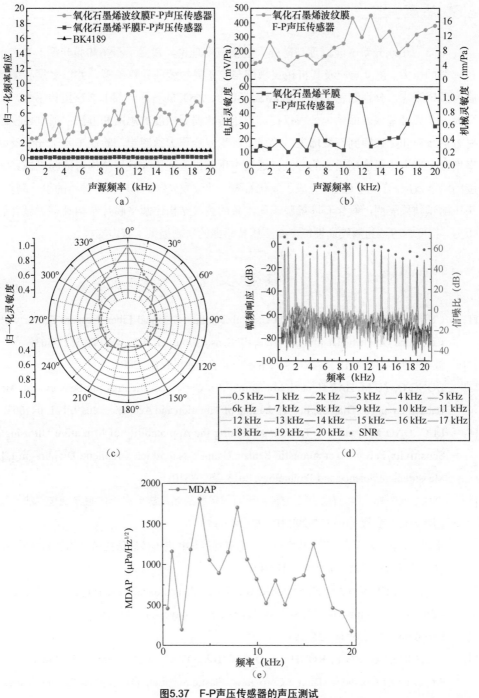

图5.37　F-P声压传感器的声压测试

（a）频率响应；（b）电压灵敏度与机械灵敏度；

（c）指向性测试；（d）幅频响应及信噪比；（e）MDAP

5.5　本章小结

本章应用双光束干涉原理与薄膜大挠度应变理论，建立了石墨烯膜光纤 F-P 声压传感器的压力 - 挠度响应及其机械灵敏度与电压灵敏度的计算模型，并以多层石墨烯膜为敏感膜片，分别制备了基于 PDMS、SU-8、ZrO_2 的石墨烯膜 F-P 声压传感器，实验验证了通过基底表面结构处理以提高声压传感器灵敏度的思路和方法；通过磁控溅射方法将银和金镀膜到石墨烯上，形成石墨烯复合压力敏感膜，验证了基于光学反射率增强实现电压灵敏度增强的方法；通过声压测试验证了大腔体结构对薄膜机械灵敏度的增强效应。在此基础上，完成了氧化石墨烯波纹膜光纤 F-P 声压传感器的设计制作。声压测试结果表明，氧化石墨烯膜表面制备的波纹结构比圆平膜片结构具有更显著的压力 - 挠度响应，为后续高性能 F-P 声压传感器的研制提供了有力支撑。

参 考 文 献

[1]　CUI Q S, THAKUR P, RABLAU C, et al. Miniature Optical Fiber Pressure Sensor with Exfoliated Graphene Diaphragm [J]. IEEE Sensors Journal, 2019, 19(14): 5621-5631.

[2]　波恩 . 光学原理 [M]. 杨葭荪 , 译 . 北京 : 电子工业出版社 , 2006.

[3]　DONG Q, YU M, BAE H, et al. Miniature Fiber Optic Acoustic Pressure Sensors with Air-Backed Graphene Diaphragms [J]. Journal of Vibration and Acoustics, 2019, 141: 041003.

[4]　LI C, GAO X Y, GUO T T, et al. Analyzing the Applicability of Miniature Ultra-high Sensitivity Fabry-Perot Acoustic Sensor Using a Nanothick Graphene Diaphragm [J]. Measurement Science and Technology, 2015, 26: 085101.

[5]　李成 , 郭婷婷 , 樊尚春 , 等 . 一种基于石墨烯膜的光纤法珀声压传感器制作方法及其测量方法、装置 : 103557929B [P]. 2013-11-14.

[6]　李成 , 刘欢 , 宋学锋 , 等 . 基底材料对石墨烯膜 F-P 声压传感器灵敏度的影响分析 [J]. 仪表技术与传感器 , 2021(01): 123-126.

[7]　DENG Z, KLIMOV N N, SOLARES S D, et al. Nanoscale Interfacial Friction and Adhesion on Supported Versus Suspended Monolayer and Multilayer Graphene [J]. Langmuir, 2013, 29(1): 235-243.

[8]　SCHARFENBERG S, ROCHLIN D Z, CHIALOV C, et al. Probing the Mechanical Properties of Graphene Using a Corrugated Elastic Substrate [J]. Applied Physics Letters, 2011, 98(9): 091908.

[9]　ZONG Z, CHEN C L, MEHMET R D, et al. Direct Measurement of Graphene Adhesion

on Silicon Surface by Intercalation of Nanoparticles [J]. Journal of Applied Physics, 2010,107(2), 026104.

[10] LI G, YILMAZ C, AN X, et al. Adhesion of Graphene Sheet on Nano-Patterned Substrates with Nano-pillar Array [J]. Journal of Applied Physics, 2013, 113(24): 244303.

[11] HUANG X, ZHANG S. Morphologies of Monolayer Graphene under Indentation [J]. Modelling and Simulation in Materials Science and Engineering, 2011, 19(5): 54004-54014.

[12] KOENIG S P, BODDETI N G, DUNN M L, et al. Ultrastrong Adhesion of Graphene Membranes [J]. Nature Nanotechnology, 2011, 6(9): 543-546.

[13] LIU Y, LI C, LI B, et al. Ultrasensitive Acoustic Detection Using Enlarged Fabry-Perot Cavity with Graphene Diaphragm [J]. ACS Applied Materials & Interfaces, 2023, 15(44): 51390-51398.

[14] MA J, XUAN H, HO H L, et al. Fiber-optic Fabry-Pérot Acoustic Sensor with Multilayer Graphene Diaphragm [J]. IEEE Photonics Technology Letters, 2013, 25(10): 932-935.

[15] CHEN Y, WAN H, LU Y, et al. An Air-Pressure and Acoustic Fiber Sensor Based on Graphene-oxide Fabry-Perot Interferometer [J]. Optical Fiber Technology, 2022, 68: 102754.

[16] LIU B, ZHOU H, LIU L, et al. An Optical Fiber Fabry-Perot Microphone Based on Corrugated Silver Diaphragm [J]. IEEE Transactions on Instrumentation and Measurement, 2018, 67(8): 1994-2000.

[17] LU X, WU Y, GONG Y, et al. A Miniature Fiber-Optic Microphone Based on an Annular Corrugated MEMS Diaphragm [J]. Journal of Lightwave Technology, 2018, 36(22): 5224-5229.

[18] LIU B, ZHENG G, WANG A, et al. Optical Fiber Fabry-Perot Acoustic Sensors Based on Corrugated Silver Diaphragms [J]. IEEE Transactions on Instrumentation and Measurement, 2020, 69(6): 3874-3881.

[19] LIU B, ZHANG X, WANG A, et al. Optical Fiber Fabry-Perot Acoustic Sensors Based on Corrugated PET Diaphragms [J]. IEEE Sensors Journal, 2021, 21(13): 14860-14867.

[20] SCHEEPER P R, OLTHUIS W, BERGVELD P. The Design, Fabrication, and Testing of Corrugated Silicon Nitride Diaphragms [J]. Journal of Microelectromechanical Systems, 1994, 3(1): 36-42.

[21] GONG T, LAM D V, LIU R, et al. Thickness Dependence of The Mechanical Properties of Free-Standing Graphene Oxide Papers [J]. Advanced Functional Materials, 2015, 25(24): 3756-3763.

第6章　石墨烯膜光纤 F-P 声压放大结构

目前，膜片式光纤传声器主要通过增大薄膜尺寸、减小薄膜厚度，或引入薄膜微结构等方式进行声压增敏，以在特定频率或频段内实现高灵敏度声压探测。除上述对敏感膜片或腔体结构进行优化设计外，诸如亥姆霍兹共振腔、弯曲声学管道等形式的外部增敏结构可通过与传声器进行配接，实现声压增敏，而无须直接进行复杂的薄膜微结构设计与制备。考虑到由人耳内鼓膜、听小骨等构成的中耳结构具有的声压增强效应，本章将基于人中耳结构，构建声压放大结构力学模型，设计制作光纤 F-P 传声器的外置声压放大结构，并进行声压实验，验证声场增强效应。

6.1　声压放大结构的设计

6.1.1　人耳结构及其声场增强机理

人耳具有感受和传输声音信号的功能，所能识别的声音频率范围为 $20 \sim 20\,\text{kHz}$，从产生听觉（听阈，$20\,\mu\text{Pa}$，$0\,\text{dB}$）到产生痛觉（痛阈，$20\,\text{Pa}$，$120\,\text{dB}$），声压的绝对值相差 1×10^6 倍。人耳听觉系统包括耳朵与大脑，而耳朵由外耳、中耳和内耳 3 个部分构成。其中，外耳为外耳道和耳郭，收集声音并作用于中耳，人外耳道的共振效应对 $3 \sim 4\,\text{kHz}$ 范围的声压有放大作用 [1]；中耳由鼓膜、听小骨等组成，对声压进行放大；内耳由半规管、前庭和耳蜗组成，对声音信号进行音频感受，并将其转化为电信号传输给大脑。如图 6.1 所示，中耳主要由鼓膜、听小骨、中耳肌腱及韧带等组织构成 [2]，其中，听小骨由锤骨、砧骨、镫骨组成。这样，声音从外界空气传递到内耳耳蜗的淋巴液时，由于介质变化会产生很大的声阻抗，需要中耳对声压进行放大从而实现声阻抗匹配。因此，声压放大主要体现在两方面 [3]：①鼓膜面积远大于镫骨足板面积，锤骨力臂略大于砧骨力臂。鼓膜与镫骨足板的面积比，使作用在鼓膜上的总压力经过听小骨传导后，集中到镫骨足板上，产生较大声压增益；②锤骨和砧骨形成力放大杠杆，两者力臂之比约为 1∶3，产生较小的声压增益。

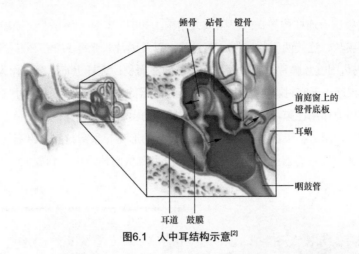

图6.1　人中耳结构示意[2]

如图 6.2 所示，根据 1995 年 Kurokawa 等人对人中耳声压增益随频率变化的研究结果[4]，人耳声压增益的最高点在 1 kHz 左右，在低于该频率时有较为平坦的声压增益，均值约为 20 dB，而在高于 1 kHz 时声压增益大幅下降，甚至在某些位置未产生有效增益，但具体的中耳声压增益存在相当大的受试者差异。根据图 6.2 中的平均曲线可知，人耳听小骨结构主要对 1 kHz 附近及以下的频率起到良好的声传导和声压放大效果，而人的语音频率主要分布在 0.3 ~ 3 kHz 范围内，因此人中耳在语音频段对声压具有良好的放大效果。为使声压放大结构在语音检测中产生有效作用，可重点关注该仿生结构在 3 kHz 以下的声压放大效果。

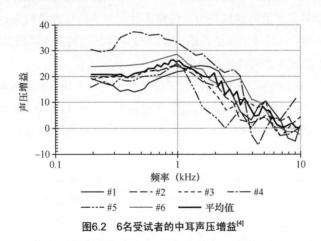

图6.2　6名受试者的中耳声压增益[4]

6.1.2　放大结构的力学建模

根据中耳声压放大原理，参考图 6.3（a）中鼓膜与镫骨的面积比和连接方式，设计了一种双膜压力连杆传导式的声压放大结构，如图 6.3（b）所示 [5]。该结构包括两层周边固支圆膜片、连接两膜的连杆、密封腔，以及膜片式光纤 F-P 声压传感器。其中膜1、膜 2 为周边固支圆膜片，膜 1 面积远大于膜 2 面积；连杆上宽下窄，作为刚性连接；密封腔 2 体积远小于密封腔 1 体积；F-P 声压传感器的压力敏感膜面积远小于膜 2 面积。这样，外界压力作用在膜 1 表面后，通过连杆带动膜 2 产生形变；由于膜 1 与膜 2 具有较大的面积比，压力在膜 2 表面得到放大；膜 2 的形变导致密封腔 2 内空气受到挤压，使作用到 F-P 声压传感器上的压力大于外界压力，从而使声压得到放大。

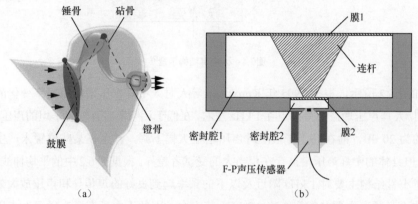

图6.3 人中耳与设计的仿生声压放大结构示意

（a）人中耳示意；（b）一种仿生声压放大结构

该结构中外壳、连杆为刚性材料，声压作用下的形变可忽略不计；连杆选用低密度材料，由其质量引起的薄膜预变形可忽略不计。对声压放大结构进行受力分析时，假设膜 1 上表面将受到外界声压的作用，膜 2 与 F-P 声压传感器敏感膜共同形成密封腔，连杆用于在膜 1 和膜 2 之间传递作用力。

为便于分析，对声压放大结构进行了等效受力模型简化，如图 6.4 所示。即密封腔 1 体积远大于密封腔 2 体积，腔内气压变化较小，可忽略不计；F-P 声压传感器压力敏感膜面积远小于膜 2 面积，其形变对密封腔 2 内体积影响可忽略不计；外壳看作固定刚体，薄膜边界条件为周边固支。

图 6.4 中 R_1、R_2 分别为膜 1、膜 2 半径，r_1、r_2 分别为连杆上、下半径，H 为两膜片厚度（两膜片厚度一致），h 为密封腔 2 高度；p_0 为膜 1 上方输入声压，p_0' 为连杆对膜 1 的向上作用力；p_1 为密封腔 2 内声压，p_1' 为连杆对膜 2 的向下作用力。

由于膜片由刚性连杆连接，膜片实际敏感部分为圆环区域，因此可看作一侧受均布压力，一侧受集中压力的 E 型膜片。膜 1 上方输入声压为 p_0，连杆对膜 1 的向上作用力为 p_0'。以膜 1 为例进行力学建模，利用能量泛函原理进行挠度公式的求解。根据板的小挠度形变理论，由式（6.1）可计算膜 1 弹性能 U[6]：

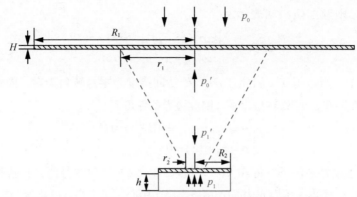

图6.4　声压放大结构等效受力模型

$$U = \frac{1}{2}\iiint\limits_V (\sigma_\rho\varepsilon_\rho + \sigma_\theta\varepsilon_\theta + \sigma_{\rho\theta}\varepsilon_{\rho\theta})\mathrm{d}V$$

$$= \pi\frac{EH^3}{12(1-\upsilon^2)}\int_{r_1}^{R_1}\left[\left(\frac{\mathrm{d}^2w_1}{\mathrm{d}\rho^2}\right) + \frac{2\mu}{\rho}\frac{\mathrm{d}w_1}{\mathrm{d}\rho}\frac{\mathrm{d}^2w_1}{\mathrm{d}\rho^2} + \frac{1}{\rho^2}\left(\frac{\mathrm{d}w_1}{\mathrm{d}\rho}\right)^2\right]\rho\mathrm{d}\rho \qquad (6.1)$$

式中，σ、ε 和 υ 分别代表膜 1 的应力、应变和沟扰比，V 代表 E 型膜 1 环形部分的体积积分域，w_1 为膜 1 的挠度变化，极坐标下 ρ 的取值范围为 $[r_1, R_1]$，θ 的取值范围为 $[0, 2\pi]$。

膜 1 动能 W 可表示为：

$$W = \iint\limits_S p(\rho)w_1(\rho)\rho\mathrm{d}\rho\mathrm{d}\theta = 2\pi\int_0^{R_1}p(\rho)w_1(\rho)\rho\mathrm{d}\rho \qquad (6.2)$$

式中，$p(\rho)$ 为弹性体膜 1 受到的分布作用力，$w_1(\rho)$ 为弹性体膜 1 的挠度变化。

对于弹性体的静力平衡问题，根据能量泛函原理建立能量泛函，即：

$$\Pi = U - W \qquad (6.3)$$

$$\delta\Pi = 0 \qquad (6.4)$$

将式（6.1）和式（6.2）代入式（6.3），并使弹性体膜 1 的能量泛函一阶变分等于零，即如式（6.4）所示，则可得到式（6.5）：

$$\frac{EH^3}{12(1-\mu^2)}\cdot\frac{1}{\rho}\cdot\frac{\mathrm{d}}{\mathrm{d}\rho}\left\{\frac{1}{\mathrm{d}\rho}\left[\frac{1}{\rho}\cdot\frac{\mathrm{d}}{\mathrm{d}\rho}\left(\rho\frac{\mathrm{d}w_1}{\mathrm{d}\rho}\right)\right]\right\} = p(\rho) \qquad (6.5)$$

式中，$p(\rho)$ 表示为膜 1 在半径为 ρ 处受到的作用力。

由平衡条件可知，分布力 $p(\rho)$ 作用在以 ρ 为半径的圆上的外力和作用在这个圆上周边的剪力 $Q(\rho)$ 平衡，即 $\int_0^{2\pi}\int_0^{\rho}p(\rho)\rho\mathrm{d}\rho\mathrm{d}\theta = \int_0^{2\pi}Q(\rho)\rho\mathrm{d}\theta$，对式（6.5）等号两侧分别求积分，则

$$\frac{EH^3}{12(1-\upsilon^2)}\cdot\frac{1}{\mathrm{d}\rho}\left[\frac{1}{\rho}\cdot\frac{\mathrm{d}}{\mathrm{d}\rho}\left(\rho\frac{\mathrm{d}w_1}{\mathrm{d}\rho}\right)\right] = Q(\rho) \qquad (6.6)$$

式中，$Q(\rho)$ 为作用于半径为 ρ 的圆上单位弧长的剪力。由于膜 1 受到图 6.4 所示的两

侧压力作用，则剪力 $Q(\rho)$ 可表示为：

$$2\pi Q(\rho)=\begin{cases} \pi\rho^2(p_0-p_0'), & \rho \leqslant r_1 \\ \pi\rho^2 p_0 - \pi r_1^2 p_0', & \rho > r_1 \end{cases} \tag{6.7}$$

由于膜 1 为周边固支，因此在 $\rho=R_1$ 处法向挠度为零，转角为零。同时，由于中心连杆的存在，在 $\rho=r_1$ 处转角为零，因此边界条件可表示为：

$$\begin{cases} \rho = R_1, w_1(R_1) = w_1'(R_1) = 0 \\ \rho = r_1, w_1'(r_1) = 0 \end{cases} \tag{6.8}$$

则在上述边界条件下，将式（6.7）代入式（6.6）后对等号两侧直接积分，则可得到均布压力 p_0 和集中压力 p_0' 共同作用下，膜 1 中心关于半径 ρ 的挠度分布 $w_1(\rho)$，即

$$\begin{cases} w_1(\rho) = \dfrac{12(1-\upsilon^2)}{EH^3}\left[\dfrac{\rho^4}{64}p_0 - \dfrac{p_0' r_1^2 \rho^2}{8}\left(\ln\dfrac{\rho}{R_1}-1\right)+ \right. \\ \qquad\qquad \left. \dfrac{C_1}{4}\rho^2 + C_2\ln\dfrac{\rho}{R_1} + C_3 \right] \\ C_1 = -\dfrac{p_0' r_1^4 \ln\dfrac{r_1}{R_1}}{2(R_1^2-r_1^2)} - \dfrac{p_0' r_1^2}{4} - \dfrac{p_0}{8}(R_1^2+r_1^2) \\ C_2 = \dfrac{p_0}{16}R_1^2 r_1^2 + \dfrac{p_0' R_1^2 r_1^4}{4(R_1^2-r_1^2)}\ln\dfrac{r_1}{R_1} \\ C_3 = \dfrac{p_0}{64}R_1^2(R_1^2+2r_1^2) + \dfrac{p_0' R_1^2 r_1^4}{8(R_1^2-r_1^2)}\ln\dfrac{r_1}{R_1} - \dfrac{p_0' R_1^2 r_1^2}{16} \end{cases} \tag{6.9}$$

式中，E、υ 分别为薄膜材料的弹性模量和泊松比；ρ 的取值范围为 $[r_1, R_1]$。

相应地，利用同样的计算方法，在密封腔 2 内声压 p_1 和连杆对膜 2 的向下作用力 p_1'，即均布压力 p_1 和集中压力 p_1' 的共同作用下，膜 2 中心挠度 $w_2(\rho)$ 可表示为：

$$\begin{cases} w_2(\rho) = \dfrac{12(1-\upsilon^2)}{EH^3}\left[\dfrac{\rho^4}{64}p_1 - \dfrac{p_1' r_2^2 \rho^2}{8}\left(\ln\dfrac{\rho}{R_2}-1\right)+ \right. \\ \qquad\qquad \left. \dfrac{C_4}{4}\rho^2 + C_5\ln\dfrac{\rho}{R_2} + C_6 \right] \\ C_4 = -\dfrac{p_1' r_2^4 \ln\dfrac{r_2}{R_2}}{2(R_2^2-r_2^2)} - \dfrac{p_1' r_2^2}{4} - \dfrac{p_1}{8}(R_2^2+r_2^2) \\ C_5 = \dfrac{p_1}{16}R_2^2 r_2^2 + \dfrac{p_1' R_2^2 r_2^4}{4(R_2^2-r_2^2)}\ln\dfrac{r_2}{R_2} \\ C_6 = \dfrac{p_1}{64}R_2^2(R_2^2+2r_2^2) + \dfrac{p_1' R_2^2 r_2^4}{8(R_2^2-r_2^2)}\ln\dfrac{r_2}{R_2} - \dfrac{p_1' R_2^2 r_2^2}{16} \end{cases} \tag{6.10}$$

式中，E、υ 分别为薄膜材料的杨氏模量和泊松比；ρ 的取值范围为 $[r_2, R_2]$。

由于连杆是刚性的，膜 1、膜 2 与连杆上下端接触的区域处位移相同。对于膜 1，从中心 $\rho = 0$ 到 $\rho = r_1$ 处挠度变化相同；同理，膜 2 具有如下关系：

$$w_1(0) = w_1(r_1) = w_2(r_2) = w_2(0) \tag{6.11}$$

式中，

$$w_1(r_1) = \frac{12(1-\upsilon^2)}{EH^3} \left\{ \left[\frac{R_1^2 r_1^2 \ln \dfrac{r_1}{R_1}}{16} + \frac{R_1^4 - r_1^4}{64} \right] p_0 + \left[\frac{r_1^4}{16} + \frac{R_1^2 r_1^4 \ln^2 \dfrac{r_1}{R_1}}{4(R_1^2 - r_1^2)} - \frac{R_1^2 r_1^2}{16} \right] p_0' \right\} \tag{6.12}$$

$$w_2(r_2) = -\frac{12(1-\upsilon^2)}{EH^3} \left\{ \left[\frac{R_2^2 r_2^2 \ln \dfrac{r_2}{R_2}}{16} + \frac{R_2^4 - r_2^4}{64} \right] p_1 + \left[\frac{r_2^4}{16} + \frac{R_2^2 r_2^4 \ln^2 \dfrac{r_2}{R_2}}{4(R_2^2 - r_2^2)} - \frac{R_2^2 r_2^2}{16} \right] p_1' \right\} \tag{6.13}$$

由于连杆受力平衡，根据牛顿第一定律，可得到连杆的力平衡公式：

$$\pi r_1^2 p_0' = \pi r_2^2 p_1' \tag{6.14}$$

由理想气体状态方程 $pV_0 = (p + p_1)(V_0 - V') = nRT$，因 $p_1 V'$ 很小，可忽略不计，则

$$\frac{p_1}{p} \approx \frac{V'}{V_0} \tag{6.15}$$

式中，p、p_1 分别为密封腔 2 内的初始压力（1 个标准大气压）和腔内压力变化量；$V_0 = \pi r_2^2 h$ 为密封腔 2 的初始体积；V' 为密封腔 2 的体积变化量，可表示为：

$$V' = \pi r_2^2 w_2(r_2) + \int_{r_2}^{R_2} 2\pi r w_2(\rho) \mathrm{d}r \tag{6.16}$$

对挠度公式的积分在求解中难以计算，因而会增加工作量。实际上，根据后续有限元仿真得到的膜 2 振动分析可知，膜 2 下沉的体积形状可近似为一个上底半径为 r_2、下底半径为 R_2、高度为 $w_2(r_2)$ 的圆台。根据圆台体积计算公式，密封腔 2 的体积变化量 V' 可近似表示为：

$$V' = \frac{\pi}{3}(R_2^2 + R_2 r_2 + r_2^2) w_2(r_2)$$

$$= -\frac{4\pi(1-\upsilon^2)(R_2^2 + R_2 r_2 + r_2^2)}{EH^3} \left\{ \left[\frac{R_2^2 r_2^2 \ln \dfrac{r_2}{R_2}}{16} + \frac{R_2^4 - r_2^4}{64} \right] p_1 + \left[\frac{r_2^4}{16} + \frac{R_2^2 r_2^4 \ln^2 \dfrac{r_2}{R_2}}{4(R_2^2 - r_2^2)} - \frac{R_2^2 r_2^2}{16} \right] p_1' \right\} \tag{6.17}$$

在薄膜材料参数、结构尺寸和输入压力 p_0 已知的情况下，将式（6.12）和式（6.13）代入式（6.11），将式（6.16）代入式（6.15），之后联立式（6.11）、式（6.14）和式（6.15），并对其进行简化，则可得到放大后的压力 p_1，即求解下列方程组：

$$\begin{cases}
\left[\dfrac{R_1^2 r_1^2 \ln\frac{r_1}{R_1}}{16} + \dfrac{R_1^4 - r_1^4}{64}\right]p_0 + \left[\dfrac{r_1^4}{16} + \dfrac{R_1^2 r_1^4 \ln^2\frac{r_1}{R_1}}{4(R_1^2 - r_1^2)} - \dfrac{R_1^2 r_1^2}{16}\right]p_0' + \\[4ex]
\left[\dfrac{R_2^2 r_2^2 \ln\frac{r_2}{R_2}}{16} + \dfrac{R_2^4 - r_2^4}{64}\right]p_1 + \left[\dfrac{r_2^4}{16} + \dfrac{R_2^2 r_2^4 \ln^2\frac{r_2}{R_2}}{4(R_2^2 - r_2^2)} - \dfrac{R_2^2 r_2^2}{16}\right]p_1' = 0 \\[4ex]
r_1^2 p_0' = r_2^2 p_1' \\[2ex]
\dfrac{p_1}{p} = -\dfrac{4\left(1-\upsilon^2\right)(R_2^2 + R_2 r_2 + r_2^2)}{EH^3 R_2^2 h}\left\{\left[\dfrac{R_2^2 r_2^2 \ln\frac{r_2}{R_2}}{16} + \dfrac{R_2^4 - r_2^4}{64}\right]p_1 + \left[\dfrac{r_2^4}{16} + \dfrac{R_2^2 r_2^4 \ln^2\frac{r_2}{R_2}}{4(R_2^2 - r_2^2)} - \dfrac{R_2^2 r_2^2}{16}\right]p_1'\right\}
\end{cases}$$

$$(6.18)$$

综上，声压放大结构的声压放大倍数 K 可由式（6.19）表示：

$$K = \frac{p_1}{p_0} \tag{6.19}$$

将式（6.18）的解代入式（6.19），则可得到声压放大倍数的计算公式：

$$\begin{cases}
K = \dfrac{k_1 k_4 k_5}{k_2 \dfrac{r_2^2}{r_1^2} + k_2 k_3 k_5 \dfrac{r_2^2}{r_1^2} + k_4} \\[4ex]
k_1 = \dfrac{R_1^2 r_1^2 \ln\frac{r_1}{R_1}}{16} + \dfrac{R_1^4 - r_1^4}{64} \\[4ex]
k_2 = \dfrac{r_1^4}{16} + \dfrac{R_1^2 r_1^4 \ln^2\frac{r_1}{R_1}}{4(R_2^2 - r_1^2)} - \dfrac{R_1^2 r_1^2}{16} \\[4ex]
k_3 = \dfrac{R_2^2 r_2^2 \ln\frac{r_2}{R_2}}{16} + \dfrac{R_2^4 - r_2^4}{64} \\[4ex]
k_4 = \dfrac{r_2^4}{16} + \dfrac{R_2^2 r_2^4 \ln^2\frac{r_2}{R_2}}{4(R_2^2 - r_2^2)} - \dfrac{R_2^2 r_2^2}{16} \\[4ex]
k_5 = \dfrac{4(1-\upsilon^2)(R_2^2 + R_2 r_2 + r_2^2)p}{EH^3 R_2^2 h}
\end{cases}$$

$$(6.20)$$

该式表明声压放大倍数的主要影响因素为声压放大结构的尺寸参数和薄膜材料参数。其中式（6.20）的误差来源为：①膜 2 下沉体积的简化造成与实际有出入而引起的误差；②式 $\frac{p_1}{p} \approx \frac{V'}{V}$ 中忽略 $p_1 V'$ 项而引起的误差；③对薄膜形变的假设为小挠度变形，但实际不一定为小挠度而引起的误差；④连杆看作无形变的理想刚体，但实际可能存在形变而引起的误差。

例如，以不锈钢材料制作声压放大结构，其结构参数按照表6.1取值。在输入压力幅值为1 Pa时，根据式（6.20），可计算声压放大倍数K=15.1，密封腔2内压力变化为15.1 Pa。由此可见，通过声压放大结构，外界声压得到了明显的放大，F-P探头的敏感膜将探及放大后的声压，因此相应的声压灵敏度也将被放大到使用放大结构前的15.1倍。

表6.1 不锈钢声压放大结构参数

参数	取值
膜1半径R_1	7.5 mm
连杆上半径r_1	4.5 mm
膜2半径R_2	1.5 mm
连杆下半径r_2	0.5 mm
膜厚H	0.01 mm
密封腔2高度h	0.1 mm
弹性模量E	2.1×10^{11} Pa
泊松比υ	0.28
密度ρ	7.7×10^3 kg/m³

6.1.3 放大倍数的影响分析

为分析结构尺寸和材料参数对声压放大倍数K的影响，现对不同的膜厚H、两膜半径比R_1/R_2，连杆上、下半径r_1、r_2，密封腔2高度h、密封腔2内部初始压力p进行仿真。其中，①假设薄膜材料为不锈钢，且改变两膜半径比R_1/R_2时，连杆半径与薄膜半径的比值r_1/R_1、r_2/R_2保持不变；②空气腔体初始压力为一个大气压；③连杆看作刚性连接的，其形变可忽略不计，静态下连杆材质及高度的变化主要改变了其等效质量，对固有频率及频率响应会有影响。结合式（6.20），仿真初始参数取值于表6.1，则仿真结果如图6.5～图6.7所示，初始参数点在图中用红点表示（该点K=15.1）。

图6.5表明，随两膜半径比增大和膜厚减小，声压放大倍数K变大。需要说明的是，通过保持R_2不变，改变R_1且保持$r_1=0.6R_1$来实现上述半径比的变化。以图中红线部分为例，保持H=10 μm不变，当R_1/R_2=1时，K几乎为0，而R_1/R_2增大到7时，K可达到31.2；保持R_1/R_2=5不变，当膜厚H=15 μm时，K仅为6.6，而膜厚H=6 μm时，K可达到26.5。在图中K最大可达50以上，且当膜厚相对较薄，两膜半径比相对较大时对应斜率较大，说明两膜半径比和膜厚对声压放大倍数的影响较大，占主导地位。即可通过改变两膜半径比和膜厚的方式来改变声压放大倍数。

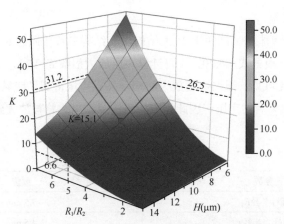

图6.5　膜厚H和膜1、膜2半径比R_1/R_2对K的影响仿真

图 6.6 表明，连杆上、下半径对声压放大倍数 K 的影响并非单调，存在极大值，需根据具体情况确定最大值。以图中红线部分为例，取初始 r_2=0.5 mm，当 r_1=4.5 mm（即 r_1=0.6R_1）时，K 取极大值；而当初始 r_1=4.5 mm 保持不变时，r_2 越小，则 K 越大，但受工艺限制，连杆半径无法做得太小。虽然红线部分只有 r_1 存在极大值，r_2 的影响是单调的，但当取 r_1=6 mm 时，K 与 r_2 也并非单调，存在极大值。故连杆上、下半径 r_1、r_2 的具体值需在考虑工艺的情况下，结合仿真结果进行确定。目前采取的方法为：根据工艺极限，令 r_2 取尽可能小的值（在机械加工工艺条件下，连杆半径一般不小于0.25 mm）；待确定 r_2 后，通过仿真找到声压放大倍数的极大值，再确定 r_1。

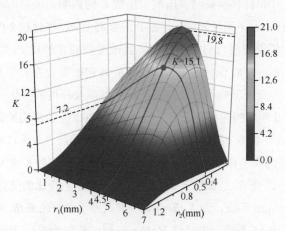

图6.6　连杆上、下半径r_1、r_2对K的影响仿真

图 6.7 表明，随着密封腔 2 的高度 h 减小和初始压力 p 增大，声压放大倍数 K 变大。以红线部分为例，取 h=100 μm，当 p 从 $0.6×10^5$ Pa 增大到 $1.5×10^5$ Pa 时，K 从 11.1 增

大到 18.5; 取 $p=1×10^5$ Pa, 当 h 从 150 μm 减小到 60 μm 时, K 从 11.8 增大到 19.4。图 6.7 中曲线各处斜率相差不大, 红线处 K 值增减均不到 10, 说明相较两膜半径比和膜厚, 密封腔 2 高度及内部初始压力的影响不占主导地位。但当声压放大结构中膜片和连杆尺寸固定时, 改变腔 2 高度及内部初始压力仍能进一步提高声压放大倍数, 且当考虑动态频率响应时, 改变膜片和连杆的尺寸参数会明显影响结构的固有频率, 而减小密封腔 2 高度、增大内部压力可在结构固有频率影响较小的情况下提高声压放大倍数。

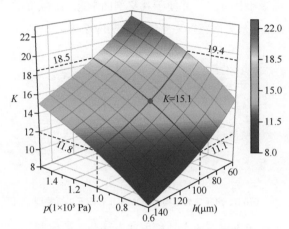

图6.7 密封腔2高度 h、内部压力 p 对 K 的影响仿真

综上, 较大的两膜半径比 R_1/R_2、较小的膜厚 H 与密封腔 2 的高度 h、更大的内部初始压力 p, 可实现更大的声压放大倍数 K。一般情况下, 连杆下半径 r_2 取尽可能小, 连杆上半径 r_1 对于 K 并非单调的影响关系, 存在极值点, 例如图 6.6 中红线所示, 当 $r_1=0.6R_1$ 时, K 取极大值。此外, 结构材料参数 (例如材料弹性模量 E、泊松比 υ、密度 ρ) 也对 K 有一定影响, 但影响较小且与制作工艺有关, 因此可不作为主要影响因素进行考虑。

6.2 声压放大结构的有限元仿真

6.2.1 放大结构的有限元建模

有限元分析是使用有限元方法来分析静态或动态的物理物体或物理系统, 用较简单的问题代替复杂问题后再求解。在对声压放大结构的研究中, 利用了 COMSOL, 综合考虑连杆质量、密封腔 1、光纤 F-P 声压传感器的压敏薄膜、F-P 腔等结构对声压放大性能的影响。

图 6.8 中灰色区域为声压放大结构与 F-P 探头配接之后的整体声压传感器结构，蓝色区域为网格划分后的有限元分析模型，包含声压放大结构的膜 1、膜 2、连杆、密封腔 1、密封腔 2，以及 F-P 探头的压力敏感膜和 F-P 腔，且仅取 1/8 进行局部仿真[7]。由于声压放大结构的外壳及 F-P 探头中的插芯仅用于固定和作为基底，不在对声压放大效果的影响因素的讨论范围内，故在有限元建模时未计入。膜片与外壳、插芯的接触部分设置为固定约束，空气腔体与外壳、插芯的接触部分设置为硬声场边界。进行局部仿真是为了大幅减小计算量，并便于观察剖面形态，切分的面设置为对称，即可通过仿真 1/8 的局部结构部分而获得完整结构的响应结果。

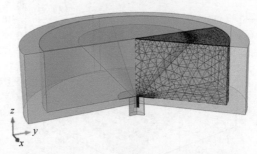

图6.8　声压放大结构的COMSOL有限元仿真模型

仿真中针对声压作用下声压放大结构内部声场分布的问题，选用了固体力学模块和压力声学模块，其中固体域膜片采用不锈钢材料，连杆采用 3D 打印所使用的聚乳酸（Polylactic Acid，PLA）材料进行基本设置，膜 1、膜 2 的边界条件为周边固支。空气域填充 1 个大气压力的绝对压力，温度为 20 ℃，与外壳接触的边界条件为硬声场边界，与薄膜、连杆接触的边界为声 - 固耦合边界。声压输入为在膜 1 上方施加幅值为 1 Pa 的均布压力，在声场模拟时采用频域扰动模拟动态声压。仿真中 F-P 探头的敏感膜选用直径为 125 μm、厚度为 130 nm 的银膜（使用银膜而非石墨烯膜的原因是石墨烯膜厚度太小，10 层石墨烯膜厚度约为 3.4 nm，在有限元网格划分中容易产生质量过小的单元，造成计算不收敛；且银膜具有较好的声学、光学特性，广泛用于光纤 F-P 声压传感器，故在仿真中以银膜为敏感膜），F-P 腔腔长为 290 μm。结构参数 R_1、R_2 分别取 7.5 mm、1.5 mm，r_1、r_2 分别取 4.5 mm、0.5 mm，H 取 0.01 mm，h 取 0.1 mm。

图 6.9 所示为在 1 Pa@20 Hz 声压作用下密封腔 1、密封腔 2、F-P 腔中的声场分布仿真。由此可知，声压响应最大的区域为密封腔 2（红色区域），其值为 14.1 Pa。即通过声压放大结构，声压得到了显著放大，放大倍数为 13.5；与密封腔 2 接触的银膜（F-P 声压传感器敏感膜）探及放大后的声压后挠度大幅上升，因此 F-P 腔受到挤压，腔内压力变大为 9.2 Pa（黄色区域）；而密封腔 1 由于体积大，腔内声压为 0.4 Pa，变化很小。因此，在 COMSOL 仿真中未考虑密封腔 1 的作用以减小计算量。

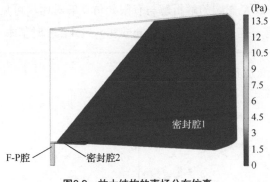

图6.9　放大结构的声场分布仿真

6.2.2　低频声压响应仿真

有限元仿真中选用了声学模块，是为了得到声场分布结果，但声学模块中只存在动态频域的计算，故在输入时无法输入 0 Hz 的静态声压。由于频率响应曲线的起点从静态开始，频率响应曲线在频率取 0 Hz 处的偏导为零，为连续曲线[8]，则在远离固有频率的低频声压作用下，薄膜挠度变化和空气域压力分布均与静态接近，故在仿真中用 20 Hz 的低频声压输入来模拟静态力的作用结果。

根据图 6.9 所示的仿真结果可知，虽然 F-P 探头压力敏感膜的挠度变化大于膜 1、膜 2 的挠度变化，但由于其面积小，引起的体积变化可忽略不计；同时 F-P 腔也由于实际腔长和体积极小可忽略不计；密封腔 1 中声场变化很小，为此也将其影响忽略，则不计入密封腔 1、F-P 探头的压力敏感膜和 F-P 腔的仿真模型与 6.1 节中的理论模型基本吻合。这样，以 1 Pa@20 Hz 的声压作为输入声压，开展准静态力学的近似分析，获取各结构参数的影响规律。仿真中各结构参数的初始值仍取自表 6.1。图 6.10 给出了近似静态力学作用下密封腔 2 内的压力场，其中心与四周的声压相差极小，可看作声压均匀分布，声压值为 15.2 Pa，对应的声压放大倍数 K=15.2。结果表明，这与 6.1 节中理论推导的结果（K=15.1）相吻合，验证了理论推导和有限元建模的有效性。

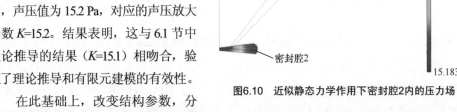

图6.10　近似静态力学作用下密封腔2内的压力场

在此基础上，改变结构参数，分析相应参数对声压放大倍数的影响规律，并与解析解进行对比。图 6.11 所示连杆半径

r_1、r_2 对声压放大倍数 K 影响的解析解与有限元仿真解对比，可见两者在趋势上完全一致，虽在数值上有一定差别，但在 r_1=7 mm 和 r_2=1.4 mm 时基本一致。

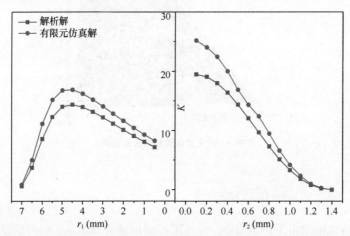

图6.11　连杆半径r_1、r_2对声压放大倍数K影响的解析解与有限元仿真解对比

　　图 6.12 对比了两膜半径比 R_1/R_2、膜厚 H、密封腔 2 高度 h 对声压放大倍数 K 影响的解析解与有限元仿真解。由此可知，解析解和有限元仿真解在趋势上保持一致，两者在数值上略有差别。随着两膜半径比增大、膜厚减薄、密封腔 2 高度减小，声压放大倍数随之增大。

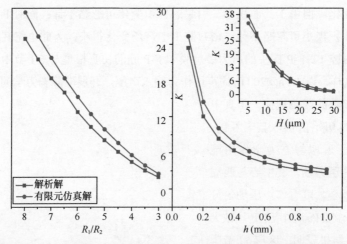

图6.12　两膜半径比R_1/R_2、膜厚H、密封腔2高度h对声压放大倍数K影响的解析解与有限元仿真解对比

　　需要说明的是，解析解与有限元仿真解在数值上出现差别的主要原因有：①解析解的方程组中对公式进行了简化（详见 6.1 节），造成解析解本身具有一定偏差；②解析解中连杆的形变忽略不计，但有限元仿真解中考虑了连杆产生的形变所造成的影响；③有限元仿真中需要进行网格划分，精细度不同造成的误差也不同，改变结构

尺寸后需要重新进行网格划分，而当网格精细度不变时，结构尺寸越小（如薄膜越薄），误差越大。

6.2.3　动态声场仿真

声压放大倍数反映了声压放大结构对传声器的增敏效果，除此之外，频率响应特性（例如固有频率、平坦的频率响应范围）也是设计声压放大结构需重点考虑的。为此，对声压放大结构施加不同频率的声压，开展了动态声场仿真。

利用结构力学模块，获得"膜1-连杆-膜2"固体域结构的固有频率和一阶振型。如图 6.13 所示，该结构一阶振型为垂直膜片的上、下振动，固有频率为 953 Hz。人中耳的一阶固有频率在 1 kHz 左右，说明该结构与人耳具有相近的固有频率，这对于人耳听域频率范围的声压敏感具有一定优势。

为进一步分析固有频率 f 的影响因素，对不同膜厚和不同弹性模量的薄膜所构成的放大结构，进行了声压放大倍数 K 和固有频率 f 的仿真分析。

图6.13　"膜1-连杆-膜2"固体域结构的一阶振型

首先，保持两膜半径比不变：连杆上、下半径与两膜半径的相对比例不变，即 $r_1/R_1=3/5$，$r_2/R_2=1/3$；密封腔高度不变；仅将膜厚从 2 μm 增大到 20 μm，则图 6.14 给出了膜厚 H 对声压放大倍数 K 和固有频率 f 的影响（图中红框和黑框对应于表 6.1 的结构尺寸）。结果表明，随着膜厚增大，声压放大倍数减小，固有频率增大。例如，当膜厚为 2 μm 时，声压放大倍数为 30.9，固有频率为 433 Hz，而当膜厚增大到 20 μm 时，声压放大倍数减小到 4.0，固有频率增大到 1916 Hz。

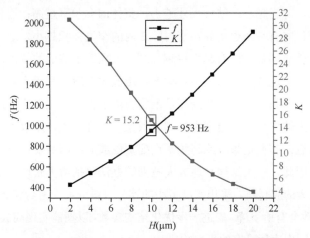

图6.14　膜厚 H 对声压放大倍数 K 和固有频率 f 的影响仿真

其次，保持两膜材料相同，材料参数（密度、泊松比）不变，结构尺寸不变，仅假设当薄膜材料的弹性模量从 1 GPa 增加到 10 TPa，则弹性模量 E 对固有频率 f、声压放大倍数 K 的影响如图 6.15 所示。结果表明，随着 E 的增大，声压放大倍数减小，固有频率增大。例如，E 从 1 GPa（如尼龙材料）增大到 1 TPa（如石墨烯材料），则相应的声压放大倍数由 35.5 减小至 4.5，固有频率从 254 Hz 增大至 1789 Hz。当 E 较小时，固有频率较低且声压放大倍数变化缓慢，而 E 较大时，声压放大倍数较小，这两个区域（低 f 区域和低 K 区域）都不利于形成宽频率范围内大幅增敏的声压放大结构。图 6.15 中的橙色区域，弹性模量适中，且声压放大倍数 K 的调节范围也比较大，固有频率 f 也不至于过低。该区域对应的弹性模量的取值范围为 20 GPa ～ 1 TPa。

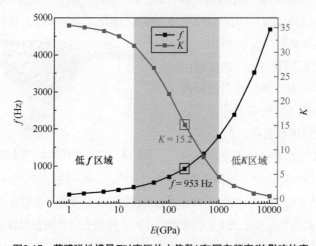

图6.15　薄膜弹性模量 E 对声压放大倍数 K 和固有频率 f 的影响仿真

此外，薄膜大小、连杆密度，以及密封腔 2 内的空气压力等也会对固有频率造成一定影响。例如，薄膜越小，结构尺寸越小，整体固有频率越高；连杆密度越小，等效质量越小，整体固有频率也更高；密封腔 2 内的空气体积越小，或初始压力越大，空气的耦合作用就更明显，固有频率也越高[9]。根据频率响应的特点，声压放大结构在一阶固有频率点附近或低于该频率点均有声压放大效应，且远离共振频率点的低频范围内响应平坦，在高于固有频率的高频范围内由于振型发生变化，声压放大结构将无法起到声压放大的作用，甚至产生抑制的效果，这样，该声压放大结构的工作范围为低频至基频附近；若在宽频段或高频率点处实现放大，则需要声压放大结构的一阶固有频率很高。因此，扩大结构平坦放大范围的办法包括增大膜厚、减小结构尺寸、采用弹性模量更大的膜材料、采用密度更小的连杆材料或增大密封腔 2 内初始压力等。但同时，放大倍数会有所下降，需进一步优化结构参数，以期能实现高放大倍数的同时，兼顾较宽频带范围内声压具有的平坦响应。

为获得放大结构与配接的 F-P 探头的整体频率响应，将密封腔 1 和光纤 F-P 探头中的敏感膜和 F-P 腔都计入仿真模型中，并施加幅值为 1 Pa、频率为 0.2～10 kHz 的声压，利用有限元仿真分析频率响应，则具有不同结构尺寸和密封腔高度的整体结构的声压放大倍数 K 的频率响应仿真如图 6.16 所示。

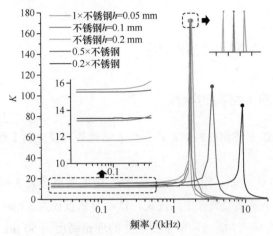

图6.16 整体结构的声压放大倍数 K 的频率响应仿真

以图 6.16 中红线所对应的结构尺寸（R_1、R_2 分别取 7.5 mm、1.5 mm，r_1、r_2 分别取 4.5 mm、0.5 mm，H 取 0.01 mm，h 取 0.05 mm）和材料参数为参比，该结构在低频 20 Hz 处的声压放大倍数为 15.6（红线起始位置）。改变密封腔 2 的高度 h 分别至 0.1 mm 和 0.2 mm 进行整体仿真，则当 h=0.1 mm 时（橙线），对应表 6.1 中的结构参数，则 20 Hz 处的声压放大倍数约为 13.2（橙线起始位置），略小于前述仿真结果（图 6.15 中的 15.2），这是由于密封腔 1、银膜和 F-P 腔的引入，导致声压放大倍数略微下降。当 h=0.2 mm 时（浅蓝线），20 Hz 处的声压放大倍数约为 11.8。仿真结果表明，密封腔高度越小，远离固有频率的低频范围内的放大倍数越高，且随着密封腔高度变小，固有频率略微变高，这是由于腔体与薄膜的耦合作用造成的固有频率提高[10]。

再者，以图 6.16 中红线对应的结构尺寸为参照（图中标识为"1×不锈钢"），将包括膜厚及密封腔高度的各结构尺寸参数整体缩小到 50%（图中标识为"0.5×不锈钢"）和 20%（图中标识为"0.2×不锈钢"）进行整体仿真。随着整体结构缩小，固有频率提高，即声压放大结构的工作范围更宽，但声压放大倍数有所下降。结构尺寸缩小到 50% 时，20 Hz 处的声压放大倍数约为 15.4，相对于 15.6 而言，下降幅度较小，此时作为 F-P 探头压敏单元的银膜片的直径（0.125 mm）仍小于放大结构的膜 2 的直径（1.5 mm）的 1/10，其挠度变形对密封腔 2 的影响可忽略不计，因此结构尺寸整体缩小到 50% 时，在提高固有频率的同时，声压放大倍数未明显降低；而当结构尺寸缩小到 20% 时，低频时的声压放大倍数约为 13.4，相对于 15.6 而言，放大效应下降较为明显。这说明此时膜 2 的直径（0.6 mm）仅为银膜直径（0.125 mm）的 4.8 倍，银膜挠度变化所引起的密封腔 2 的压力变化不可忽略不计。因此，设计声压放大结构时，需保证膜 2 的直径为 F-P 探头敏感膜的 10 倍以上，同时考虑到小型化，声压放大结构的整体尺寸也不宜过大。

6.3 声压放大结构的小型化制作

6.3.1 声压放大结构的制作

图 6.17 所示为以不锈钢材料制备声压放大结构的双膜（膜 1 和膜 2）及声压放大结构的制作过程[11]。

（1）如图 6.17 ①所示，用两个 50 μm 厚、中间有直径为 3 mm 的圆孔的不锈钢垫片将 10 μm 厚的不锈钢膜夹在中间固定，从而得到直径为 3 mm 的周边固支的不锈钢膜 2，并与垫片构成密封腔 2，故密封腔 2 的理论高度为 50 μm。但考虑到环氧树脂胶有一定厚度和不均匀性，该厚度与铜膜厚度相当，且可能导致非紧密接触，则密封腔 2 的高度将大于 50 μm。该具体值在不同结构间具有差异性，可通过光纤干涉法确定。

（2）如图 6.17 ②、③所示，在 3D 打印的定位基底上，依次将膜 1、3D 打印的连杆、膜 2 与外壳粘贴在一起。

（3）将 F-P 探头插入一个不锈钢定位孔中（定位孔的直径为 2.6 mm），并用环氧树脂胶固定，如图 6.17 ④所示。

（4）将各部分用环氧树脂胶进行固定及密封，形成声压放大结构，如图 6.17 ⑤所示。

（5）图 6.17 ⑥所示为该放大结构的实物，以及悬浮插芯端面的石墨烯膜的显微图。类似地，可使用不同薄膜材料制备双膜片，以实现不同声压放大结构的制作，且制作过程均相同。

由于图 6.17 中 F-P 探头的陶瓷插芯带有倒角，插芯与初始的圆柱形定位孔无法紧密接触。为使带有倒角的插芯在定位孔中固定且不存在缝隙，需按照插芯形状制作定位孔。如图 6.18 所示，将包裹聚乙烯（Polyethylene，PE）膜的空插芯插入孔中，注入环氧树脂胶，并放置在玻璃板上。由于 PE 膜与环氧树脂胶之间的黏性较弱，待环氧树脂胶固化后，可直接拔出包裹 PE 膜的插芯，形成一个与插芯形状适配的定位孔。

随后，将F-P探头插入并固定，即可实现与定位孔的紧密接触。

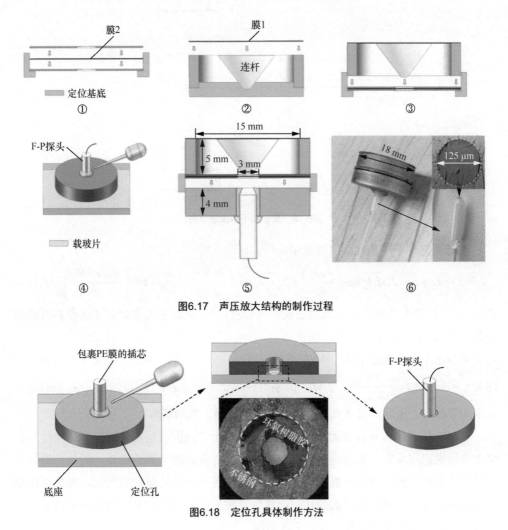

图6.17 声压放大结构的制作过程

图6.18 定位孔具体制作方法

6.3.2 F-P复合腔干涉抑制

由于薄敏感膜易出现光透射，因此若在敏感膜外存在反射面，则会形成复合腔干涉。复合腔干涉一般可用于多物理量测量[12, 13]，需进行频谱分析及信号处理。

如图 6.19 所示，入射光 I_{in} 分别在光纤端面 S_a、石墨烯表面 S_b、放大结构膜2 表面 S_c 形成反射，干涉信号会叠加形成 3 个 F-P 腔（分别为 FP_1、FP_2 和 FP_3）。多路干涉光叠加会导致检测时无法得到稳定的电压输出。

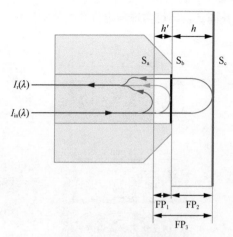

图6.19　复合腔干涉原理示意

反射光 I_r 的干涉条纹强度可表示为[12]：

$$I_r = I_1 + I_2 + I_3 + 2\sqrt{I_1 I_2}\cos\left(\frac{4\pi h'}{\lambda}\right) + 2\sqrt{I_2 I_3}\cos\left(\frac{4\pi h}{\lambda}\right) + 2\sqrt{I_1 I_3}\cos\left[\frac{4\pi(h+h')}{\lambda}\right] \quad (6.21)$$

式中，I_1、I_2 和 I_3 分别为 3 个反射面反射光强度，h、h' 分别为密封腔 2 高度和石墨烯膜到光纤端面距离，λ 为入射光波长。

对输出干涉光谱进行快速傅里叶变换，可得到空间频谱，频谱将包含 3 个峰值，分别为 $f_1 = \dfrac{2h'}{\lambda_1 \lambda_2}$、$f_2 = \dfrac{2h}{\lambda_1 \lambda_2}$ 和 $f_3 = f_1 + f_2$，分别对应 3 个 F-P 腔的长度，其中 λ_1、λ_2 为频谱中两个相邻波谷。由此，可从光谱推算得到各反射面之间的距离。

在 F-P 传感器与外置放大结构相配接时，由于选用的薄层石墨烯膜有透光性，在膜 2 表面也出现反射，从而形成复合腔干涉。针对复合腔干涉的计算，需要先通过滤波将各个 F-P 腔的干涉光谱提取出来，分别求解各个 F-P 腔腔长的变化，再分别计算每个腔长变化对应的物理量的变化。但这也导致后续声压测试未能得到稳定输出，为此通过涂覆抗反射涂层进行复合腔干涉抑制。

图 6.20（a）所示为碳纳米粉用作抗反射涂层的显微图，该涂层厚度为 25 ～ 40 μm，如图 6.20（b）所示。由于碳纳米粉对 1520 ～ 1620 nm 波长范围的近红外光有一定吸收（一般碳基吸光材料对 200 ～ 2500 nm 波段的光吸收率可达约 90%[14]），且纳米级粒径使光在表面形成漫反射，因此，该涂层可避免光在膜 2 表面形成反射。

抗反射实验中所使用的初始 F-P 探头的敏感膜为镀银石墨烯膜，在不锈钢膜 2 连接密封腔 2 一侧的表面上黏附一层碳纳米粉涂层。图 6.21（a）所示的干涉光谱结果表明，使用涂层后的干涉光谱（红线）与配接声压放大结构之前的谱线（黑线）基本一致，即复合腔干涉被成功抑制。其中，根据干涉光谱计算得到的光纤端面的反射率约为 2.19%，镀银石墨烯膜的反射率约为 1.45%，不锈钢膜的反射率约为 9.48%，碳纳米粉涂层表面的反射率小于 0.01%。

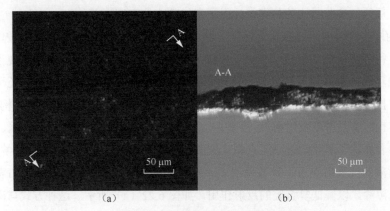

图6.20　碳纳米粉用作抗反射涂层

（a）碳纳米粉涂层；（b）涂层截面

通过对反射谱进行快速傅里叶变换，可得到如图 6.21（b）所示的空间频谱，图中峰 1、峰 2 和峰 3 对应的空间频率分别为 $f_1 = 0.048\ \text{nm}^{-1}$，$f_2 = 0.345\ \text{nm}^{-1}$ 和 $f_3 = 0.399\ \text{nm}^{-1}$，且 $f_3 = f_1 + f_2$，即复合腔干涉成立。

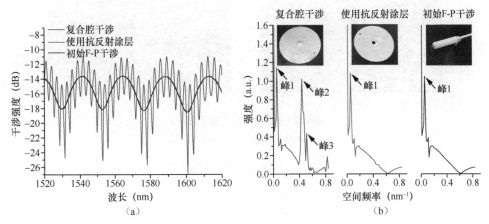

图6.21　使用碳纳米粉抗反射涂层前、后的谱线分析

（a）干涉光谱；（b）空间谱

取两相邻波谷 λ_1=1552.8 nm，λ_2=1576.2 nm，则可计算得到石墨烯膜到光纤端面长度 h' 为 58.73 μm，密封腔 2 高度 h 为 421.9 μm，两者的叠加长度为 487.8 μm。由于使用碳纳米粉涂层后的膜 2 的反射率接近 0，空间频谱与初始 F-P 探头的频谱基本一致，且反射谱显示的腔长均在 58.73 μm，从而表明，本方法可有效消除该声压放大结构存在的复合腔干涉抑制现象。

　　需要说明的是，通过复合腔干涉光谱得到的密封腔 2 的高度 h 约为 421.9 μm，明显高于前文估计的 100 μm，这主要与当前声压放大结构采用手动配接的操作方式有关。因此，在后续与实验对比的仿真中计入了密封腔 2 的高度误差。

　　碳纳米粉涂层的形成方式为在膜上涂覆一层很薄的环氧树脂胶，随即按压一层碳纳米粉，待环氧树脂胶干透后形成一层哑光涂层。虽然碳纳米粉涂层能实现很低的反射率，但环氧树脂胶厚度较大且固化后会影响薄膜刚度。除上述方式外，还可以借助表面发黑技术，如化学腐蚀法、喷涂黑漆工艺和热喷涂法[15]，且形成的微纳结构对于硅、金属材料也能有效降低反射率[16, 17]。其中，化学腐蚀法多针对较为活泼的金属，例如铜，且腐蚀的表面除了氧化铜外，还有碱式碳酸铜（俗称铜绿）等其他杂质，影响稳定性。为实现更薄的抗反射涂层，本节采用了一种喷涂哑光黑漆的工艺，即在铜箔表面喷涂一层哑光黑漆，以降低复合腔的反射作用，如图 6.22（a）所示。这种方式与碳纳米粉相比，反射率没有碳纳米粉涂层低，仍有部分区域存在对光的反射；但优点在于该涂层厚度小于 10 μm，如图 6.22（b）所示，且硬度较小，干透后对铜箔刚度影响较小。

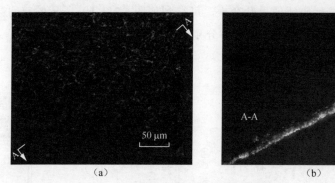

（a）　　　　　　　　　　　　　（b）

图6.22　哑光黑漆作为抗反射涂层

（a）表面显微图 ；（b）截面显微图

　　图 6.23 所示为使用哑光黑漆抗反射涂层后的复合腔干涉抑制效果。由此可知，虽然哑光黑漆涂层在显微镜下的抗反射能力不如碳纳米粉涂层强，但仍能进行复合腔干涉抑制，得到平滑的正弦波形。图 6.23（a）中的干涉光谱结果表明，在使用涂层后干涉光谱（红线）与配接声压放大结构之前（黑线）基本一致，复合腔干涉被成功抑制。通过对反射谱进行快速傅里叶变换，可得到空间频谱如图 6.23（b），峰 1、峰 2 和峰 3 对应的空间频率 $f_1 = 0.055$ 1/nm、$f_2 = 0.136$ 1/nm 以及 $f_3 = 0.191$ 1/nm。取两相邻波谷 $\lambda_1 = 1547.2$ nm，$\lambda_2 = 1563.3$ nm，计算得到其中石墨烯膜到光纤端面长度 h' 为 65.9 μm，密封腔 2 高度 h 为 164.8 μm，两者叠加长度为 230.7 μm，后者约为前两者之和，复合腔干涉成立；空间频谱与初始 F-P 探头频谱基本一致，反射谱显示的腔长均在 65.9 μm，故实现了复合腔干涉抑制，便于动态检测。

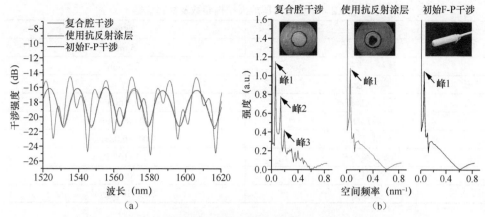

图6.23 使用哑光黑漆抗反射涂层前、后的谱线分析
（a）干涉光谱；（b）空间频谱

6.3.3 声压放大结构的小型化

将前述 F-P 探头通过环氧树脂胶形成的定位孔固定，再与所制作的放大结构配接，仍无法保证定位孔与带有倒角的插芯紧密接触，会存在缝隙，从而无法形成狭小的密封腔 2。因此，将带有倒角的插芯用端面平整的平面插芯代替（如图 6.24 所示），并将密封腔 2 的直径取为 2 mm，小于插芯外径 2.5 mm，这样既可以保证紧密接触，也可以防止在装配过程中膜 2 与插芯表面接触。

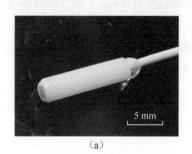 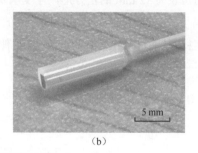

图6.24 利用插芯制作F-P探头
（a）带有倒角的插芯制成的探头；（b）无倒角的平面插芯制成的探头

为提高放大结构的固有频率，使之在较宽的低频范围内具有相对平坦的声压放大倍数，需进一步实现小型化。为此，在表 6.1 的基础上进一步缩小结构尺寸，且为保证放大倍数，金属膜片选用厚度略薄、弹性模量略小的铜膜材料，具体参数如表 6.2 所示。为减小黏附所用的环氧树脂胶对密封腔 2 高度的影响，借助刻蚀工艺制备得到膜 2 和密封腔 2，以尽量减小密封腔 2 的高度。

表6.2　小型化声压放大结构参数及材料参数

参数	取值
膜1半径R_1	5 mm
连杆上半径r_1	2.5 mm
膜2半径R_2	1 mm
连杆下半径r_2	0.3 mm
膜厚H	0.009 mm
密封腔2高度h	0.04～0.08 mm
弹性模量E	1.1×10^{11} Pa
泊松比υ	0.35
密度ρ	8.96×10^3 kg/m³

　　图 6.25 所示为该小型化声压放大结构的制作流程。图中外壳和连杆均选用 PMMA 材质，PMMA 可在机加工方式下形成外壳和微小连杆，且能保证密封性；对比前述 3D 打印形成的 PLA 连杆，PMMA 连杆具有更高的制作与配接精度；且连杆用两个直径的圆柱相连代替圆锥形状；为减小密封腔 2 的厚度，且减小黏附时胶水厚度对密封腔 2 高度的影响，膜 2 和密封腔采用了刻蚀工艺。

　　参考图 6.25 ①，针对不同材料的薄膜使用不同的制备方法形成膜 2。之后，如图 6.25 ②～图 6.25 ⑤所示，在 3D 打印的 PLA 定位基底上，将外壳、膜 1、连杆和膜 2 等分别依次黏附，从而得到图 6.25 ⑥所示的带有小型化声压放大结构的探头。与 6.3.1 节介绍的基于不锈钢双膜片的声压放大结构相比，整体尺寸从初始设计的直径为 18 mm 的图形变为边长为 12 mm 的正方形，厚度从 9 mm 减小到 4 mm。尺寸的减小是因为一定程度上缩小了膜 1、膜 2 的尺寸，而厚度的减小则是因为利用机加工而非 3D 打印的工艺制作连杆，从而可将连杆制作得更小，且使用的平面插芯直接紧贴刻蚀出的圆孔固定。

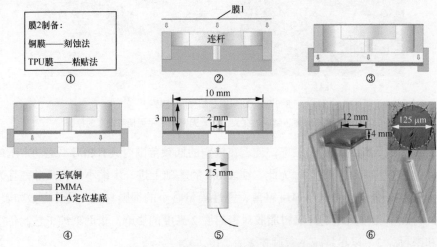

图6.25　小型化声压放大结构的制作流程

图6.25中由铜膜形成的膜2是利用刻蚀工艺制得的，其制作流程可参见图6.26（a）。首先将光刻胶均匀涂在无氧铜片上，按照所设计的掩膜对准曝光后，再利用显影液将未曝光的光刻胶溶解；随后，利用铜腐蚀液对铜片进行刻蚀，刻蚀时间约60 min；刻蚀完成后，用去胶液清洗掉铜膜表面的光刻胶，得到带有直径2 mm圆孔的铜膜，作为膜2和密封腔2。其中，在完成正面刻蚀之前需在铜片背面进行涂胶保护。图6.26（b）所示为厚度为50 μm的无氧铜片刻蚀后的铜膜显微结构，中间刻蚀的圆孔直径为2 mm，深度约为40 μm，中心黑色区域为哑光黑漆，作为抗反射涂层。

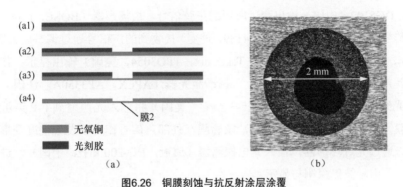

图6.26　铜膜刻蚀与抗反射涂层涂覆

（a）铜膜刻蚀步骤；（b）厚度为50 μm的无氧铜片刻蚀后涂覆抗反射涂层

热塑性聚氨酯（Thermoplastic Polyurethane，TPU）膜2的制备方法如图6.27（a）所示。将TPU膜粘贴在带有直径2 mm圆孔的80 μm厚的无氧铜片的中心圆孔的一侧，得到柔性TPU膜2，同时中心也使用哑光黑漆进行喷涂，如图6.27（b）所示。但从图中可以看到TPU膜与铜片粘贴的边缘有环氧树脂胶溢出，说明环氧树脂胶的存在会使密封腔2的高度略大于铜片的初始厚度80 μm。且随着环氧树脂胶的固化，TPU膜2四周溢出的胶体还会影响TPU膜的刚度。因此，对于这种声压放大结构，需考虑环氧树脂胶的影响，以及采用微机械加工方式实现制作，尽量消除人为操作引入的干扰。

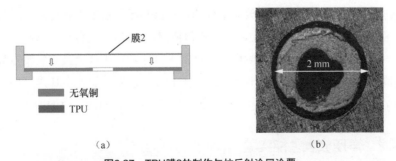

图6.27　TPU膜2的制作与抗反射涂层涂覆

（a）TPU膜2制备方法；（b）铜片一侧粘贴TPU膜并涂覆抗反射涂层

6.4　声压放大结构的性能评测与设计仿真

6.4.1　实验平台的搭建

为测试声压放大结构对膜片式光纤 F-P 声压传感器的增敏效果，搭建了图 6.28 所示的声压实验平台。在内部尺寸为 0.5 m×0.5 m×0.5 m 的隔音箱中，带有声压放大结构的 F-P 探头和参比传感器并排放置在扬声器轴线上的对称位置。通过信号发生器（普源精电，DG5102，中国）输出测试所用的正弦信号，由扬声器（BOSE，DS40，美国）产生声信号。参比传声器（BK，BK4189，丹麦）接收到的声信号通过调节放大器（BK，BK1708，丹麦）放大后由示波器（Tektronix，TPO3054，美国）输出显示，作为参比输出，其声压灵敏度为 50 mV/Pa。可调谐激光器（APEX，AP3350A，法国）作为光源通过光纤环形器（Thorlabs，6015-3-APC，美国）将输入光照射到 F-P 声压传感器的敏感膜（实验中选用石墨烯膜），敏感膜在外部声信号作用下发生挠度变形，形成的干涉光通过光纤环形器，馈入光电探测器（康冠，DC-200 kHz，中国），进而转换为电信号，由示波器探测与显示。

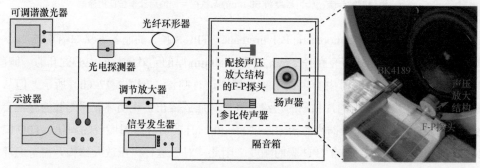

图6.28　声压实验平台

在实验过程中，将配接外置放大结构的传声器和配接前的 F-P 传声器进行前后对比实验，保持前后实验参比探头位置、传声器位置、声源信号强度、入射光功率不变，检测 0.2～10 kHz 范围内的频率响应，并评测 1 kHz 和声压放大最高频率点处的声压灵敏度性能。频率响应的检测范围为 0.2～10 kHz，是为了与人中耳声压增益曲线进行对比（在对人耳声压增益的测定中通常选用的频率范围为 0.2～10 kHz[4]）。

6.4.2　声压放大性能实验

本节以 6.3.3 节制作的基于铜膜的小型声压放大结构为例，开展声压放大性能实验，实验中共制作 4 个小型化放大结构，均使用铜膜作为膜 1。具体步骤如下。

（1）铜膜 / 铜膜结构（记为 S1 号结构），使用 80 μm 厚铜片刻蚀的铜膜作为膜 2，膜 1 厚度为 9 μm，膜 2 厚度约为 20 μm，对应的密封腔 2 的高度约为 60 μm。

（2）铜膜 / 铜膜结构（记为 S2 号结构），使用 80 μm 厚铜片刻蚀的铜膜作为膜 2，膜 1 厚度为 9 μm，膜 2 厚度约为 18 μm，对应密封腔 2 的高度约为 62 μm。

（3）铜膜 /TPU 膜结构，使用 TPU 膜作为膜 2（记为 S3 号结构），对应的膜 1 厚度为 9 μm，膜 2 厚度约为 18 μm。由于使用了环氧树脂胶进行粘贴，对应密封腔 2 的高度大于 80 μm。

（4）铜膜 / 铜膜结构（记为 S4 号结构），使用 50 μm 厚铜片刻蚀的铜膜作为膜 2，膜 1 厚度为 9 μm，膜 2 厚度约为 10 μm，对应密封腔 2 的高度约为 40 μm。

测试 4 个小型化放大结构所得到的声压放大倍数实验结果如图 6.29 所示。S1 ～ S4 号结构对应的固有频率及该频率下的声压放大倍数 K 依次分别为 3.5 kHz、12.5，3.3 kHz、17.8，1.5 kHz、32.3 及 1.8 kHz、38.0。从 S1 号、S2 号到 S4 号结构，膜 2 厚度减小，因此固有频率也有所降低，声压放大倍数有所提升，其中 S4 号结构声压放大倍数明显大于另外两个，具有较好的声压放大效果。这不仅因为其铜膜厚度最小，还因为其密封腔 2 高度也最小。与 S4 号结构相比，S3 号结构的膜 2 的弹性模量更低，因此其声压放大倍数在低频处得到了提升，但由于 S3 号结构的密封腔 2 的高度更大，从而在固有频率处的放大倍数没有超过 S4 号结构，在较高频率处的放大效果也不如 S4 号结构。综合 4 组实验结果，并结合图 6.29 中声压放大倍数的频率响应，4 种小型放大结构中，S3 号结构在低频（200 Hz）处具有最大的放大倍数（约为 3.8），S4 号结构具有最宽的声压放大范围（约为 0.2 ～ 6.5 kHz）。

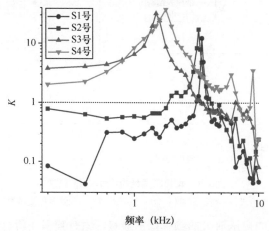

图6.29 4种小型化放大结构的声压放大倍数K（对数坐标）

由此可见，当刻蚀的铜膜厚度超出预期的 10 μm 较多时（S1 号、S2 号结构），铜膜刚度较大，挠度较小，所实现的声压放大倍数很小甚至小于 1（蓝线、紫线），只有在固有频率附近才具有放大的效果，在其余频率范围具有抑制的效果。而当铜膜足够薄，约为 10 μm 时（S4 号结构），虽然其弹性模量仍然远大于 TPU 膜，但由于厚度较小，也能具有较大的挠度变化。加上 S4 号结构中的膜 2 采用了刻蚀工艺，避免了环氧树脂胶黏附引入的厚度，可得到更小的密封腔 2 的高度，因此也能实现声压放大（橙线），甚至在更宽的频率范围内具有放大效果。

S3 号结构在低频处的声压放大倍数较高，且固有频率相较前文中使用柔性膜的结构（2 号、3 号、4 号结构）更高，因此实现了对使用柔性膜的放大结构拓展声压放大频率范围的效果。对 S3 号结构的小型化探头进行频率响应和声压灵敏度的测试及分析，该结构所用的 10 层石墨烯膜的直径为 125 μm，厚度约为 3.4 nm，F-P 腔腔长为 63.59 μm，光纤端面反射率为 2.3%，石墨烯膜反射率为 4.3%。

图 6.30 所示的实验结果说明，配接 S3 号结构后，在 0.2 ～ 3.5 kHz 范围内声压响应均有明显上升，且在 0.2 ～ 2.5 kHz 范围内超过了参比探头。在 0.2 ～ 1 kHz 范围内有较为平坦的声压响应，共振频率出现在 1.5 kHz 附近。在 1 kHz 处电压灵敏度为 137.9 mV/Pa，相对使用放大结构前的 21.8 mV/Pa 放大到约 6.3 倍，机械灵敏度从 0.31 nm/Pa 提升到 1.94 nm/Pa。在 1.5 kHz 处电压灵敏度为 966.3 mV/Pa，相对使用放大结构前的 29.9 mV/Pa 放大到约 32.3 倍，机械灵敏度从 0.42 nm/Pa 提升到 13.6 nm/Pa。声压灵敏度的线性拟合中拟合优度 R^2 为 0.998 ～ 0.999，说明电压输出与声压激励之间呈线性关系。

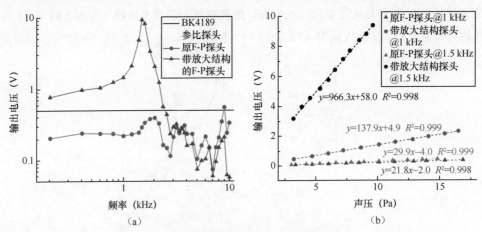

图6.30 配接S3号结构前后的实验结果

（a）归一化频率响应；（b）1 kHz、1.5 kHz处声压灵敏度

S4 号结构实现的声压放大的频率范围最宽，固有频率在所有具有宽频带声压放大效果的声压放大结构（1 号、2 号、3 号、4 号、S3 号、S4 号）中更高，实现了拓

展声压放大频率范围的效果。对 S4 号结构的小型化探头进行频率响应和声压灵敏度的测试及分析，该结构所用的 10 层石墨烯膜的直径为 125 μm，厚度约为 3.4 nm，F-P 腔腔长为 63.54 μm，光纤端面反射率为 2.4%，石墨烯膜反射率为 3.4%。

图 6.31 所示的实验结果说明，配接 S4 号结构后，在 0.2～6.5 kHz 范围内声压响应均有明显上升，且在 0.2～4 kHz 范围内超过了参比探头。共振频率出现在 1.8 kHz 附近。在 1 kHz 处电压灵敏度为 310.3 mV/Pa，相对使用放大结构前的 36.5 mV/Pa 放大到约 8.5 倍，机械灵敏度从 0.51 nm/Pa 提升到 4.36 nm/Pa。在 1.8 kHz 处电压灵敏度为 1351.4 mV/Pa，相对使用放大结构前的 35.5 mV/Pa 放大到约 38.1 倍，机械灵敏度从 0.50 nm/Pa 提升到 18.98 nm/Pa。声压灵敏度的线性拟合中拟合优度 R^2 为 0.990～0.999，说明电压输出与声压呈线性关系。

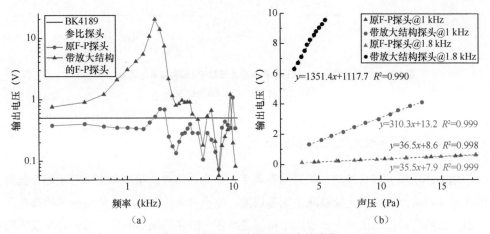

图6.31　配接S4号结构前后的实验结果
（a）归一化频率响应；（b）1kHz、1.8kHz处声压灵敏度

图 6.32 所示为小型化 S3 号结构和 S4 号结构的声压放大倍数仿真与实验结果。为更贴近实验结果，在 S3 号结构的仿真中对膜 1（铜膜）施加了 2×10^6 N/m^2 的预应力，对膜 2（TPU 膜）施加了 5×10^6 N/m^2 的预应力，引入了装配误差后的密封腔 2 高度设置为 180 μm。在 S4 号结构的仿真中对膜 1（铜膜）施加了 1×10^6 N/m^2 的预应力，由于作为膜 2 的铜膜通过刻蚀形成，未施加预应力；引入由装配引起的密封腔高度的误差，密封腔 2 高度设置为 100 μm，这在所有放大结构密封腔 2 高度的仿真设置中最小。

通过声压放大倍数的实验结果和仿真结果的对比可知，对于 S3 号结构，仿真结果与实验结果在趋势上几乎完全一致，且除固有频率点和较高频率处外，两者声压放大倍数的数值亦非常接近，说明仿真结果与实验结果相互吻合。对于 S4 号结构，仿真结果与实验结果在趋势上大体一致，但在 1 kHz 以下实验得到的放大倍数明显低于仿真值，其原因可能是结构气密性不佳，导致低频率响应被削弱。结果进一步说明了通过缩小结构尺寸，引入刻蚀工艺和优化制作流程，可以在不明显降低声压放大倍数的基础上提升固有频率，使得在更宽的频率范围内具有声压放大效果，提升了结构性能。

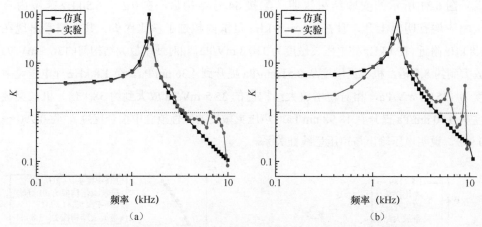

图6.32　小型化声压放大结构的声压放大倍数K的实验结果与仿真结果对照
（a）S3号结构；（b）S4号结构

6.4.3　声压放大组合结构的设计仿真

缩小声压放大组合结构可提升固有频率、拓宽声压放大频率范围，且刻蚀工艺的引入以及制备流程的优化能够减小制备误差、缩小密封腔的高度，从而整体抬高传声器的声压响应曲线。这种声压放大结构需要增强一阶共振频率响应，且同时保证响应的平坦性，因此，对较高频的声压响应较弱。文献[18, 19]表明具有多个共振频率的结构能在更宽的频率范围内提高响应。由于多个敏感结构多需要进行多通道检测[18]，非周边固支薄膜无法用于敏感声压检测[19]，均不适于单光纤的F-P传声器。为此，提出了一种可通过单通道检测的宽频声压放大组合结构[20]。

如图6.33所示，该组合结构包括外壳、多个一级敏感膜（膜1）、多个连杆、多个二级敏感膜（膜2）以及压力敏感膜。其中，外壳为刚性结构，包含两个腔体结构；多个一级敏感膜固定于外壳上表面框架上，形成周边固支的边界条件，作为声压信号的接收端；多个连杆分别连接多个一级敏感膜与多个二级敏感膜的中心，使两者受到声压作用后共同运动；多个一级敏感膜与多个二级敏感膜以及外壳构成第一个密封腔；多个二级敏感膜固定在外壳内部的框架上，形成周边固支的边界条件，并与压力敏感膜以及外壳构成第二个密封腔；压力敏感膜固定于外壳下表面，形成周边固支的边界条件，作为声压放大信号。总体上，该组合结构使用了4个一级敏感膜、4个连杆和

4个二级敏感膜，压力敏感膜吸附在陶瓷插芯端面，形成光纤 F-P 探头。

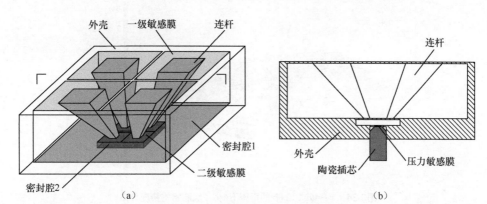

图6.33 一种宽频声压放大组合结构示例
（a）整体透视示意；（b）带有F-P探头的横截面

该组合结构的原理及工作过程为：当外部声压作用到一级敏感膜时，一级敏感膜发生形变，而作用到一级敏感膜表面的声压通过多个连杆进行分别放大，并传递到二级敏感膜。由于多个二级敏感膜与压力敏感膜形成密封腔，则二级敏感膜受连杆作用而产生形变，进而引起密封腔压力增强变化，并作用到压力敏感膜。

此外，多个一级敏感膜和多个二级敏感膜可具有多种不同膜厚或不同薄膜材料。这些多种不同膜厚或多种不同薄膜材料可使组合结构具有多个不同的一阶固有频率，则整体结构的频率响应为多个单独结构的频率响应包络。即从第 1 个一阶固有频率到第 n 个一阶固有频率范围内，都具有增强的声压共振放大效果。在低于第 1 个一阶固有频率的范围内，基于人耳听小骨传声原理的声压增益，也能实现较低频率范围内的声压放大。

针对图 6.33 所示的采用 4 个多级膜结构，假设外壳和连杆材料均为 PLA；方形一级敏感膜边长为 10 mm，方形二级敏感膜边长为 2 mm，圆形压力敏感膜直径为 125 μm；连杆采用上宽下窄的倾斜结构，顶面边长为 5 mm，底面边长为 1 mm，高度为 5 mm；4 个一级敏感膜的材料相同，均采用铜膜，厚度分别为 10 μm（1 号膜）、15 μm（2 号膜）、20 μm（3 号膜）、25 μm（4 号膜）；4 个二级敏感膜的材料相同，均采用 TPU 薄膜，厚度均为 15 μm；压力敏感膜采用 10 层石墨烯膜，其厚度约为 3.4 nm；密封腔 2 为 5 mm×5 mm×0.1 mm 的长方体空腔。对该结构进行有限元声场仿真，当在 4 个一级敏感膜上方施加 1 Pa@100 Hz 声压（该声压频率低于 4 个多级膜结构固有频率：0.8 kHz、0.9 kHz、1.0 kHz 和 1.1 kHz），则 4 个多级膜结构的"一级敏感膜 - 连杆 - 二级敏感膜"的挠度分布如图 6.34 所示，其中厚度最薄的 1 号膜对应的二级敏感膜具有最大的中心挠度变化（红色区域），其余 3 个敏感膜的挠度变形依次减小。

图6.34　1 Pa@100 Hz的声压下4个多级膜结构挠度分布

在 0.5 ～ 2 kHz 范围内以 100 Hz 为间隔，改变输入声压信号的频率，可得图 6.35 所示的频率响应仿真结果。使用 4 个多级膜结构比使用单个结构在更宽的频率范围内具有更高的声压放大倍数；单个多级膜结构在 1 kHz 处具有频率响应峰值，共振频率在 1 kHz 附近；而 4 个多级膜结构的共振频率分布在 800 ～ 1100 Hz 附近，因此该结构在 800 ～ 1100 Hz 内均具有显著的频率响应；对于声压放大倍数 $K>20$ 的频率范围，单个结构仅为 300 Hz，而多级膜结构将此范围拓宽到了 600 Hz。增加多级膜结构的数量，或改变各一级敏感膜的厚度，可在更宽的频率范围，或特定的频率范围内实现灵敏度增强，从而达到频率响应提升的效果。

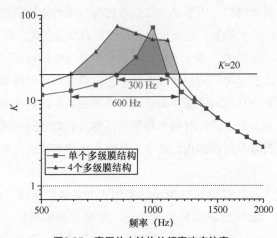

图6.35　声压放大结构的频率响应仿真

该放大后的声压信号引起的压力敏感膜中心挠度变化可通过光纤检测获取，从而实现待测声压的测量。

该结构具有以下明显的优点。

（1）该结构适用范围广，可与膜片式声压传感器相配接，仅需单通道检测，后续信号处理简单。

（2）该结构对多个一阶固有频率所覆盖的范围具有很高的声压共振放大效果，并可通过改变各部件的结构尺寸，实现不同的声压放大倍数。

（3）该结构对频率响应的改善与一级敏感膜和二级敏感膜的膜厚和材料参数有

关，通过改变薄膜厚度和选用不同的薄膜材料，可实现对多个一阶固有频率的自定义设计，从而实现频率响应的个性化设定。

6.5　本章小结

本章设计了一种光纤F-P传声器的仿生声压放大结构，建立了声压放大结构的数学模型，并利用COMSOL，开展了低频力学仿真和动态声场仿真，获取了声压放大结构的频率响应曲线。在此基础上，将组装制作的基于双铜膜的声压放大结构与石墨烯膜光纤F-P探头进行配接，提出了利用碳纳米粉涂层及哑光黑漆涂层进行复合腔干涉抑制的方法；通过搭建的声压测试平台，实验验证了声压放大结构能够在一定范围内有效放大声压的性能，进而设计了一种包含4个振动单元的声压放大结构，使得该结构的频率响应为4个单独频率响应曲线的包络，有限元声场仿真验证了该组合结构在共振放大与频率响应展宽的显著性能。这些工作为膜片式光纤F-P压力/声压传感器的结构增敏提供了方案模型与优化设计指导。

参 考 文 献

[1] SHAW E. Transformation of Sound Pressure Level from the Free Field to the Eardrum in the Horizontal Plane [J]. Journal of the Acoustical Society of America, 1974, 26(6): 1848-1861.

[2] 张文娟. 基于听觉仿生的目标声音识别系统研究 [D]. 长春：中国科学院研究生院 (长春光学精密机械与物理研究所), 2012.

[3] 刘后广. 新型人工中耳压电振子听力补偿的理论与实验研究 [D]. 上海：上海交通大学, 2011.

[4] KUROKAWA H, GOODE R L. Sound Pressure Gain Produced by the Human Middle Ear [J]. Otolaryngology-Head and Neck Surgery, 1995, 113(4): 349-355.

[5] 李成, 肖习, 刘欢. 一种声压信号放大结构：110260971B [P]. 2019-07-01.

[6] 樊尚春. 传感器技术及应用 [M]. 北京：北京航空航天大学出版社, 2016.

[7] XIAO X, LI C, FAN S, et al. An Ear-Inspired Sound Pressure Amplification Structure for Fabry-Perot Acoustic Sensor [C]. IEEE, 2021: 1174-1177.

[8] NI W, LU P, FU X, et al. Ultrathin Graphene Diaphragm-Based Extrinsic Fabry-Perot Interferometer for Ultra-Wideband Fiber Optic Acoustic Sensing [J]. Optics Express, 2018, 26(16): 20758-20767.

[9]   LIU H, OLSON D A, YU M. Modeling of An Air-Backed Diaphragm in Dynamic Pressure Sensors: Effects of the Air Cavity [J]. Journal of Sound and Vibration, 2014, 333: 7051-7075.

[10]   FERRIS P, PRENDERGAST P J. Middle-Ear Dynamics Before and After Ossicular Replacement [J]. Journal of Biomechanics, 2000, 33(5): 581-590.

[11]   LI C, XIAO X, LIU Y, et al. Evaluating A Human Ear-Inspired Sound Pressure Amplification Structure with Fabry-Perot Acoustic Sensor Using Graphene Diaphragm [J]. Nanomaterials, 2021, 11(9): 2284.

[12]   WU Y, ZHANG Y, WU J, et al. Fiber-Optic Hybrid-Structured Fabry-Perot Interferometer Based on Large Lateral Offset Splicing for Simultaneous Measurement of Strain and Temperature [J]. Journal of Lightwave Technology, 2017, 35(19): 4311-4315.

[13]   WU Y, ZHANG Y, WU J, et al. Temperature-Insensitive Fiber Optic Fabry-Perot Interferometer Based on Special Air Cavity for Transverse Load and Strain Measurements [J]. Optics Express, 2017, 25(8): 9443-9448.

[14]   朱盟盟. 碳基太阳能吸收材料的制备及其光热性能研究 [D]. 青岛：青岛科技大学，2018.

[15]   许令顺，李勇，徐中堂，等. 几种不同铜表面发黑技术的对比 [J]. 中国表面工程，2013, 26(6): 75-79.

[16]   KIM S Y, KIM Y S. Reflectivity Control at Substrate/Photoresist Interface by Inorganic Bottom Anti-Reflection Coating for Nanometer-Scaled Devices [J]. Transactions on Electronic Materials, 2014, 15(3): 159-163.

[17]   范培迅，龙江游，江大发，等. 紫外 - 远红外超宽谱带高抗反射表面纳米结构的超快激光制备及功能研究 [J]. 中国激光，2015, 42(8): 0806005.

[18]   HAN J H, KWAK J H, JOE D J, et al. Basilar Membrane-Inspired Self-Powered Acoustic Sensor Enabled by Highly Sensitive Multi Tunable Frequency Band [J]. Nano Energy, 2018, 53: 658-665.

[19]   廖风云，陈迁，陈皡，等. 骨传导扬声器：106937222B [P]. 2015-08-13.

[20]   李成，肖习，刘洋. 一种频率响应可调的微型声压放大结构：113810823A [P]. 2021-09-07.

第7章　石墨烯膜光纤F-P探头温度敏感特性

温度是传感器的一种最基本的环境参数。对于石墨烯膜光纤F-P传感器，温度会导致F-P腔腔长发生变化，使干涉光谱移动，从而改变传感器的线性工作区。因此，准确掌握温度对石墨烯膜光纤F-P探头的影响规律具有重要的研究意义和实用价值。本章将应用薄膜大挠度理论、光学介质膜理论与F-P腔内理想气体热膨胀模型，分析温度对石墨烯膜的反射率、F-P微腔结构和悬浮石墨烯膜热变形行为的影响规律，并提出石墨烯膜光纤F-P压力传感器的温度敏感抑制方法，进而对制备的石墨烯膜光纤F-P探头进行温度影响实验，为获取石墨烯膜光纤F-P传感器的温度敏感机理与温度误差抑制提供理论模型与方法指导。

7.1　石墨烯膜光纤F-P探头的温度模型

7.1.1　石墨烯膜光学反射率的热敏感性

石墨烯膜作为F-P腔的第二个反射面，其反射率的大小将会直接影响干涉光谱，因此，有必要对不同温度下石墨烯膜的反射率变化进行研究。石墨烯的电导率是一个与频率、温度、载流子浓度相关的函数，其光学性质与带间电子迁移有关。而且，在忽略电子碰撞和空间色散的影响下，石墨烯的复电导 $\sigma(\omega)$ 可表示为 [1]：

$$\sigma(\omega) = \frac{e^2\omega}{\mathrm{i}\pi\hbar}\left[\int_{-\infty}^{+\infty}\frac{|\varepsilon|}{\omega^2}\frac{\mathrm{d}f_0(\varepsilon)}{\mathrm{d}\varepsilon}\mathrm{d}\varepsilon - \int_0^{+\infty}\frac{f_0(-\varepsilon)-f_0(\varepsilon)}{(\omega+\mathrm{i}\delta)^2-4\varepsilon^2}\mathrm{d}\varepsilon\right] \tag{7.1}$$

式中，$f_0(\varepsilon) = \{\exp[(\varepsilon-\mu)/T]+1\}^{-1}$，$\varepsilon$ 为电子能量，ω 为角频率，e 为电子电前量，$\hbar$ 为简化的普朗克常量，μ 为化学势，T 为温度。

式（7.1）中"="右侧第一项反映了带内光子声子散射过程，其表达式为：

$$\sigma_{\mathrm{intra}}(\omega) = \mathrm{i}\frac{2e^2T}{\pi\hbar\omega}\ln\left[2\cosh(\mu/2T)\right] \tag{7.2}$$

第二项反映了带间电子迁移过程，其可表示为：

$$\sigma_{\mathrm{inter}}(\omega) = \frac{e^2}{4\hbar}\left[G(\omega/2) - \frac{4\omega}{\mathrm{i}\pi}\int_0^{+\infty}\frac{G(\varepsilon)-G(\omega/2)}{\omega^2-4\varepsilon^2}\mathrm{d}\varepsilon\right] \tag{7.3}$$

由式（7.1）可知，石墨烯的复电导由带内电导 $\sigma_{\text{intra}}(\omega)$ 和带间电导 $\sigma_{\text{inter}}(\omega)$ 两部分组成。一方面，当频率很低时，带内电导的地位比带间电导高很多，因此带间电导可以忽略。随着频率增加，带间电导的贡献越来越明显，可以与带内电导抗衡，甚至有可能超过带内电导，因此需同时考虑带内、带间两部分。另一方面，当频率大到一定程度时，带间电导会明显大于带内电导，这时带内电导可以忽略。这是因为在高频时，带间电子迁移为主要影响因素；而在低频时，带内光子声子散射为主要影响因素。

石墨烯膜的介电常数可以由电导率 σ 求出[2]：

$$\varepsilon_{\text{g}} = 1 + \frac{\mathrm{i}\sigma\eta_0}{k_0 d} \tag{7.4}$$

式中，η_0 是波阻抗，k_0 为波矢量，d_0 为单层石墨烯膜厚。

石墨烯膜的复折射率为：

$$N_1 = \sqrt{\varepsilon_{\text{g}}} \tag{7.5}$$

根据第 4 章中石墨烯膜和外侧空气组合的特性矩阵，可由式（4.27）和式（4.28），分别求得石墨烯膜的反射系数 r_ξ 和反射率 R_2。

联合式（7.1）～式（7.5），结合式（4.27）和式（4.28），可构建石墨烯膜的反射率 R_2 与温度 T 之间的关系，进而从理论上可获取薄膜反射率与频率、温度、载流子浓度以及膜厚的相互影响[3]。

理想的纯石墨烯的化学势等于 0，不受温度影响[4]，但通过调整驱动电压可控制载流子浓度和类型，从而实现化学势的调控。为此，以非掺杂石墨烯为研究对象，取其化学势为 0，仿真分析了远红外（波长为 0.3 mm）和近红外（波长为 1550 nm）下温度对薄膜反射率的影响，如图 7.1 所示。结果表明，单层石墨烯膜在远红外（波长为 0.3 mm）下的反射率随温度单调递增，且变化明显；而在近红外（波长为 1550 nm）下的反射率基本没有变化。即，远红外下温度对石墨烯膜反射率的影响更加明显。

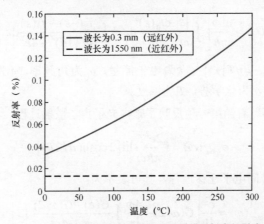

图7.1　远、近红外下温度对单层石墨烯膜反射率的影响

7.1.2　悬浮石墨烯膜的热变形

对于膜片式F-P传感器，薄膜的热变形行为对于研究其温度敏感特性是极为重要的，而薄膜自身的热膨胀系数会影响这种热变形行为。本节将在分析石墨烯膜热膨胀系数的基础上，建立石墨烯膜光纤F-P传感器结构分析模型。

1. 石墨烯膜的热膨胀系数

目前，国内外研究者已推导计算了石墨烯膜的热膨胀系数，但由于不同的实验条件或实验方法，得到的结论不尽相同。其中，被广泛接受的是，在 0 ～ 700 K 温度范围内石墨烯膜的热膨胀系数为负，且随温度的变化而改变 [5]。

2005 年，美国麻省理工学院 Mounet 等人采用基于第一性原理的近似模拟方法，测得室温下单层石墨烯膜的热膨胀系数约为 -3.6×10^{-6} K^{-1}[6]。2009 年，Zakharchenko 等人利用蒙特卡罗模拟的方式，估计石墨烯膜在 0 ～ 300 K 温度范围内的热膨胀系数约为 $(-4.8\pm1.0)\times10^{-6}$ K^{-1}[7]，并且在 900 K 以内时其热膨胀系数为负。同年，美国加利福尼亚大学河滨分校 Bao 等人通过在一个在高达 700 K 的火炉中退火，使单层石墨烯膜片松弛，然后让其吸附在一个沟槽上，并通过扫描电子显微镜测得石墨烯膜在 300 K 时的热膨胀系数为 -7×10^{-6} K^{-1}[8]，约为 Mounet 等人理论值的两倍。之后在 2010 年，印度 Singh 等人通过测量单层悬浮石墨烯膜的谐振频率，发现石墨烯膜的热膨胀系数在 30 ～ 300 K 范围内为负值，并且在室温下约为 -7×10^{-6} K^{-1}[9]。2011 年，韩国西江大学 Yoon 等人通过测量拉曼光谱发现，在 200 ～ 400 K 范围内石墨烯膜的热膨胀系数与温度相关，且在室温下约为 $(-8\pm0.7)\times10^{-6}$ K^{-1}[10]。为此，本节选用了 Bao 和 Singh 等人测得的石墨烯膜的热膨胀系数，对石墨烯膜的热变形行为进行研究。

2. 悬浮石墨烯膜的热变形建模

石墨烯膜作为光纤F-P压力传感器的敏感元件，受温度影响，其自身热膨胀将导致薄膜层间挠度变化，改变腔体的腔长，进而引起压力测量的温度误差。如图7.2所示，将传感器膜片结构等效为周边固支的悬浮结构，采用薄膜大挠度理论与薄膜热力学等对悬浮石墨烯膜的热变形行为进行建模分析。

由于薄膜具有一定厚度 t，假设薄膜下表面是完全吸附在 ZrO_2 陶瓷插芯的端面上的，而薄膜上表面是自由膨胀的。根据薄膜热应力理论 [11]，将薄膜应力分析作为平面应力问题，符合：

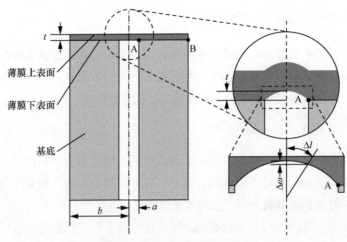

图7.2 悬浮石墨烯膜的热变形

$$
\begin{cases}
\sigma_{r,g} = \dfrac{E_g}{1-\upsilon_g^2}\left[C_1(1+\upsilon_g) - C_2(1-\upsilon_g)\dfrac{1}{r^2}\right] - \dfrac{\alpha_g T E_g}{2} \\[3mm]
\sigma_{\theta,g} = \dfrac{E_g}{1-\upsilon_g^2}\left[C_1(1+\upsilon_g) + C_2(1-\upsilon_g)\dfrac{1}{r^2}\right] - \dfrac{\alpha_g T E_g}{2} \\[3mm]
u_{r,g} = \dfrac{r(1+\upsilon_g)\alpha_g T}{2} + C_1 r + \dfrac{C_2}{r}
\end{cases}
\tag{7.6}
$$

对于基底，可近似于平面应变问题，并表示为：

$$
\begin{cases}
\sigma_{r,f} = \dfrac{E_f}{(1-\upsilon_f^2)^2}\left[C_3\left(1+\dfrac{\upsilon_f}{1-\upsilon_f}\right) - C_4\left(1-\dfrac{\upsilon_f}{1-\upsilon_f}\right)\dfrac{1}{r^2}\right] - \dfrac{\alpha_f T(1+\upsilon_f)E_f}{2} \\[3mm]
\sigma_{\theta,f} = \dfrac{E_f}{(1-\upsilon_s^2)^2}\left[C_3\left(1+\dfrac{\upsilon_f}{1-\upsilon_f}\right) + C_4\left(1-\dfrac{\upsilon_f}{1-\upsilon_f}\right)\dfrac{1}{r^2}\right] - \dfrac{\alpha_f T(1+\upsilon_f)E_f}{2} \\[3mm]
u_{r,f} = \left(1+\dfrac{\upsilon_f}{1-\upsilon_f}\right)\dfrac{\alpha_f T(1+\upsilon_f)r}{2} + C_3 r + \dfrac{C_4}{r}
\end{cases}
\tag{7.7}
$$

式中，$\sigma_{r,g}$、$\sigma_{\theta,g}$ 和 $u_{r,g}$ 分别为薄膜的径向应力、周向应力与径向位移，$\sigma_{r,f}$、$\sigma_{\theta,f}$ 和 $u_{r,f}$ 分别为基底的径向应力、周向应力与径向位移，C_1、C_2、C_3 和 C_4 均为温度系数，E 为弹性模量，υ 为泊松比，α 为热膨胀系数，T 为相应的温度。

式（7.7）中含有 4 个未知量 C_1、C_2、C_3、C_4，故需 4 个方程进行求解，其在 A 点和 B 点满足式（7.8）：

$$
\begin{cases}
\sigma_{r,g} = \sigma_{r,f} \\[2mm]
\sigma_{\theta,g} = \sigma_{\theta,f}\ (r{=}a),\ u_{r,g} = u_{r,f}\ (r{=}b) \\[2mm]
u_{r,g} = u_{r,f}
\end{cases}
\tag{7.8}
$$

这样，C_1、C_2、C_3 和 C_4 等 4 个未知量便可以求解出来。将薄膜上表面看作自由膨胀，则根据热膨胀理论可知薄膜上、下表面的径向长度为：

$$\begin{cases} l_{up} = r[1 + \alpha_g(T - T_0)\Delta T] \\ l_{lower} = r[1 + (1 + \upsilon_g)\alpha_g(T - T_0)/2] + r(C_{1,T} - C_{1,T_0}) + \dfrac{(C_{2,T} - C_{2,T_0})}{r} \end{cases} \quad (7.9)$$

根据弧长公式，可求薄膜热变形引起的挠度变化、变形的曲率半径 w_{CTE} 为：

$$\begin{cases} w_{CTE} = C_{CTE}\sum_{i=1}^{N} R\left(1 - \cos\dfrac{\Delta l_i}{R}\right) \\ R = \dfrac{t \cdot l_{up}}{l_{lower} - l_{up}} \end{cases} \quad (7.10)$$

式中，C_{CTE} 为修正系数。

在求解式（7.10）时，可将薄膜下表面的长度 l_{lower} 分成 N 个微元 Δl_i，通过求和可计算获得薄膜热变形引起的挠度变化 w_{CTE}[12]。

7.1.3 F-P腔的腔长热变形

对于石墨烯膜光纤 F-P 压力传感器，除了膜片自身带来的温度敏感之外，ZrO_2 插芯与光纤的热膨胀系数不一致，以及固化胶受热膨胀等均会引起腔长的变化。而且，密封腔体内不是真空，空气受热膨胀以及由此带来的腔体内外的压力差，导致挠度变形，也会造成腔长变化。因此，分析传感器自身结构引起的温度误差可以为温度补偿结构设计提供理论依据与方法指导。

（1）热膨胀系数不匹配的影响

F-P 腔为 ZrO_2 陶瓷插芯，其长度约为 1 mm，热膨胀系数约为 $\beta_{ferrule} = 11.4 \times 10^{-6}\,K^{-1}$，而标准的单模光纤热膨胀系数约为 $\beta_{SMF} = 5.5 \times 10^{-7}\,K^{-1}$，与 ZrO_2 陶瓷插芯相比，可忽略不计。这样，F-P 腔腔体热膨胀导致的腔长变化为：

$$\Delta L_{f\text{-}SMF} = (\beta_{ferrule}L_{ferrule} - \beta_{SMF}L_{SMF})\Delta T \quad (7.11)$$

式中，$L_{ferrule}$ 为 F-P 腔体的长度，L_{SMF} 为插入腔体内的单模光纤的长度。

（2）封装胶的影响

在石墨烯膜光纤 F-P 压力传感器的制作过程中，选用环氧树脂黏合剂 DP100 Plus Clear 作为封装胶实现光纤与插芯的固定，而封装胶的热膨胀系数在 $93 \times 10^{-6} \sim 192 \times 10^{-6}\,K^{-1}$ 之间，远大于光纤与插芯的热膨胀系数。当温度改变时，胶会带动光纤运动导致腔长变化，因此，封装胶的热膨胀会对传感器的温度敏感性带来明显影响。

（3）腔内气体热膨胀的影响

由于 F-P 腔内气体膨胀将使腔内外产生压力差，进而引起薄膜挠度变化。根据第

2 章式（2.4），膜片的挠度变形 w 与腔内外压力差 Δp 之间的关系为[13]：

$$\Delta p = \frac{4\sigma_0 t}{r^2}w + \frac{8Etw^3}{3(1-\upsilon)r^4} \tag{7.12}$$

式中，E 为石墨烯膜的杨氏模量，约为 1 TPa；υ 为泊松比，约为 0.17[14]；r、t、σ_0 分别为石墨烯膜的半径、厚度和预应力。

根据理想气体定律，当腔内温度从 T_0 升高到 T 时，腔体内气体受热膨胀导致压力 $p_{\text{int},T}$ 变化为：

$$p_{\text{int},T} = \frac{p_{\text{int}}V_0 T}{V_T T_0} = \frac{p_{\text{int}}V_0 T}{(V_0 + \Delta V_T + \Delta V_w)T_0} \tag{7.13}$$

式中，V_0 和 V_T 是腔体温度变化前后的体积；ΔV_T 是由插芯和光纤热膨胀系数不同而引起的体积变化；ΔV_w 为石墨烯膜自身热膨胀带来的挠度引起的体积变化，且 ΔV_w 可由式（7.14）求解：

$$\begin{cases} \Delta V_w = \frac{\pi C}{3}[4a^3 - (3a-w)w^2] \\ a = \frac{r^2 + w^2}{2w} \end{cases} \tag{7.14}$$

式中，w 是薄膜变形的总挠度，包括由气体膨胀压力差带来的石墨烯形变 w_P 和薄膜自身的热变形 w_{CTE}，C 是校正系数[15]。

因此，温度对腔长的总影响可表示为：

$$\begin{aligned} \Delta L_f &= (\beta_{\text{ferrule}}L_{\text{ferrule}} - \beta_{\text{SMF}}L_{\text{SMF}})\Delta T + \Delta L_{\text{Adh}} + w_P + w_{\text{CTE}} \\ &= \Delta L_{f\text{-SMF}} + \Delta L_{\text{Adh}} + w_P + w_{\text{CTE}} \end{aligned} \tag{7.15}$$

式中，$\Delta L_{f\text{-SMF}}$ 是 ZrO_2 插芯和光纤的热膨胀系数不匹配带来的腔长影响，ΔL_{Adh} 是封装胶引起的腔长变化。

综上，式（7.15）分析了变温条件下腔体与光纤热膨胀系数不匹配、腔内气体热膨胀、封装胶等因素对腔长的影响，为传感器的温度误差补偿方法提供了理论基础与设计依据。

7.2 石墨烯膜光纤F-P探头的温度误差补偿

目前国内外学者大多从材料、结构上进行温度误差抑制，通过级联 FBG 或采用双干涉腔结构实现温度与待测参数的同时测量，并补偿温度误差。为此，本节在以下 3 个方面进行了温度补偿方法研究：①腔体材料方面，考虑到腔体与光纤热膨胀系数不匹配，可采用全石英结构；②固接密封方面，可采用低热膨胀系数的固化胶或者飞秒激光器熔接；③敏感结构方面，可通过级联 FBG 或采用双干涉腔的形式计算温度，进而通过算法修正温度误差。

7.2.1 全光纤F-P探头制作

为解决当温度变化时光纤与 ZrO_2 插芯热膨胀系数不同和封装胶引起的腔长变化而带来的压力测量误差，采用全光纤式结构是一种有效方法。如图 7.3 所示，将单模光纤与玻璃毛细管用光纤熔接机熔接在一起，之后用光纤切割刀将玻璃毛细管的一端切断，并在切断的一端吸附石墨烯膜。这样，光纤端面与石墨烯膜两个反射面之间形成干涉腔。本节选择直径为 125 μm 的单模光纤和内径为 60 μm、外径为 200 μm 的玻璃毛细管来制作 F-P 探头。

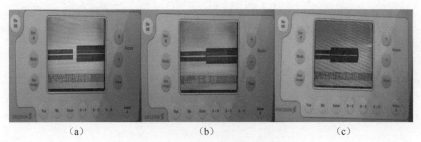

|(a)|(b)|(c)|

图7.3 光纤-玻璃毛细管的熔接
（a）对准；（b）焊接；（c）截断

这种结构的优点在于，可消除腔体与光纤热膨胀系数不匹配所带来的温度误差，同时也排除了封装所用固化胶热膨胀的影响。但在实验过程中，由于玻璃管外径（200 μm）与光纤外径（125 μm）不一致，所用的光纤切割刀在对玻璃管进行切割时无法同时夹紧光纤与玻璃管两部分，导致玻璃管会发生移动而无法保证端面平整，如图 7.4 所示，进而导致薄膜转移质量不佳，且由于尺寸过小，腔长很难控制。而且，当直径变小时，压力灵敏度也会降低。

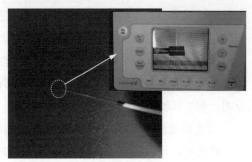

图7.4 采用熔接方法制作的F-P探头实物

7.2.2 基于玻璃焊料熔接的F-P探头制作

由于玻璃插芯尺寸较大，考虑到飞秒激光器的高成本，本节实现了一种基于玻璃焊料（热膨胀系数为 $7.5\times10^{-6} \sim 8\times10^{-6}\,\mathrm{K^{-1}}$）的光纤与插芯的低成本熔接方法。

FR-47-58 是一组低温封接玻璃焊料，可用于光纤器件的高可靠性封装。该焊料化学温度好，熔封过程中不产生气体，熔封后无残留物，工艺简单，制造成本低。如图

7.5 所示，首先将光纤封接焊料套入剥好的光纤，然后将光纤插入玻璃插芯中（内径为 125 μm、外径为 1.8 mm、长度为 1 cm）。玻璃插芯的另一端已吸附石墨烯膜，将插芯与光纤固定在三维位移平台上调整插芯腔长，使用热风枪软化封接焊料（热风枪温度约为 370 ℃），使焊料完全融化，直至焊料将光纤与插芯完全封接。

如图 7.6 所示，玻璃焊料探头尺寸与现有传感探头尺寸相近，易于吸附薄膜，便于观察。但焊料的热膨胀系数与光纤的不一致，不能完全消除焊料热膨胀对腔长的影响。

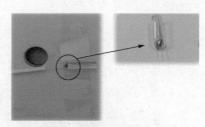

图7.5　玻璃焊料探头熔接过程　　　　　　　图7.6　玻璃焊料探头实物

7.2.3　FBG-EFPI复合的传感器探头制作

石墨烯膜本身也会对温度敏感且 F-P 腔内很难抽到真空状态，所以有一部分温度误差通过以上方式无法排除，故引入 FBG 进行温度测量与补偿。由于光纤光栅的纤芯折射率是周期性变化的，导致纤芯的折射率也会产生周期性变化。制作光纤光栅的方法有很多，其基本原理就是改变光纤纤芯的折射率使其呈周期性变化。FBG 使用驻波干涉法使纤芯的折射率按驻波的分布形成周期性变化，可以对特定波长的光有极强的反射，而对其他波长的光几乎不产生影响。

当宽带光源的光进入光纤后，一部分波长为 λ 的光在栅区发生反射，另一部分光则穿透栅区，该中心波长 λ 的变化与温度和应变有关，其原理模型为 [16]：

$$\frac{\Delta\lambda}{\lambda}=(1-P_\varepsilon)\varepsilon+(\alpha_\Lambda+\alpha_n)\Delta T \tag{7.16}$$

式中，P_ε 为应变光学灵敏度，ε 为应变，α_Λ 为热膨胀系数，α_n 为温度光学灵敏度。即当光纤光栅发生应变或者外界温度发生改变时，光纤光栅的中心波长 λ 会发生变化；在无应变情况下，中心波长 λ 只与温度有关。这样通过测量光纤光栅中心波长的变化可获得外界温度变化规律，进而通过编制的温度补偿算法以消除温度测量误差。

本节选用的 FBG 的中心波长为 1550.5 nm、光栅长度为 15 mm、反射率≥ 85%、工作温度为 -5 ～ 80 ℃，采用切趾补偿技术，消除旁瓣，使其光谱平滑。如图 7.7 所示，将 FBG 级联在石墨烯膜 F-P 探头后制成 FBG-EFPI 探头。

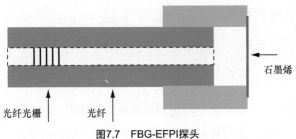

光纤光栅   光纤

图7.7　FBG-EFPI探头

图 7.8 所示为 FBG 的实测干涉光谱，在 1550.3 nm 的位置处，有一个尖峰即 FBG 的中心波长位置。图 7.9 所示为 FBG-EFPI 探头的干涉光谱，在原干涉光谱上叠加了 EFPI 光纤传感器的干涉光谱。因此，基于该 FBG-EFPI 复合的传感器结构，当温度变化时，通过测量 FBG 中心波长变化以及 F-P 腔的变化，结合被测参数与温度的解耦模型，可实现双参数测量与温度误差补偿。

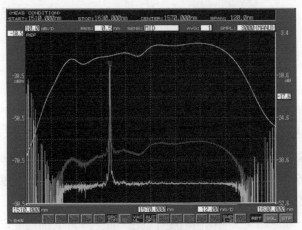

图7.8　FBG的实测干涉光谱

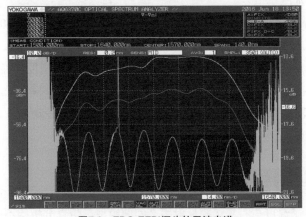

图7.9　FBG-EFPI探头的干涉光谱

7.3 石墨烯膜光纤F-P探头的温度实验

7.3.1 温度测量实验平台的搭建

为测试石墨烯膜 F-P 传感器的温度敏感特性，搭建图 7.10 所示的实验平台。实验主要设备包括宽带光源、光纤环形器、光谱分析仪、热电偶温度计、恒温箱等。

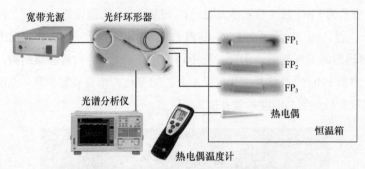

图7.10 石墨烯膜F-P探头的温度实验平台

所用的主要实验仪器如下。

（1）宽带光源为 Amonics 的 ALS-CL-17-B-FA 型的 C+L 波段宽带光源，其光谱范围为 1528 ~ 1608 nm。

（2）光谱仪为高性能光谱分析仪 AQ6370，其具有很好的光学性能和可靠性，其测量波长范围为 600 ~ 1700 nm，在 1520 ~ 1580 nm 的波长范围内精度可达 0.02 nm。

（3）光纤环形器的波长范围为 1525 ~ 1610 nm。

（4）温度计为 testo 925 热电偶温度计，在 -40 ~ 900 ℃ 的温度范围内，准确度为 ±（0.5 ℃ ±0.3% 测量值）。

（5）恒温箱为 KLG9030A 型的恒温干燥箱，温度范围为 20 ~ 300 ℃。

在本实验中 EFPI 光纤传感器为待测的石墨烯膜光纤 F-P 传感器。根据 7.1.3 节分析可知，由于选用 A、B 胶进行混合固化，热膨胀带来的影响很难确定，故引入 FP_1 和 FP_2 探头作为参考探头，其干涉腔结构为在插芯两端导入单模光纤，并用与石墨烯膜光纤 F-P 传感器探头相同型号与用量的胶进行封装，通过差动测量方式以期消除密封胶对腔长的影响。

7.3.2 温度对石墨烯膜光学反射率的影响

7.1.1 节推导了温度与石墨烯膜反射率之间的模型，仿真分析了不同温度下石墨烯膜反射率。随着层数的增加，反射率会增加，但当层数一定时，反射率随温度的变化并不明显。由图7.11所示的仿真结果可知，对于13层石墨烯膜，温度由100 K增至500 K时，其反射率由1.677%变化为1.694%，相对误差仅为0.017%。

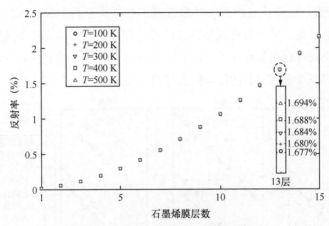

图7.11　石墨烯膜反射率与层数的关系

在此基础上，基于构建的温度测量实验平台，以6～8层石墨烯为敏感薄膜制作了F-P探头，并置于恒温箱内，开展石墨烯膜反射率的温度实验，通过测得的干涉光谱，解调不同温度下石墨烯膜反射率，如图7.12所示。实验结果表明，在测试的20～60 ℃范围内，该薄膜反射率在0.61%～0.68%范围内小幅波动，受温度影响较小，且介于7、8层石墨烯膜的理论反射率在0.57%～0.73%范围内，从而在一定程度上表征了该市售6～8层CVD石墨烯膜的层数，也验证了所述薄膜反射率求解模型的有效性。

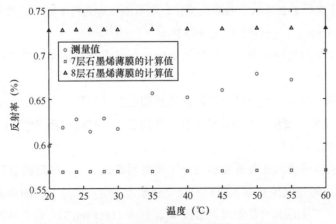

图7.12　不同温度下测得的石墨烯膜反射率（λ=1550 nm）

7.3.3　石墨烯膜光纤F-P探头的温度响应

1. 基于陶瓷插芯的石墨烯膜光纤 F-P 探头

将待测的基于陶瓷插芯的石墨烯膜光纤 F-P 探头与两个参比传感器探头 FP$_1$ 和 FP$_2$ 同时放入恒温箱。考虑到常规单模光纤的工作温度，实验过程中温度范围设置在 20 ~ 60 ℃，正反行程重复进行了 3 次 [17]。图 7.13 所示为 3 个正反行程中石墨烯膜光纤 F-P 传感器与两个参考 F-P 腔腔长随温度的变化情况。

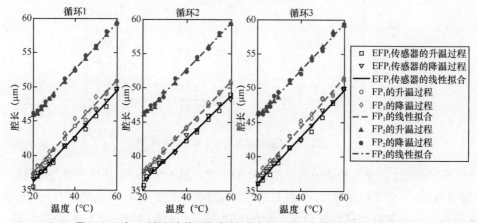

图7.13　3个正反行程中待测传感器与参考探头的腔长随温度的变化情况

由此可知，两个 F-P 探头（FP$_1$ 和 PF$_2$）具有较好的一致性，故可以认为胶的影响基本一致。分别采用最小二乘法拟合 3 次循环中石墨烯膜光纤 F-P 传感器的温度灵敏度，结果为 334.6 nm/℃、317.4 nm/℃ 和 342 nm/℃，拟合的 R^2 分别为 99.64%、99.41% 和 99.65%，且传感器的迟滞误差对应为 5.10%、4.19% 和 4.63%。结合图 7.14 所示的该 EFPI 光纤 F-P 传感器的腔长变化，则石墨烯膜光纤 F-P 传感器的平均温度灵敏度约为 332.9 nm/℃，拟合的 R^2 为 99.83%。

结合 7.1.3 节的理论分析，可得到图 7.15 所示的各部分因素对腔长的影响情况。具体分析如下。

（1）结构中各部分变形以及气体的受热膨胀会导致腔内气体压力发生变化，进而引起薄膜挠度发生变化，造成腔长变化，采用最小二乘法拟合的腔长温度灵敏度 w_P 约为 -68.2 nm/℃。

（2）影响传感器温度灵敏度的另一个重要因素是 w_{CTE}，即薄膜自身的热变形引起的挠度变化。随着温度升高，薄膜的挠度变形为正值。即腔长会随着温度的升高而变长，采用最小二乘法拟合的温度灵敏度 w_{CTE} 约为 166.1 nm/℃。综合这两部分影响，由薄膜的热变形带来的温度灵敏度 $w_{CTE}+w_P$ 约为 97.9 nm/℃。

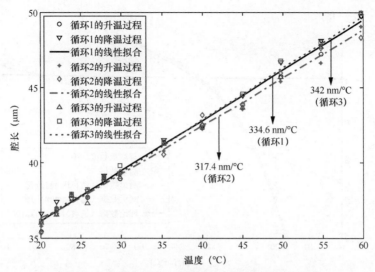

图7.14　石墨烯膜光纤F-P传感器的腔长随温度的变化情况

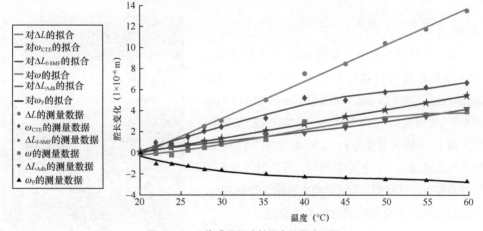

图7.15　F-P传感器的腔长温度的影响分析

（3）固化胶引起的腔长的温度灵敏度 ΔL_{Adh} 约为 103.8 nm/℃，约占整个传感器温度灵敏度的 1/3，因此，该项是腔长的误差来源之一。

（4）ZrO_2 陶瓷插芯与光纤热膨胀系数不匹配所引起的测量误差表示为 ΔL_{f-SMF}，其拟合后的腔长灵敏度约为 131.2 nm/℃，但通过全光纤探头可消除此部分误差影响。

根据实验测得的薄膜热变形数据 w_{CTE}，结合前文 7.1.2 节构建的悬浮石墨烯膜热变形模型，以及已知的 300 K 温度下薄膜的热膨胀系数（-7×10^{-6} K^{-1}），可求出石墨烯膜在其他温度下的热膨胀系数，如图 7.16 所示。图 7.16 中红线是石墨烯热膨胀系数拟合曲线，可以看出在 20 ～ 60 ℃下石墨烯热膨胀系数为负值，且该系数随着温度的增加而增加。这与 Bao 等人用实验方法测得的石墨烯热膨胀系数随温度变化的规律相吻合[8]。

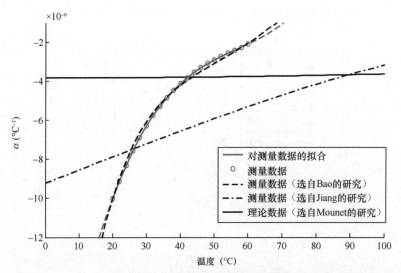

图7.16　实验测得的石墨烯热膨胀系数

2. 全光纤结构探头

用光纤熔接机对内径为 60 μm、外径为 200 μm 的玻璃插芯进行熔接，制作了初始腔长分别为 203.34 μm、609.53 μm、898.43 μm 和 1124.34 μm 的 4 个全光纤探头（由于所用熔接机的定位精度受限，腔长偏大），依次编号为 1、2、3、4。由图 7.17 可见，切割的玻璃端面存在不平整现象，导致转移的石墨烯膜会包裹玻璃端面，无法平整地吸附于玻璃端面，从而易造成薄膜及其构成的腔长不稳定。

考虑到 1～4 号探头整体上过大的腔长尺寸，相比较选取了 1、2 号探头进行石墨烯膜悬浮转移

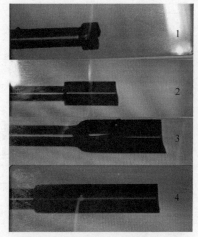

图7.17　全光纤探头实物的放大图

与温度响应实验。图 7.18（a）和图 7.18（b）所示分别为 1、2 号探头的腔长随温度的变化趋势，结果表明，温度波动导致两个探头的腔长呈不规则变化。这表明，转移后石墨烯膜存在不平整现象，由此导致薄膜与基底间吸附能较低，从而造成了变温实验时 F-P 腔内空气受热膨胀导致悬浮石墨烯膜出现非规则挠度变形的问题。

针对该结构探头，可采用飞秒激光器进行全光纤探头制作，并对熔接后的毛细管端面进行处理，以保证石墨烯膜平整地转移至端面。同时，本节也提出了一种较为经济实用的基于玻璃焊料的熔接方法，以减小该传感器的温度耦合影响。该种探头的制作方法见 7.2.2 节。

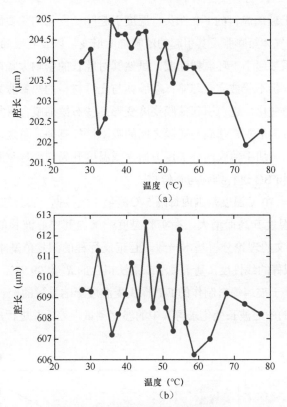

图7.18　探头的腔长随温度的变化情况

（a）1号探头；（b）2号探头

图 7.19 所示为基于玻璃焊料的石墨烯光纤 F-P 探头的腔长随温度变化的实验结果。在 20 ~ 60 ℃的测量范围内，F-P 探头的腔长变化约为 2.9 μm，则腔长的温度灵敏度为 72.5 nm/℃，为原传感器的 332.9 nm/℃的 21% 左右。

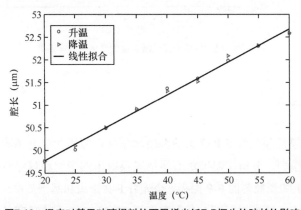

图7.19　温度对基于玻璃焊料的石墨烯光纤F-P探头的腔长的影响

对于上述基于玻璃焊料的 F-P 探头，温度引起腔长变化的主要原因是焊料的热膨胀、F-P 密封腔内气体热膨胀及其引起的薄膜挠度形变，以及石墨烯膜自身热变形等：①焊料的热膨胀系数远小于环氧树脂胶，虽然其对腔长的影响大幅降低，但与光纤的热膨胀系数相比，仍不能被完全忽略；②腔体与光纤材料的热膨胀系数不同，导致腔内气体体积与压力变化，进而引起薄膜挠度变形；③石墨烯膜自身热变形的影响不能忽略，其与基底表面形貌、基底与薄膜之间的吸附性能有关。总之，对于本节所述的传感器探头结构，施加于薄膜的外部压力增大或温度升高均会导致腔长增大，而其中温度的影响可利用 FBG 进行判别与补偿[18]。

为此，在 20 ～ 70 ℃温度范围内每隔 5 ℃测量一组数据，实验结果如图 7.20 所示。FBG 中心波长随温度升高而增大，在实验温度范围内其中心波长的温度灵敏度约为 9.67 pm/℃，与前文的理论分析基本一致，且正反行程的测量值基本吻合，表明 FBG 具有高稳定性和很好的线性度（基于最小二乘法拟合的 R^2 为 99.92%）。参考图 7.19 所示的实验结果，基于玻璃焊料制作的 F-P 探头受温度影响导致的腔长变化为 2.9 μm，这样可通过 FBG 的中心波长变化求解其中的温度测量误差，并进行被测参数的温度补偿与计算。

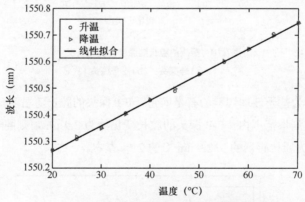

图7.20　FBG的中心波长随温度的变化的测量结果

7.4　本章小结

本章针对石墨烯膜光纤 F-P 探头的温度敏感性，应用光学介质膜理论与 F-P 腔内理想气体热膨胀模型，分析了温度对石墨烯膜反射率的影响和悬浮石墨烯膜的热变形行为；制作了基于陶瓷插芯的 F-P 探头、全光纤 F-P 探头和基于玻璃焊料的 F-P 探头，温度实验结果表明，环氧树脂胶对基于陶瓷插芯的 F-P 探头的温度灵敏度影响显著，但通过差动测量可消除其影响；受所用熔接设备限制，制作的全光纤探头的端面平整度不佳，导致腔长出现不稳定的温度响应；基于玻璃焊料的 F-P 探头的温度灵敏度比原传感器降低了 80% 左右，并可通过 FBG 实现温度测量及其误差补偿，为后续石墨烯膜光纤 F-P 传感器的温度测量及其误差抑制提供了方法指导。

参 考 文 献

[1]　FALKOVSKY L A, PERSHOGUBA S S. Optical Far-Infrared Properties of A Graphene Monolayer and Multilayer [J]. Physical Review B Condensed Matter, 2007, 76(15): 15349.

[2]　HASSAN A, KHAN I. Surface Plasmonic Properties in Graphene for the Variation of Chemical Potential [C]. Bangladesh: IEEE, 2014: 1-4.

[3]　刘倩文, 李成, 彭小镔, 等. 温度对石墨烯膜反射率的影响分析 [C]. 成都: 电子科技大学, 2016.

[4]　FAL'KOVSKII L A. Optical Properties of Graphene [J]. Journal of Experimental and Theoretical Physics, 2008, 115(3): 496-508.

[5]　SEVIK C. Assessment on Lattice Thermal Properties of Two-Dimensional Honeycomb Structures: Graphene, H-BN, H-Mos$_2$, and H-Mose$_2$ [J]. Physical Review B, 2014, 89(3): 125-136.

[6]　MOUNET N, MARZARI N. First-Principles Determination of the Structural, Vibrational and Thermodynamic Properties of Diamond, Graphite, and Derivatives [J]. Physical Review B, 2005, 71(20): 205214.

[7]　ZAKHARCHENKO K V, KATSNELSON M I, FASOLINO A. Finite Temperature Lattice Properties of Graphene Beyond the Quasiharmonic Approximation [J]. Physical Review Letters, 2009, 102(4): 046808.

[8]　BAO W, MIAO F, CHEN Z, et al. Controlled Ripple Texturing of Suspended Graphene and Ultrathin Graphite Membranes [J]. Nature Nanotechnology, 2009, 4(9): 562-566.

[9]　SINGH V, SENGUPTA S, SOLANKI H S, et al. Probing Thermal Expansion of Graphene and Modal Dispersion at Low-Temperature Using Graphene Nanoelectromechanical Systems Resonators [J]. Nanotechnology, 2010, 21(16): 165204.

[10]　YOON D, SON Y W, CHEONG H. Negative Thermal Expansion Coefficient of Graphene Measured by Raman Spectroscopy [J]. Nano Letters, 2011, 11(8): 3227-3231.

[11]　BOLEY B A, WEINER J H. Theory of Thermal Stresses [M]. Courier Corporation, 2012: 34-37.

[12]   LI C, LIU Q, PENG X, et al. Measurement of Thermal Expansion Coefficient of Graphene Diaphragm Using Optical Fiber Fabry-Perot Interference [J]. Measurement Science and Technology, 2016, 27(7): 075102.

[13]   BEAMS J W. The Structure and Properties of Thin Film [M]. New York: John Wiley and Sons, 1959.

[14]   LEE C, WEI X, KYSAR J W, et al. Measurement of the Elastic Properties and Intrinsic Strength of Monolayer Graphene [J]. Science, 2008, 321(5887): 385-388.

[15]   BUNCH J S, VERBRIDGE S S, ALDEN J S, et al. Impermeable Atomic Membranes from Graphene Sheets [J]. Nano Letters, 2008, 8(8): 2458-2462.

[16]   赵勇. 光纤传感原理与应用技术 [M]. 北京: 清华大学出版社, 2007.

[17]   LI C, LIU Q, PENG X, et al. Analyzing the Temperature Sensitivity of Fabry-Perot Sensor Using Multilayer Graphene Diaphragm [J]. Optics Express, 2015, 23(21): 27494-502.

[18]   DONG N N, WANG S M, JIANG L, et al. Pressure and Temperature Sensor Based on Graphene Diaphragm and Fiber Bragg Gratings [J]. IEEE Photonics Technology Letters, 2018, 30(5): 431-434.

第 8 章　石墨烯膜光纤 F-P 湿度传感器

日常生活中所指的湿度通常为相对湿度，用 %RH 表示，即气体中的水蒸气气压与其饱和水蒸气气压的比值，它显示水蒸气的饱和度有多高。对于石墨烯膜光纤传感器，除环境温度的变化会引入较大的测量误差之外，湿度作为环境参数的一个重要参量，也影响着传感器性能。石墨烯的衍生物——氧化石墨烯因其湿度敏感性被广泛用于湿度传感的研究，但目前基于光纤 F-P 结构的相关研究有限。本章将分析石墨烯膜和氧化石墨烯膜上水分子的吸附对薄膜物理性质的影响及其对光纤 F-P 干涉信号的影响原理；实验测试石墨烯膜光纤 F-P 压力传感器的湿度不敏感性；并设计制备一种基于氧化石墨烯膜的全光纤湿度敏感探头，且该探头具有优异的动态湿度响应性能。

8.1　石墨烯及氧化石墨烯的湿度敏感性质

8.1.1　石墨烯的湿度敏感性质

石墨烯的二维结构特点使其易对环境敏感，水分子的吸附将在一定程度上影响石墨烯的载流子浓度，从而影响其光电导率。光电导率是影响薄膜反射率的重要参量，光纤 F-P 干涉光谱的强度值由薄膜端面的反射率决定。而且，分子的吸附状态会改变薄膜的相对质量和物理特性，因此，研究水分子对石墨烯的影响机理有助于分析传感器的湿度敏感性质。

（1）水分子在石墨烯表面的吸附能和接触角

分子间的吸附能决定不同物质间的吸附状态。当两种不同分子接触时，倾向于向吸附能更大的状态迁移。因此，分析水分子间吸附能和水分子与石墨烯材料的吸附能大小能获知石墨烯膜对湿度是否敏感。

水分子和石墨烯膜之间的吸附能为 [1]：

$$E_a = E_{cluster} + E_{graphene} - E_{total} \qquad (8.1)$$

式中，$E_{cluster}$、$E_{graphene}$ 和 E_{total} 分别为水分子簇、石墨烯和两者结合的能量大小。

基于密度泛函原理，计算水分子在石墨烯表面的吸附能得到：水分子与石墨烯的结合十分微弱，5 mol 水分子在石墨烯表面的吸附能仅为 65 meV[1]，随水分子的增多，吸附能会略微增加。在同样的模型中，计算石墨烯表面水分子间的结合能。水分子中存在氢键，其键能相对较大，且水分子越多，其氢键连接越紧密。5 mol 水分子的结合能为 1.70 eV[1]，远远高于水分子和石墨烯间的吸附能。

液体在固体表面的接触角也是表征材料亲疏水性的参数，接触角大于 90° 的材料可视为疏水材料。当液滴达到热力学平衡时，表面张力与接触角之间的关系表达式为[2]：

$$\gamma_s = \gamma_{sl} + \gamma_l \cos\theta \tag{8.2}$$

式中，γ_s、γ_l 和 γ_{sl} 分别为固体表面自由能、液体表面自由能和固液界面能；θ 为水在石墨烯表面的接触角，其大小测得为 127°[2]。

因此，石墨烯膜具有一定的超疏水性，即水分子不易在石墨烯膜表面发生浸润。

（2）水分子的吸附对石墨烯载流子浓度的影响

水分子吸附在石墨烯表面时，具有 P 型半导体导电特性。水分子是电子的受主，从而增加石墨烯载流子的密度。基于 Hirshfeld 电荷分析模型[3]，计算石墨烯和水分子簇间的电荷转移数量。结果表明，随着水分子个数的增加，电子的转移数量增多，但平均单个分子的电子转移数量在减少。水分子吸附在石墨烯表面带来的电荷转移数量十分小，对石墨烯的电学特性不会带来显著的变化，但由于光纤 F-P 传感器具有高灵敏度，设计实验分析湿度对传感器参数产生的耦合效应仍具有一定必要性。

（3）水分子的吸附对石墨烯膜反射率的影响

石墨烯膜作为光纤 F-P 腔的反射面，其反射率直接影响干涉光谱，进而影响传感器的响应结果，因此，研究薄膜反射率受湿度的影响是非常必要的。

石墨烯的复电导率 σ 是与角频率 ω、化学势 μ_c、散射率 Γ 和温度 T 相关的函数，由 Kubo 公式可知[4]：

$$\sigma(\omega,\mu_c,\Gamma,T) = \frac{ie^2(\omega-i2\Gamma)}{\pi\hbar^2}\left[\frac{1}{(\omega-i2\Gamma)^2}\int_0^\infty \varepsilon\left(\frac{\partial f_d(\varepsilon)}{\partial\varepsilon} - \frac{\partial f_d(-\varepsilon)}{\partial\varepsilon}\right)d\varepsilon - \int_0^\infty \frac{f_d(-\varepsilon)-f_d(\varepsilon)}{(\omega-i2\Gamma)^2-4(\varepsilon/\hbar)^2}d\varepsilon\right] \tag{8.3}$$

式中，e 是电子电荷量，$\hbar = h/2\pi$ 是简化的普朗克常量，$f_d(\varepsilon) = (e^{(\varepsilon-\mu_c)/k_BT}+1)^{-1}$ 是费米-狄拉克分布（k_B 是玻尔兹曼常数），ε 是电子能量。式中方程等号右侧方括号内第一项反映了带内电导的作用，第二项反映了带间电导的作用。

石墨烯的化学势 μ_c 由其载流子浓度 n_s 确定[4]：

$$n_s = \frac{2}{\pi\hbar^2 v_F^2}\int_0^\infty \varepsilon[f_d(\varepsilon) - f_d(\varepsilon+2\mu_c)]d\varepsilon \tag{8.4}$$

式中，v_F 是费米速度，且 $v_F = 9.5 \times 10^5$ m/s。因此，水分子的附着引起载流子浓度的增加，从而影响石墨烯的化学势和光电导率。

石墨烯的相对介电常数可由电导率求得[5]：

$$\varepsilon_g = 1 + \frac{i\sigma\eta_0}{k_0 t} \tag{8.5}$$

式中，k_0 是波矢量，且 $k_0 = 2\pi f / c$，其中 c 是波速，f 是频率，η_0 是波阻抗，t 是石墨烯的厚度。即石墨烯的复折射率 $N_1 = \sqrt{\varepsilon_g}$。

根据介质膜理论，假设光垂直入射至石墨烯端面，可求得石墨烯与空气的特性矩阵为[6]：

$$\begin{bmatrix} Z_1 \\ Z_2 \end{bmatrix} = \begin{bmatrix} \cos\alpha & \dfrac{i}{N_1}\sin\alpha \\ iN_1\sin\alpha & \cos\alpha \end{bmatrix} \tag{8.6}$$

式中，α 是薄膜厚度引起的相位差，且 $\alpha = \dfrac{2\pi}{\lambda}N_1 t$，$t$ 为薄膜厚度。

因此，薄膜反射率 R 为：

$$R = r_\xi \cdot r_\xi^* \tag{8.7}$$

$$r_\xi = \frac{N_2 Z_1 - Z_2}{N_2 Z_1 + Z_2} = \frac{i\left(\dfrac{N_2^2}{N_1} - N_1\right)\sin\alpha}{2N_2\cos\alpha + i\left(\dfrac{N_2^2}{N_1} + N_1\right)\sin\alpha} \tag{8.8}$$

需要说明的是，水分子在石墨烯表面会使载流子浓度升高，但由于不同湿度条件下石墨烯表面的载流子浓度变化无法量化，因而难以计算出石墨烯反射率随湿度变化的具体值，因此，通过对干涉光谱进行解调，可获取湿度对薄膜反射率的影响。

8.1.2　氧化石墨烯的湿度敏感性质

氧化石墨烯是石墨烯经强酸氧化得到的氧化物，其颜色为棕黄色。经氧化后，氧化石墨烯的含氧官能团增多，因而其性质比石墨烯更加活泼，可由与含氧官能团发生的各种反应来改善本身性质。氧化石墨烯是单一的原子层，可以随时在横向尺寸上扩展到数十微米。因此，其结构跨越了一般化学和材料科学的典型尺度，可视为一种非传统形态的软性材料，具有聚合物、胶体、薄膜，以及两性分子的特性。该材料因在水中具有优越的分散性，而被视为一种亲水性物质。相关实验结果显示，氧化石墨烯实际上具有两亲性，从石墨烯薄片边缘到中央呈现亲水至疏水的性质分布，但其亲水性被广泛认知。图 8.1 所示为水分子在氧化石墨烯层间的吸附效果，氧化石墨烯的具体的性质如下。

（1）水分子在氧化石墨烯表面的吸附状态

吸附状态同样可以用固体、液体表面的自由能以及固液界面能来评定，其固液吸附能为[2]：

$$W_{sl} = \gamma_s + \gamma_l - \gamma_{sl} \tag{8.9}$$

结合式（8.2），可通过测量的接触角 θ 来计算吸附能：

$$W_{sl} = \gamma_l(1 + \cos\theta) \tag{8.10}$$

通过接触角测量仪得到水滴在氧化石墨烯表面的平均接触角为 48°，即其固液表面的吸附能为 104.2 mJ/m²，远高于石墨烯在水液面之间的吸附能 28.0 mJ/m²[2]，这验证了氧化石墨烯的超亲水性。

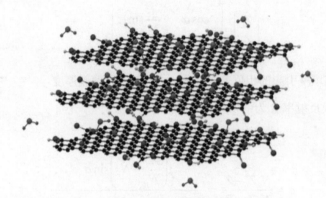

图8.1　水分子在氧化石墨烯层间的吸附效果

（2）氧化石墨烯膜厚度随湿度的变化

氧化石墨烯的亲水性和渗水性被学者们广泛研究，其中，其薄膜的层间距和厚度随湿度的变化十分明显[7]。通过原子力显微镜测量单层氧化石墨烯膜在氧化石墨烯基底上随湿度的厚度变化，可以精确测量出氧化石墨烯的层间距变化：在相对湿度从 2 %RH 增加至 80 %RH 的过程中，单层氧化石墨烯的厚度从 0.72 nm 增加至 0.85 nm。

氧化石墨烯膜的厚度随湿度的变化呈非线性，在高湿度下表现出更高的灵敏度。这是由于水与氧化石墨烯层间的相互作用分为如下 3 个状态[8]。

① 结合态。在低湿度条件下，空气中少量的水分子在氢键的作用下被牢固地吸附在氧化石墨烯的各层间，且不可移动。

② 束缚态。相对于结合态，水分子的可移动性略微增强，但运动受限在二维平面。

③ 自由态。当结合态和束缚态的水分子数量达到饱和，剩余的水分子（如空气中自由的水分子）可以不受限制地在氧化石墨烯层间移动，对氧化石墨烯膜厚度的增大起主要作用，因此处于自由态的水分子仅在高湿度下存在。不同状态的水分子造成了薄膜厚度随湿度变化呈非线性变化。

氧化石墨烯的电导率与氧化程度、含氧官能团分布和厚度等参数有相关性且薄膜反射率与电导率有关，因此通过干涉光谱实验也可测量得到氧化石墨烯反射率与相对湿度的变化关系。

8.2　石墨烯膜光纤F−P探头的湿度敏感响应

8.2.1　石墨烯膜F−P探头的制备

针对石墨烯膜光纤F-P传感器的湿度影响分析，为抑制湿度控制平台气流的波动引起石墨烯膜的挠度变化和环境温度对压力传感器密闭腔引起的热膨胀，采用开放式F-P腔进行湿度测试实验。如图8.2（a）所示，F-P探头由标准的单模光纤、两个同尺寸的 ZrO_2 陶瓷插芯、陶瓷套管和10～15层石墨烯膜构成。制备的F-P探头的实物如图8.2（b）所示，其中陶瓷套管的开口宽度为0.5 mm，实现两个插芯间的开放环境，分子间的范德瓦耳斯力使石墨烯膜紧紧吸附在插芯端面，从而确保与对准的单模光纤端面形成一个开放的F-P腔，如图8.2（c）所示。

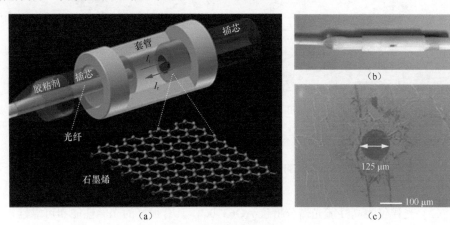

图 8.2　石墨烯膜光纤F-P探头

（a）、（b）探头结构示意和实物；（c）吸附在基底上的10～15层石墨烯膜

湿度敏感特性实验用的F-P探头的制备过程如下。

（1）对陶瓷插芯端面进行预处理，降低表面粗糙度，并通过超声清洗去除残留杂质，以提高石墨烯膜与插芯端面的吸附能。

（2）将石墨烯膜剪裁至合适尺寸，放置于丙酮溶液中去除PMMA基底，之后转移到直径为125 μm的插芯基底。

（3）将表面吸附石墨烯膜的陶瓷插芯和清洗后的插芯分别插入套管。

（4）将连接好的探头置于三维位移平台，使光纤插入插芯，并确定 F-P 腔腔长；之后，黏合单模光纤和陶瓷插芯，完成探头的制备。

8.2.2　湿度敏感特性实验与分析

1. 实验平台的搭建

为测试石墨烯膜压力传感器的湿度敏感特性，通过控制干湿两路气体的流量、流速来调控实验腔的环境湿度，搭建了图 8.3 所示的实验平台。实验用的主要设备包括宽带光源、光纤环形器、光谱仪、温湿度计、湿度平台等。

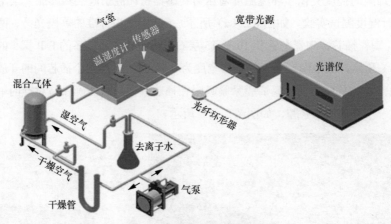

图8.3　湿度敏感特性实验平台

实验所用仪器如下所示。

（1）宽带光源为 Amonics 的 ALS-CL-17-B-FA 型的 C+L 波段宽带光源，其光谱范围为 1528 ～ 1608 nm。

（2）光谱仪为高性能光谱分析仪 AQ6370C，具有很好的光学性能和可靠性，其测量波长范围为 600 ～ 1700 nm，在 1520 ～ 1580 nm 波长范围内精度可达 0.02 nm。

（3）光纤光环形器，采用国产单模光纤环形器，其波长范围为 1525 ～ 1610 nm。最大输出功率为 500 mW。

（4）温湿度计为 testo 605-H2 温湿度仪，在 5 %RH ～ 95 %RH 和 0 ～ 50 ℃的温湿度范围内的准确度为 ±3 %RH 和 ±0.5 ℃。

（5）湿度平台由气泵连接三通分成两路气体通道，一路接入干燥管，一路接入去离子水，分别连接转子气体流量计控制两路的流速，调整不同比例的干湿气体以达到期望的湿度环境，范围为 20 %RH ～ 70 %RH。

2. 湿度敏感特性实验

将制备好的开放式光纤 F-P 探头置入图 8.3 所示的湿度测试平台中，分别调节气体流量计，得到 20 %RH ～ 70 %RH 的 7 个阶梯湿度点。通过温湿度计的记录可知，随着湿度增大，温度有轻微的下降趋势。利用光谱仪获取光纤 F-P 传感器在不同温度、湿度下的干涉光谱。如图 8.4 所示，干涉波峰（谷）出现轻微的蓝移，在干涉波峰的放大图中，可见反射光强也出现轻微的下降。

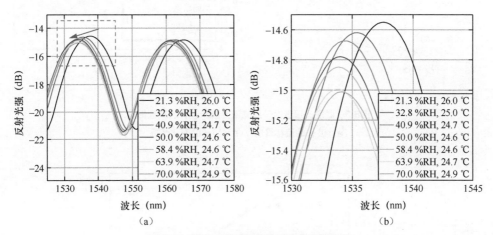

图 8.4　光纤F-P传感器的光谱响应测量结果

（a）在不同的相对湿度和温度下的干涉光谱；（b）干涉波峰的放大图

（1）F-P 干涉波长响应

为分析温度引入的干涉光谱移动的交叉耦合，温度和相对湿度与波长偏移的关系如图 8.5（a）所示。采用双参数线性回归对两组独立的自变量进行分析，则干涉波长的偏移量与环境相对湿度和温度的拟合关系为：

$$\lambda = -0.02\lambda_{\mathrm{RH}} + 2.04\lambda_{\mathrm{T}} - 52.47 \tag{8.11}$$

该表达式的拟合 R^2 为 99.5%，则石墨烯膜开放式光纤 F-P 腔的湿度灵敏度为 0.02 nm/%RH，远低于同类型的光纤 F-P 湿度传感器的灵敏度指标。温度灵敏度为 2.04 nm/℃，超过单位相对湿度所引起波长偏移量的 100 倍。

因此，通过干涉光谱解调，可以得到温度和湿度引起的 F-P 腔腔长变化的灵敏度分别为 56.61 nm/℃和 0.56 nm/%RH，如图 8.5（b）所示。这样，计算得到温度对湿度的交叉耦合约为 102 %RH/℃。与温度相比，湿度引起的测试误差可以忽略不计。

（2）F-P 反射光强响应

由图 8.6 可知，干涉光谱的波峰有轻微下移，光强变化为 0.4 dB，环境湿度变化影响薄膜反射率，从而造成反射光强衰减。

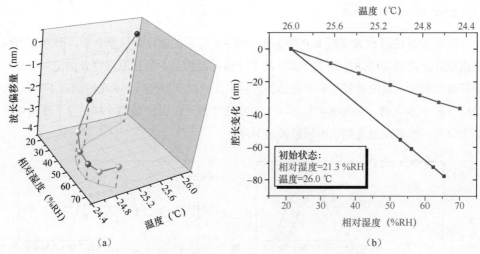

（a）　　　　　　　　　　　　　　　　　（b）

图8.5　温度、湿度对干涉光谱偏移和腔长的耦合影响
（a）波长的偏移情况；（b）腔长的变化情况

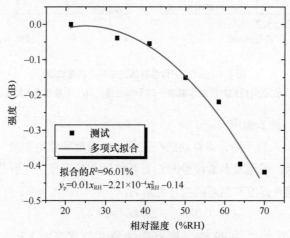

图8.6　不同湿度下干涉波峰的变化情况

在二次多项式拟合下，得到反射光强随相对湿度变化的规律为：

$$y_p[\text{dB}] = 0.01x_{RH} - 2.21 \times 10^{-4} x_{RH}^2 - 0.14 \qquad (8.12)$$

式中，x_{RH} 为环境的相对湿度，拟合方程的确定系数为 96.01%。通过求导可知反射光强变化的灵敏度最大为 0.02 dB/%RH，远低于湿度敏感材料光纤湿度传感器的 0.5 dB/%RH 的灵敏度。

通过反射光强解调可得到图 8.7 所示的石墨烯膜反射率随相对湿度变化的趋势。当相对湿度低于 40 %RH 时，反射率未有明显变化；当相对湿度为 40 %RH ～ 70 %RH 时，薄膜反射率从约 9.9 ‰降至 8.6‰，但所测值在 10 ~ 15 层石墨烯膜理论反射率的范围内。

在二次多项式拟合下，得到反射率随相对湿度变化的规律为：

$$y_{p}[\%] = 0.05x_{RH} - 8.71 \times 10^{-4} x_{RH}^{2} + 9.2 \tag{8.13}$$

式中，x_{RH} 为相对湿度，拟合方程的确定系数是 95.87%。结合反射光强随相对湿度变化的规律可知，石墨烯膜反射率的波动对传感器的影响可忽略不计。

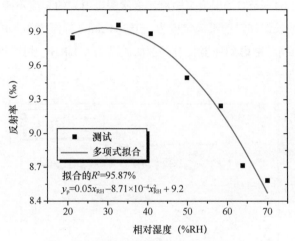

图8.7　石墨烯膜反射率随相对湿度的变化情况

（3）重复性

为探究传感器湿度不敏感效应的重复性，在室温下每隔 24 h 重复进行了 3 组实验测试。如图 8.8 所示，在 3 组实验中同一相对湿度对应的反射光强的最大偏差约为 0.06 dB，主要是气泵流速的不稳定导致湿度点波动造成测试误差。根据前文式（8.12）求得的最小光强变化灵敏度 0.01 dB/%RH，可得到湿度环境的波动接近 6 %RH。

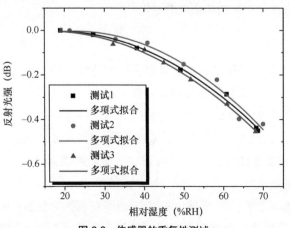

图 8.8　传感器的重复性测试

（4）稳定性

在相对湿度为（51.4±3）%RH 和温度为（26±0.1）℃的环境下，每隔 1 min 持续测量干涉光谱，如图 8.9 中插图所示。对干涉波峰的波长和光强进行数据提取，计算得到干涉波长偏移量和反射光强变化的标准差为 ±0.21 nm 和 ±0.013 dB。由于传感探头存在较高的温度敏感性，导致波长偏移量的稳定性不佳。基于不确定度合成理论和前文求得的 2.04 nm/℃的温度灵敏度，多次测量得到的温度不确定度为 ±0.1℃，因此，温度引入波长偏移量的不确定度为 ±0.204 nm，即湿度引起的波长偏移量的标准差小于 ±0.05 nm。考虑到环境相对湿度的波动为 6 %RH，则该传感器具有较好的稳定性。

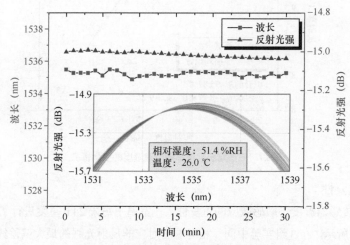

图 8.9　51.4 %RH条件下传感器稳定性测试

综上所述，针对上述湿度实验，需进一步改进湿度发生装置，以提高环境的湿度稳定性，减小湿度波动引起的环境温度变化。

3. 石墨烯膜疏水特性表征

针对前述石墨烯膜光纤 F-P 传感器湿度敏感特性实验反映出的石墨烯膜与水分子之间的弱敏感性，本部分借助显微镜，获取在高湿度下插芯端面固支的石墨烯膜形貌图像，以评估石墨烯膜对湿度的敏感性[9]。如图 8.10（a）所示，在相对湿度约为 65 %RH 的环境中，大量水珠附着在石墨烯膜表面，提取特征点 A、B、C 观察其形貌。参考图 8.10（b）～图 8.10（e），水珠吸附在石墨烯膜表面时，没有立即渗透，验证了薄膜具有一定的疏水性质。随着观测时间的增加，从 $t = 0$ s，逐步增加至 3 s、6 s 和 10 s，之前明显的水珠逐渐蒸发，水珠体积缩小，最终在石墨烯表面形成薄的水层和印迹。图 8.10（e）中红色虚线框内液珠在 10 s 后才逐渐变淡或消失，这说明石墨烯膜表面对水分子存在较明显的疏水性；随着湿度的增大，石墨烯膜反射率发生轻微下降。

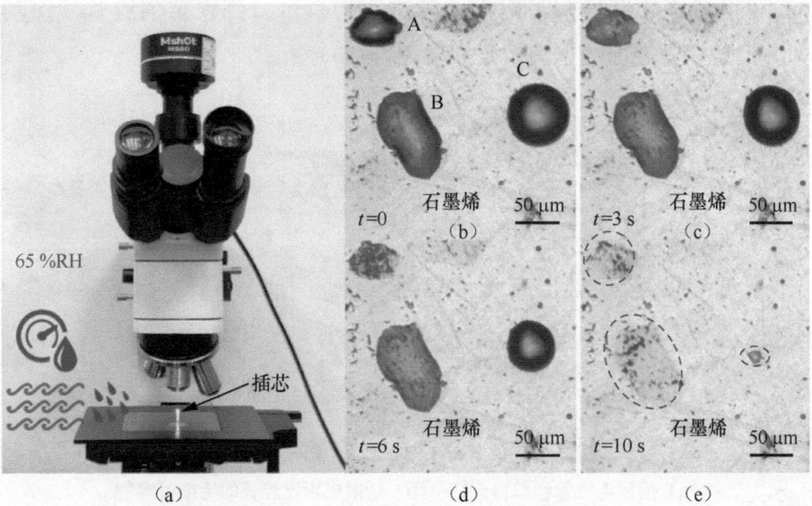

图 8.10　石墨烯膜的湿度敏感特性实验

（a）石墨烯膜吸湿响应的显微观测；（b）～（e）石墨烯膜端面水滴的附着形貌随时间的变化情况

综上所述，根据开放式 F-P 腔的湿度敏感特性实验可知，通常情况下石墨烯膜对湿度相对不敏感，单位湿度变化引入的测量误差仅为单位温度引入误差的 1/100。因此，湿度的波动引起的 F-P 腔腔长的测量误差可以被忽略。

8.3　氧化石墨烯膜光纤F–P探头的湿度敏感响应

8.3.1　氧化石墨烯膜F–P探头的制备

为避免空气湿度测量受密闭 F-P 腔压力的影响，本节设计了空心 F-P 腔结构，选取毛细管作为空心腔体并与单模光纤进行熔接。采用标准的单模光纤（SMF-28）和毛细管（外径为 125 μm，内径为 50 μm）制备干涉腔，使用的设备为超声光纤切割刀和光纤熔接机，具体制备步骤如下。

（1）用剥纤钳去除单模光纤的涂覆层，并置于光纤熔接机的左端用夹具夹紧。

（2）对毛细管的外层保护金属进行灼烧，并去除烧灼后的残留杂质，再用光纤切割刀切割，之后置于光纤熔接机的右端并用夹具夹紧。

（3）选用手动模式操作光纤熔接机进行熔接，以防熔接点过度塌陷。

（4）对两端材料进行预熔，预熔时间为 80 ms。

（5）依次进行两次电弧放电，一次放电时间为 100 ms，二次放电时间为 180 ms。

如图 8.11（a）所示，毛细管和单模光纤的熔接端面无明显塌陷和变形。

（6）利用超声光纤切割刀对毛细管进行切割可得到设定的腔长（切割精度为 5 μm），并调整切割端面的平整性，如图 8.11（b）所示。

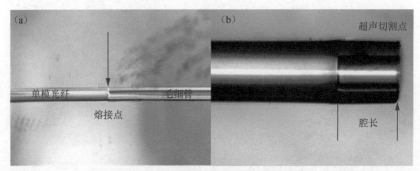

图 8.11　单模光纤与毛细管的熔接与切割

（a）熔接毛细管和单模光纤；（b）切割成指定腔长的毛细管实物

氧化石墨烯溶液的制备采用 Hummers 法，该方法具有时效性好和制备过程相对安全的优点。具体制备流程如下。

（1）将 3.0 g 石墨片、2.5 g 五氧化二磷和 2.5 g 过硫酸钾混合，加入 15 mL 浓硫酸后放入 80 ℃的恒温箱中加热 6 h。

（2）加热完成与离心处理后，获取样品并放入 60 ℃恒温箱中干燥 24 h；

（3）将干燥后的样品放入烧杯中，按比例缓慢加入 115 mL 浓硫酸和 15 g 高锰酸钾，以保证反应温度低于 10 ℃。

（4）反应结束后，将温度升高到 35 ℃，并用磁子持续搅拌 2 h。使用水浴降低反应的温度，并加入 700 mL 水和 10 mL 双氧水（浓度为 30%）。

（5）经多次清洗和离心，样品溶液的 pH 为 7，在水中形成稳定、浅棕黄色的氧化石墨烯悬浮液，浓度约为 5 mg/mL，如图 8.12（a）所示。使用扫描电子显微镜拍摄悬浮液中溶质的分布，得到氧化石墨烯呈大片径的层状分布，如图 8.12（b）所示。

接下来，采用滴涂法和蘸涂法，尝试进行氧化石墨烯膜的制备。

第 1 种方法：滴涂法。将制备好的悬浮液分别稀释为 1 mg/mL 和 0.1 mg/mL。各取 10 μL 分别滴在铜片上，置于 60 ℃的恒温箱中干燥 2 h 后，放入氯化铁溶液中刻蚀铜片。如图 8.13 所示，铜片刻蚀后的氧化石墨烯膜悬浮在氯化铁溶液中，图中 A 为浓度为 0.1 mg/mL 的薄膜，B 为浓度为 1 mg/mL 的薄膜，可知浓度越低的薄膜越薄，最小可剪裁至 2 mm。但毛细管端面的直径仅为 125 μm，多次尝试后，薄膜都难以平整地附着在毛细管端面，故该方法未能成功制备。

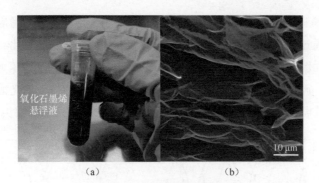

图8.12　氧化石墨烯悬浮液

（a）实物；（b）微观形貌图

第2种方法：蘸涂法。将氧化石墨烯悬浮液滴在外径为 125 μm 和内径为 50 μm 的空心毛细管端面上，烘干后成膜。如图 8.14 ①所示，用胶头滴管取少量 5 mg/mL 的氧化石墨烯悬浮液滴在玻璃片上；将熔接并切割后的毛细管腔（如图 8.14 ②所示）置于氧化石墨烯悬浮液中

图8.13　氯化铁溶液中的氧化石墨烯膜

几秒后缓慢取出；将带有氧化石墨烯悬浮液的毛细管置于 60 ℃的恒温箱中烘干。通过扫描电子显微镜观察到氧化石墨烯膜的厚度约为 300 nm，如图 8.14 ③和图 8.14 ④所示。

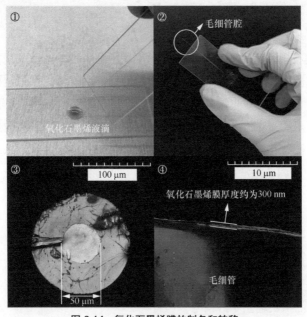

图8.14　氧化石墨烯膜的制备和转移

氧化石墨烯膜通过蘸涂法被转移到毛细管端面用于干涉传感，考虑到薄膜的稳定性和固支性，通过抽真空的压力实验，测试悬浮于毛细管端面的氧化石墨烯膜的稳定性和气密性。如图 8.15 所示，随着外部压力的减小，薄膜受到轴向压力差向外膨胀，波谷出现红移，腔长变长，响应时间快，且在不同内外压力差下的光谱稳定性好，验证了基于蘸涂法制备的氧化石墨烯膜用于光纤 F-P 干涉湿度传感器探头的可行性。

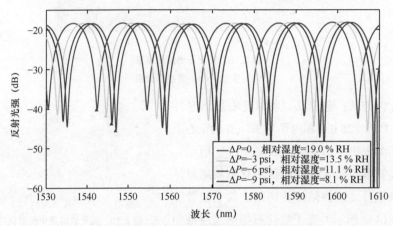

图8.15 外部压力作用下F-P探头的干涉光谱

8.3.2 湿度敏感实验与分析

1. 湿度实验平台的搭建

为测试氧化石墨烯膜光纤 F-P 传感器的湿度敏感特性，本节采用基于饱和盐溶液法的湿度传感实验。饱和盐溶液法是一种常用的标准，能够提供恒定的湿度值，其原理是可溶性盐溶于水后，在电离作用和溶剂化作用下，溶剂化的离子分布在溶液表面，且溶剂化的离子阻碍了部分水分子的蒸发；在密闭容器中，当溶液的蒸发和气相水分子的凝结处于平衡状态时，水蒸气分压小于纯水时的水蒸气分压，从而改变了容器内的相对湿度[10]。饱和盐溶液湿度固定点方法具有应用普遍、装置简单、湿度复现性好等突出的优点。

本实验搭建了图 8.16 所示的实验平台。在一定温度下，饱和盐溶液上方水蒸气分压与环境平衡且为一常数，因此可以避免气泵波动引入的湿度不稳定。将试剂瓶的橡皮塞打孔并且使用套管将光纤探头支撑固定，把温湿度计和光纤探头插入橡皮塞中固定，分别放入不同的饱和盐溶液的试剂瓶中，通过温湿度计标定环境参数，用光谱仪记录不同参数下的探头输出干涉信号。

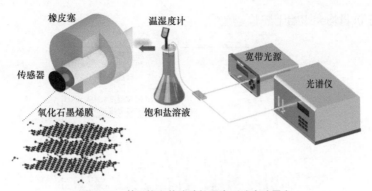

图 8.16　基于饱和盐溶液的湿度测试实验平台

其中各饱和盐溶液所对应的理论环境相对湿度如表 8.1 所示。本实验中，通过将温湿度测试探头分别放入不同的饱和盐溶液试剂瓶中，以测量不同相对湿度下的光谱响应。由于在试剂瓶开关的过程中会改变试剂瓶中的气液平衡状态，因此在放入测试探头后，待温湿度计示数稳定后再记录干涉光谱，并同时记录测试点的温度值以排除温度的耦合影响。

表8.1　不同饱和盐溶液的环境相对湿度值

盐溶液	理论相对湿度（%RH）
一水氯化锂	12
六水氯化镁	33
溴化钠	59
氯化钠	75
硫酸铵	80
硫酸钾	97

2. 湿度敏感实验

将待测的 F-P 传感器置于装有饱和盐溶液的试剂瓶中，分析干涉光谱的波谷（峰）的波长偏移和光强变化，可得到传感器的灵敏度、稳定性等参数。但由于试剂瓶瓶塞的开启会导致湿度环境失稳，瓶中的实际相对湿度较湿度理论值有所偏差，因此，在探头置入 30 min 后，湿度计示数偏差小于 ±2 %RH 时，记录当前条件下的干涉光谱和相对湿度值。相对湿度的测试范围为 12 %RH ～ 97 %RH。

（1）不同湿度点的干涉光谱响应

在 6 个湿度点下记录的干涉光谱如图 8.17 所示。随着环境湿度的增加，干涉波谷（峰）发生红移，干涉光强的峰值也有所变化，由此说明F-P腔腔长随湿度增加逐渐增加，并且氧化石墨烯膜的反射率同样随湿度变化。理论上，氧化石墨烯膜的厚度随相对湿度增加而增加，水分子的渗透增大了层间距的同时，引起薄膜刚度的变化。根据圆膜片大挠度理论，薄膜在毛细管端面的下沉量将会受到影响，薄膜的厚度和薄膜悬浮在圆孔中的下沉量均会影响干腔长。

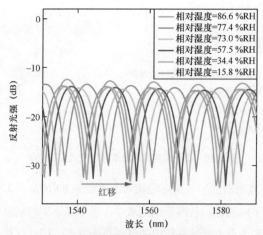

图8.17　不同相对湿度下的干涉光谱

　　薄膜的两个端面均会反射入射光进入光纤，毛细管为第一个干涉腔，薄膜为第二个干涉腔，毛细管和薄膜构成第三个复合干涉腔，反射回单模光纤的光束可视为多光束干涉。通过对干涉光谱进行快速傅里叶变换，可以分别得到 3 个干涉腔的腔长随湿度的变化情况。对图 8.17 中的干涉光谱进行离散快速傅里叶变换，通过增加 Hanning 窗减小频谱噪声，得到图 8.18 所示的干涉光谱。理论上，双腔干涉的频谱会出现 3 个峰值，依次对应 3 个干涉腔的腔长[11-12]。如图 8.18 可知，经过快速傅里叶变换后的频谱在不同相对湿度下可获取的波峰仅有一个，厚度极薄的薄膜所形成的第二个干涉腔和与毛细管形成的第三个干涉腔可忽略。

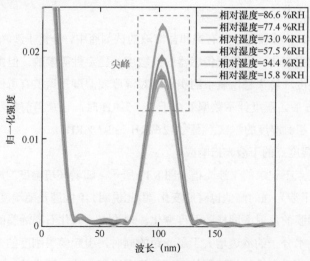

图8.18　快速傅里叶变换干涉光谱

（2）干涉光谱波长偏移量

通过标定不同湿度条件下干涉光谱的波谷所对应的波长，计算波谷波长随相对湿度的偏移量，以表征传感器的湿度灵敏度。多次测试传感器在相对湿度增加和相对湿度减少条件下的正反行程输出，分析和计算传感器的迟滞误差。由于测量过程中有开关试剂瓶的操作，正反行程对应的相对湿度存在小幅度的偏移。如图8.19所示，实验测试得到传感器的波长偏移量随相对湿度变化呈非线性变化，在约15 %RH～70 %RH 和 70 %RH～90 %RH 的范围内，灵敏度分别为 0.082 nm/%RH 和 0.63 nm/%RH，线性度分别为95.5% 和 98.4%，全量程区间内的平均灵敏度为 0.2 nm/%RH。由于在低湿度下，氧化石墨烯膜的层间仅发生水分子的结合，但在高湿度下，水分子结合饱和后层间出现纵向的自由运动，导致其灵敏度出现分段现象。

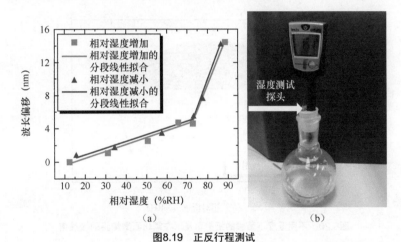

图8.19　正反行程测试

（a）干涉波谷所对应的波长随相对湿度的偏移量；（b）实验装置

氧化石墨烯膜对水分子的快速吸收显而易见，但随着湿度的降低，薄膜中水分子的释放速度也影响着传感器的性能，因此，测量传感器在正反行程下波长偏移量的偏差以分析其迟滞误差。通过拟合测试数据可知，氧化石墨烯膜吸收和释放水蒸气的平衡状态受环境相对湿度的影响，在反行程，即环境相对湿度逐渐降低的过程中，波长偏移量大于同湿度下的正行程值，即反行程中氧化石墨烯膜中的水分子比例高于正行程中的水分子比例，且测得正反行程的迟滞误差约为 5%。

（3）氧化石墨烯膜的折射率

传感器干涉光谱的干涉强度由干涉腔长、光纤端面和氧化石墨烯膜的反射率决定，通过干涉光谱的干涉条纹间距计算干涉腔长，便可结合腔长和已知的光纤端面的反射率计算出氧化石墨烯膜的折射率。

如图 8.20 所示，在相对湿度低于 70 %RH 时，氧化石墨烯膜的折射率随相对湿度增加无明显的变化；但在相对湿度继续增加后，薄膜的折射率从 1.80 逐渐上升至 1.89。计算得到折射率变化与干涉腔腔长的分段趋势相吻合，同时证明了在相对湿度较低的情况下，水分子在氧化石墨烯层间的附着对材料的厚度和电导率影响较小，随着相对湿度升高，材料的层间空隙逐渐扩大，并且含氧官能团与水分子的结合使氧化石墨烯的光学电导率和折射率出现明显的增大。因此，在相对湿度低于 70 %RH 的情况下，氧化石墨烯膜的折射率的波动对干涉光谱强度的影响不明显。

此外，通过接触角测量仪验证氧化石墨烯的亲水特性，在 25 %RH 的环境下，测得水滴在氧化石墨烯表面的前后向接触角分别为 49.5° 和 46.4°，如图 8.20 中子图所示。较小的接触角滞后主要由氧化石墨烯膜表面的不平整造成，验证了材料的亲水性和对湿度的快速响应。

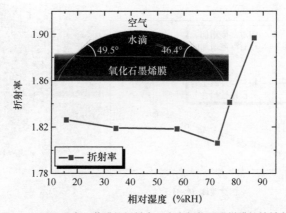

图8.20　不同湿度下薄膜的折射率及水在氧化石墨烯膜的接触角

（4）动态湿度敏感响应

根据实测干涉光谱可知，当相对湿度为 15 %RH ～ 70 %RH 时，光谱的波长偏移量小于干涉波谷（峰）周期波长的 1/2，即在特定波长下干涉光强变化呈单调趋势，因此，可通过光电探测器的实时输出来获取传感器的动态响应性能。

分别将传感器依次放入一水氯化锂、溴化钠和氯化钠溶液中，进行正反行程实验的测试，放置时间均为 1 min 左右，光电探测器读取的电压响应如图 8.21 所示。从实验结果可知，在正反行程中，传感器输出结果呈单调变化，干涉光强输出电压值的趋势与全量程的干涉光谱偏移量相吻合。在传感器的放置过程中，试剂瓶内的湿度环境不稳定，在密闭试剂瓶后相对湿度不断上升 / 下降，直至趋近理论值，因此图 8.21 中出现持续缓慢的上升沿和下降沿，但 70 s 和 120 s 处相对湿度变化显著，出现明显的快速跃迁现象。这也表明了这种氧化石墨烯光纤 F-P 传感器对湿度的快速响应和恢复能力，但响应时间还需进一步测试。

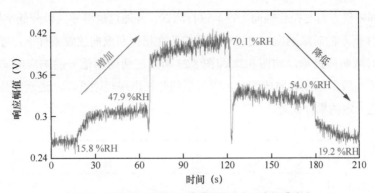

图8.21 氧化石墨烯膜F-P传感器的动态湿度敏感响应

　　由于试剂瓶中的相对湿度需要较长时间才能达到稳定状态，为此，利用呼/吸气改变环境湿度来测试传感器的响应时间，如图 8.22 所示。在室温和 20 %RH 湿度条件下，将湿度敏感探头横向放置在人嘴部前方，均匀地呼气，并记录下传感器的输出电压。通过湿度计测量，可知呼气状态下相对湿度由常温下 20 %RH 跃迁至 70 %RH。实验测得 12 s 内 3 次呼气过程中传感器时域输出，其具有规律的阶跃输出波形。对图 8.22 中红色虚线选取的信号进行放大，可确定在呼气过程中上升沿的响应时间为 60 ms，下降沿的响应时间为 120 ms，表明该氧化石墨烯膜 F-P 传感器具有极快的湿度敏感响应和恢复时间。

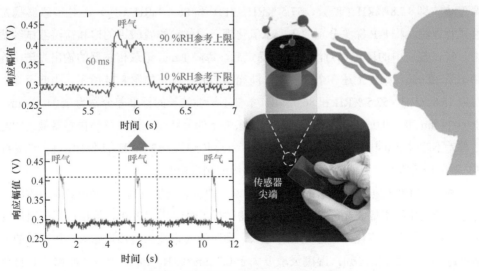

图8.22 呼气状态下传感器的动态输出响应

　　毛细管中的干涉腔为空心空气腔，呼气可能会在一定程度上影响干涉腔外部的气压，引起腔长的变化。为分析呼气的空气压力对湿度测试的交叉影响，将敏感探头纵向放置（即呼气方向与探头轴向平行）进行测试，并通过缓慢呼气以降低空气的流速，得到图 8.23 所示的时域响应。对比传感器探头在横向和纵向放置条件下，呼气测试时传感器的时域响应波形，如图 8.22 和图 8.23 所示，两图中信号的响应时间和电压变化无明显不一致，但在纵向放置时，呼气后的腔长出现轻微波动，进而对传感器的湿度敏感产生一定的耦合误差。

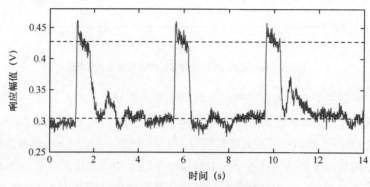

图8.23　探头纵向放置呼气时的输出响应

3. 稳定性

为探究氧化石墨烯膜光纤 F-P 探头在不同湿度条件下的稳定性，选择 3 个特征湿度点，即 15.8 %RH（低）、57.5 %RH（中）和 86.6 %RH（高），对传感器稳定性进行评测。将 F-P 探头分别放入一水氯化锂、溴化钠和硫酸钾的饱和盐溶液试剂瓶中，待试剂瓶中的环境相对湿度保持稳定后，每隔 1 min 记录传感器的输出光谱，连续记录 30 min，则在上述 3 个湿度下干涉光谱的波谷波长如图 8.24 所示。由此可知，对应 15.8 %RH、57.5 %RH 和 86.6 %RH 条件下干涉波长的标准差分别为 ±0.034 nm、±0.029 nm 和 ±0.064 nm。结合不同湿度条件下的灵敏度，计算得到传感器最大的测量偏差不超过 ±0.4 %RH，相比于商用电子湿度传感器 ±3 %RH 的不确定性，该光纤 F-P 湿度传感器具有更优异的稳定性和更精细的测量精度。

表 8.2 列出了典型 F-P 湿度传感器的材料、厚度、测量范围、灵敏度、响应时间，并与本节氧化石墨烯膜光纤 F-P 湿度传感器进行了对比[13]。其中，湿度敏感材料厚度越大，在同等湿度变化下干涉光程差越大，即干涉光谱波长偏移量越大，传感器的灵敏度越高。由表 8.2 可知，湿度灵敏度大于 0.2 nm/%RH 的光纤湿度传感器，其材料厚度均不小于 30 μm；但薄膜厚度的增加，会影响湿度的吸收和释放速度，传感器的响应时间随之增加。例如，厚度在 30 μm 以上的湿度传感器的响应时间均大于 4 s，无法实现湿度信号的快速响应。因此，薄膜厚度的选择需要结合灵敏度和响应时间等

参数综合考虑，本章制备的基于氧化石墨烯膜的湿度传感器在约 15 %RH ~ 70 %RH 范围内能实现湿度信号的线性检测，且响应时间仅需 60 ms，具有显著的湿度传感性能。

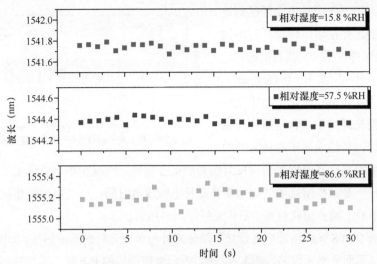

图8.24 传感器在不同湿度下的稳定性

表8.2 光纤F-P湿度传感器性能对比

材料	厚度（μm）	测量范围（%RH）	灵敏度（nm/%RH）	响应时间（s）	参考文献
壳聚糖	6.2	20~95	0.13	0.38	[14]
无定型纤维素类塑料	50	8.8~88.1	0.307	125	[15]
全氟磺酸树脂	35	22~80	3.55	11	[16]
Al_2O_3	30	20~90	0.31	1080	[17]
PVA	1.5	30~90	0.0231	0.66	[18]
SiO_2	0.6	0~100	0.00065	4.5	[19]
聚酰胺	35.7	40~80	1.309	4	[20]
氧化石墨烯	约0.3	12.4~88.4	0.2（约值）	0.06	本节

8.4 氧化石墨烯膜光纤F-P探头的改进与湿度敏感响应

8.4.1 基于光子晶体光纤的F-P探头

1.F-P探头的制作

光子晶体光纤具有传输损耗低、在宽波段实现无截止单模传输的优点，可避免多种模式的能量耦合问题。结合光子晶体光纤的实芯结构与氧化石墨烯的湿度敏感特性，本节设计了一种基于光子晶体光纤的氧化石墨烯膜F-P湿度传感器，其结构如图8.25所示。

将纤芯折射率为 n_{PCF} 的光子晶体光纤与纤芯折射率为 n_{SMF} 的单模光纤相熔接，用超声切割刀切割光子晶体光纤得到设定的干涉腔，并在端面转移折射率为 n_{GO} 的湿度敏感材料（氧化石墨烯）。由于采用中心波长为1550 nm、模场直径为4.32 μm的光子晶体光纤与普通单模光纤熔接，若使用传统方法熔接光纤，易造成光子晶体光纤的

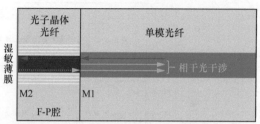

图 8.25　基于光子晶体光纤的F-P湿度传感器的结构

空气孔产生塌陷，从而增加光在反射端面的耦合损耗。为减少熔接点的塌陷，拟采取两种方法：一是减少熔接的放电功率并延长电弧放电时间；二是将光纤熔接点的位置偏离放电中心，减少加载到光子晶体光纤端面的热量。

选用藤仓80S光纤熔接机进行光子晶体光纤与单模光纤的端面熔接，如图8.26（a）所示，熔接端面几乎无塌陷。图8.26（b）所示为切割后的F-P腔，其切割端面平整。为在光子晶体光纤的末端转移氧化石墨烯膜，将光纤末端放入氧化石墨烯溶液中，并缓慢捞出，之后，置于60 ℃的恒温箱中干燥，则在光纤端面的纤芯处涂敷氧化石墨烯膜，如图8.26（c）所示。

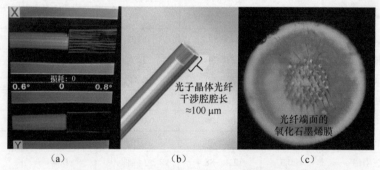

图8.26　基于光子晶体光纤的氧化石墨烯膜F-P探头
（a）光纤熔接点；（b）切割后的F-P腔；（c）光子晶体光纤端面的氧化石墨烯膜

2. 湿度敏感动态响应

图8.27所示为基于光子晶体光纤和氧化石墨烯湿度敏感膜的 F-P 湿度敏感探头的干涉光谱，图中红线表示常温、20 %RH 条件下 F-P 探头的输出干涉光谱，其条纹对比度大约为 2 dB。由于单模光纤的纤芯折射率与光子晶体光纤芯折射率之差 $n_{PCF}-n_{SMF}$ 比单模光纤的纤芯折射率与空气折射率之差 $n_{SMF}-n_{air}$ 小，可以得到单模光纤／光子晶体光纤端面的反射率远小于单模光纤／空气端面的反射率，因此，相比于空心毛细管，

光子晶体光纤F-P腔的干涉条纹强度和峰值都更小。

在 1520 ～ 1620 nm 波段，使用光谱仪监测湿度敏感探头在呼吸状态下的动态响应。如图 8.27 中的绿色条纹所示，第一段干涉条纹和稳态下的红色条纹重合，扫描到 t_1 处时开始对湿度敏感探头呼气，得到干涉条纹波谷波长偏移量约 2 nm，强度下降超 3 dB；在 t_2 处停止呼气，干涉条纹迅速恢复，并与稳态的红色条纹重合。

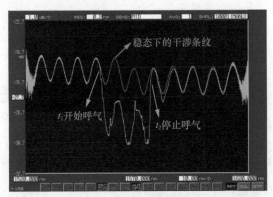

图8.27　基于光子晶体光纤湿度敏感探头的呼气测试

通过参比的商用湿度计测量可知，呼气状态下相对湿度由 20 %RH 迅速跃迁至 70 %RH。由前文中氧化石墨烯膜的折射率随湿度的变化关系可知，湿度从 20 %RH 变化到 70 %RH 时，石墨烯膜的折射率由 1.82 下降至 1.80，纤芯的折射率不变，悬浮于光子晶体光纤端面的氧化石墨烯膜的光反射率下降，导致干涉光谱强度下降。与此同时，由于氧化石墨烯膜厚度随相对湿度的跃迁而增加，干涉波谷出现红移。当停止呼气时，氧化石墨烯膜中水分子的释放较快，则氧化石墨烯膜的厚度与折射率都快速恢复至初始湿度下的稳态参数，动态响应性能好。

光子晶体光纤的纤芯为实心，且能在宽波段单模传输，能够应用于光纤 F-P 湿度传感的测量，具有信号解调简单高效、湿度响应快速稳定的特点，且在一定程度上可避免由于外部气压波动引起的 F-P 腔腔长的附加误差。

8.4.2　基于PVA/GO复合膜的F-P探头

1.F-P探头的制作

PVA 是一种白色粉末状、片状或絮状的固体，含有大量有极性的醇基，易与水形成氢键，能溶于极性的水，且可在 90 ℃的环境下溶于水后制备 PVA 凝胶。目前国内外学者已利用 PVA 材料制备了多种光纤 F-P 湿度传感器，但由于 PVA 具有较小的宽高比，导致 PVA 干燥后形成的薄膜厚度大，存在动态响应时间长的问题。因此，尝试掺杂氧化石墨烯以提高 PVA 的机械特性和湿度敏感能力[21-22]。

为制备实心干涉腔，将 PVA 凝胶（15% 浓度）与氧化石墨烯溶液（5 mg/mL）按照 4∶1 的比例混合，有极性的 PVA 有机分子分布在氧化石墨烯片层中，得到分布均匀的混合溶液。之后，将单模光纤端面切平后置于混合溶液中，缓慢拉出并在 60 ℃的恒温箱中干燥 1 h，从而在单模光纤端面形成 PVA/GO 混合实心干涉腔，如图 8.28 所示，其干涉腔材料的厚度和折射率都与湿度参数相关。

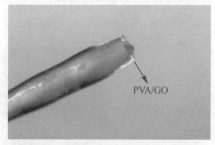

图8.28　基于PVA/GO混合实心干涉腔

为分析氧化石墨烯的混合对 PVA 干涉腔的影响，制备了两种敏感探头：一组为 PVA 实心干涉腔；另一组为 PVA/GO 混合实心干涉腔。如图 8.29 所示，PVA 实心干涉腔和 PVA/GO 混合实心干涉腔的腔长均约为 10 μm，由于氧化石墨烯的掺杂提高了干涉腔对光束的吸收系数，导致反射光强衰减，但相比于 PVA 实心干涉腔，PVA/GO 混合实心干涉腔的条纹对比度由约 3 dB 增加至约 16 dB，有利于提高信号检测能力。

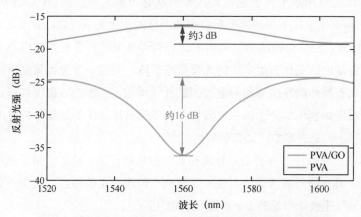

图8.29　PVA实心干涉腔与PVA/GO混合实心干涉腔的干涉光谱

2. 湿度敏感动态响应

对制备的 PVA/GO 光纤 F-P 探头进行呼气响应测试，如图 8.30 所示。其中，常温、20 %RH 条件下的干涉光谱为红线，其干涉波谷的波长为 1560.24 nm。在开始扫描时，对探头进行呼气，干涉腔吸湿膨胀，其相应的响应光谱如蓝线所示；干涉波谷的波长为 1568.60 nm，较初始状态下波长偏移量约为 8 nm，则在 20 %RH ～ 70 %RH 湿度变化范围内，该F-P探头的波长偏移量相比于上述的氧化石墨烯膜光纤F-P探头提高一倍。

在停止呼气后，干涉光谱逐渐出现蓝移，但恢复得相当缓慢，呼气后 5 min 的干涉光谱如图 8.30 中的绿线所示，且较初始状态仍有近 4 nm 的迟滞。因此，基于 PVA/GO（4∶1）混合材料的光纤 F-P 湿度传感器可实现高灵敏度且快速响应的湿度检测，但由于 PVA 的弹性滞后，该传感器存在恢复时间较长的问题，无法有效地应用于湿度的快响应动态测量。

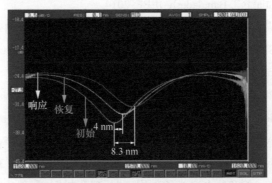

图8.30 PVA/GO光纤F-P探头的呼气响应测试

8.5 本章小结

本章结合光学薄膜理论及密度泛函理论，分析了湿度对石墨烯膜和氧化石墨烯膜的影响。针对石墨烯膜光纤 F-P 传感器的湿度敏感特性，制作了开放式光纤 F-P 探头，湿度敏感实验表明，该探头的湿度灵敏度为 0.02 nm/%RH，远低于同类型的光纤湿度传感器。基于氧化石墨烯的亲水性，设计制备了全光纤湿度敏感探头，在约 15 %RH ～ 90 %RH 条件下测得敏感探头的平均灵敏度为 0.2 nm/%RH，且湿度响应时间仅为 60 ms，显著优于同类型的光纤湿度传感器。在此基础上，分别使用单模光纤和 PVA/GO 制备了两种基于实心干涉腔的光纤干涉型湿度传感器。这些工作为准确测量或分析评估石墨烯基光纤 F-P 传感器的湿度敏感效应提供了理论依据与方法指导。

<h1 style="text-align:center">参 考 文 献</h1>

[1] LEENAERTS O, PARTOENS B, PEETERS F M. Water on Graphene: Hydrophobicity and Dipole Moment Using Density Functional Theory [J]. Physical Review B, 2009, 79(23): 235440.

[2] WANG S, ZHANG Y, ABIDI N, et al. Wettability and Surface Free Energy of Graphene Films [J]. Langmuir, 2009, 25(18): 11078-11081.

[3]   SCHEDIN F, GEIM A K, MOROZOV S V, et al. Detection of Individual Gas Molecules Adsorbed on Graphene [J]. Nature Materials, 2007, 6(9): 652-655.

[4]   HANSON G W. Dyadic Green's Functions and Guided Surface Waves for A Surface Conductivity Model of Graphene [J]. Journal of Applied Physics, 2008, 103(6): 19912.

[5]   HASSAN A, KHAN I. Surface Plasmonic Properties in Graphene for the Variation of Chemical Potential [C]. Bangladesh: IEEE, 2014.

[6]   唐晋发, 顾培夫. 薄膜光学与技术 [M]. 北京: 机械工业出版社, 1989.

[7]   REZANIA B, SEVERIN N, TALYZIN A V, et al. Hydration of Bilayered Graphene Oxide [J]. Nano Letters, 2014, 14(7): 3993.

[8]   DAIO T, BAYER T, IKUTA T, et al. In-Situ ESEM and EELS Observation of Water Uptake and Ice Formation in Multilayer Graphene Oxide [J]. Scientific Reports, 2015, 5: 11807.

[9]   LI C, YU X, LAN T, et al. Insensitivity to Humidity in Fabry-Perot Sensor with Multilayer Graphene Diaphragm [J]. IEEE Photonics Technology Letters, 2018, 30(6): 565-568.

[10]   郝光宗, 邢丽缘. 饱和盐水溶液湿度固定点原理及制备 [J]. 传感器世界, 1999, 5(11): 1-4.

[11]   BAE H, YU M. Miniature Fabry-Perot Sensor with Polymer Dual Optical Cavities for Simultaneous Pressure and Temperature Measurements [J]. Biochemistry, 2014, 34(28): 9059-9070.

[12]   PEVEC S, DONLAGIC D. High Resolution, All-Fiber, Micro-Machined Sensor for Simultaneous Measurement of Refractive Index and Temperature [J]. Optics Express, 2014, 22(13): 16241-53.

[13]   LI C, YU X, ZHOU W, et al. Ultrafast Miniature Fiber-Tip Fabry-Perot Humidity Sensor with Thin Graphene Oxide Diaphragm [J]. Optics Letters, 2018, 43(19): 4719-4722.

[14]   CHEN L H, LI T, CHAN C C, et al. Chitosan Based Fiber-Optic Fabry-Perot Humidity Sensor [J]. Sensors and Actuators B: Chemical, 2012, 169: 167-172.

[15]   XU W, HUANG W B, HUANG X G, et al. A Simple Fiber-Optic Humidity Sensor Based on Extrinsic Fabry-Perot Cavity Constructed by Cellulose Acetate Butyrate Film [J]. Optical Fiber Technology, 2013, 19(6): 583-586.

[16]   SANTOS J S, RAIMUNDO J I M, CORDEIRO C M B, et al. Characterisation of A Nafion Film by Optical Fibre Fabry-Perot Interferometry for Humidity Sensing [J]. Sensors and Actuators B: Chemical, 2014, 196: 99-105.

[17]   HUANG C, XIE W, YANG M, et al. Optical Fiber Fabry-Perot Humidity Sensor Based on Porous Al_2O_3 Film [J]. IEEE Photonics Technology Letters, 2015, 27(20): 2127-2130.

[18]   WU S, YAN G, LIAN Z, et al. An Open-Cavity Fabry-Perot Interferometer with PVA
        Coating for Simultaneous Measurement of Relative Humidity and Temperature [J]. Sensors
        and Actuators B: Chemical, 2016, 225: 50-56.

[19]   PEVEC S, DONLAGIC D. Miniature All-Silica Fiber-Optic Sensor for Simultaneous
        Measurement of Relative Humidity and Temperature [J]. Optics Letters, 2015, 40(23):
        5646-5649.

[20]   BIAN C, HU M, WANG R, et al. Optical Fiber Humidity Sensor Based on the Direct
        Response of the Polyimide Film [J]. Applied Optics, 2018, 57(2): 356-361.

[21]   LI Y, YANG T, YU T, et al. Synergistic Effect of Hybrid Carbon Nantube-Graphene Oxide
        as A Nanofiller in Enhancing the Mechanical Properties of PVA Composites [J]. Journal of
        Materials Chemistry, 2011, 21(29): 10844-10851.

[22]   WANG Y, SHEN C, LOU W, et al. Fiber Optic Humidity Sensor Based on the Graphene
        Oxide/PVA Composite Film [J]. Optics Communications, 2016, 372: 229-234.

第 9 章　石墨烯膜光纤 F–P 谐振式压力传感器

微机械谐振式压力传感器技术具有高灵敏度、高稳定性、准数字信号输出（频率信号）等高附加值技术特点，但传统的微机械谐振式传感器的敏感元件由金属、石英和硅等材料制成。与这些材料相比，新型的超薄二维材料——石墨烯具有显著的机械谐振敏感特性，为石墨烯膜用于压力敏感测量提供了可行性。本章将在调研分析石墨烯谐振器和石墨烯谐振式压力传感器研究现状的基础上，设计一种石墨烯膜光纤 F–P 谐振式压力传感器，构建基于 F-P 干涉的石墨烯膜谐振子的振动模型，仿真分析光热激振响应特性，并制作石墨烯膜光纤 F-P 谐振式压力传感器探头，开展压力传感与热力学响应实验，为石墨烯膜光纤 F-P 谐振式压力传感器的性能优化提供理论基础与方法指导。

9.1　石墨烯谐振式传感器的研究进展

9.1.1　石墨烯谐振器的研究进展

2007 年，美国康奈尔大学 Bunch 等人 [1] 首次制作了由单个原子厚的悬浮石墨烯纳米带构成的谐振器，其结构如图 9.1（a）所示。单层石墨烯通过机械剥离的方法制备，并被转移至 SiO_2 沟槽上，石墨烯纳米带的两端利用范德瓦耳斯力被吸附于 SiO_2 衬底，通过静电驱动方式激发石墨烯产生周期性振动，并利用光干涉法测得室温下不同尺寸石墨烯的谐振频率、振幅与品质因数。实验结果表明，制备的 33 个谐振器的谐振频率范围为 1 ~ 170 MHz，品质因数为 20 ~ 850。这项工作提供了静电激励、光热激励两种激振方案，验证了石墨烯谐振器的可行性。

2008 年，西班牙巴塞罗那自治大学 Sanchez 等人 [2] 通过一种扫描探针式显微镜，研究了室温下不同尺寸石墨烯纳米片的振动性质，测量了静电驱动下双端固支多层石墨烯纳米片的振动模态，如图 9.1（b）所示。实验中测得的最大振动幅值发生在石墨烯纳米片的自由边缘，该值明显高于中间部分的振动幅值。该振动模态由非均匀应力导致，且与加拿大多伦多大学[3]、新加坡国立大学[4]开展的分子动力学仿真研究的结果相吻合。

2009年，美国哥伦比亚大学Hone等人[5]制作了单层石墨烯谐振器，如图9.1（c）所示，并设计了一种电学激振/拾振方法，实验测试了温度对谐振器的影响。结果表明，随着温度降低，谐振频率提高，品质因数增大，且在真空条件下，当温度降低至5 K时，石墨烯谐振器的品质因数达到14 000。

2010年，美国康奈尔大学Zande等人[6]利用CVD方法制备了阵列式单层石墨烯膜谐振器，如图9.1（d）所示。通过光电驱动和探测技术测量了其谐振特性，研究发现可通过改变温度和静电电压实现谐振频率的调谐。即在室温、压力小于5×10^{-5} Torr（1 Torr=1.33×10^2 Pa）实验环境下，品质因数为25；而当温度达到10 K时，其品质因数可达9000，证明了品质因数随着温度降低而提高。在此基础上，2015年美国石溪大学Guan等人[7]结合衬底弯曲和静电门控，设计了图9.1（e）所示的谐振器。

2011年，美国康奈尔大学Barton等人[8]基于多层CVD石墨烯，制作了不同直径的圆形石墨烯谐振器，其结构如图9.1（f）所示。实验观察到在$1 \sim 25$ μm直径范围内，谐振器的品质因数随着膜直径的增大而显著提高，且在室温、小于0.79 Pa的压力条件下品质因数可达2400±300。

2012年，日本东京大学Oshidari等人[9]提出了一种利用抗收缩材料SU-8胶制作石墨烯谐振器的方法，如图9.1（g）所示，其利用SU-8胶的收缩性将拉伸应变施加到石墨烯上，观察到退火后石墨烯应力的改变导致谐振器的谐振频率和品质因数增加，在小于1×10^{-3} Pa、室温条件测得样品的品质因数最高达7000。

2013年，美国哥伦比亚大学Lee等人[10]利用SU-8胶固定CVD石墨烯圆膜，制备了圆鼓形石墨烯谐振器，其结构如图9.1（h）所示。研究发现SU-8胶能够增加悬浮石墨烯膜的机械刚度，有效消除边缘模式，提高谐振器的机械响应特性。该器件在4×10^{-3} Pa、室温条件下的谐振频率约为48 MHz，品质因数为60。

2018年，英国爱丁堡大学Mashaal等人[11]开发了薄膜尺寸在毫米量级的石墨烯谐振器，通过电学激振/拾振方式在室温常压环境下进行了方形膜和圆形膜谐振频率的检测，其谐振频率在10 kHz量级。对于不同的直流调谐电压，方形膜具有比圆形膜更佳的频率调谐灵敏度；而对于不同的交流调谐电压，这两种类型薄膜的调谐灵敏度基本相同。同时实验结果表明，石墨烯谐振器能够在可听范围内实现低频振动，有望提升麦克风和助听器等设备的灵敏度。

2019年，美国俄勒冈大学Miller和Alemán等人[12]制备了一种圆形石墨烯膜谐振器，并采用空间光实现谐振器的激振与拾振。实验中直径为3 μm的圆形石墨烯膜谐振器在室温、常压下的谐振频率为15.7 MHz，品质因数为120。这种空间光学的方法可以实现对石墨烯膜任意位置谐振状态的激励与检测。

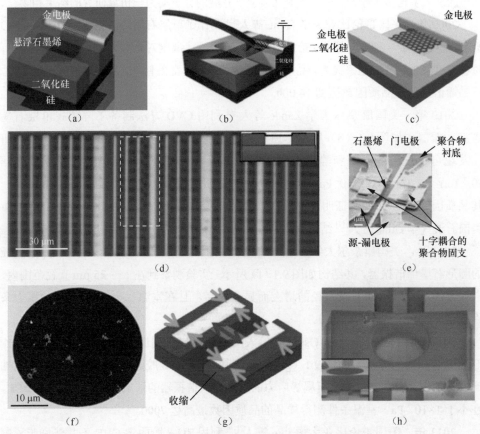

图9.1　代表性研究机构制作的石墨烯谐振器结构示意

（a）康奈尔大学[1]；（b）巴塞罗那自治大学[2]；（c）哥伦比亚大学（单层）[3]；（d）康奈尔大学（阵列式单层）[6]；
（e）石溪大学[7]；（f）康奈尔大学（单层）[8]；（g）东京大学[9]；（h）哥伦比亚大学（圆形）[10]

　　表 9.1 列出了近年来典型石墨烯谐振器的性能参数。由此可知，目前多采用机械剥离法或 CVD 法制备石墨烯，并通过电学或光学激振 / 拾振的方式实现石墨烯谐振器工作频率的检测，为谐振式传感器的设计与制作提供参考。

表9.1　典型石墨烯谐振器的性能指标对比

制备方法	薄膜层厚	固支方式	谐振频率 f（MHz）	品质因数	激振方式	拾振方式	实验环境（温度，压力）	参考文献
机械剥离法	单层约 75 nm	双端固支	1～170	20～850	电学/空间光	空间光	室温，$P < 1.3 \times 10^{-4}$ Pa	[1]
	多层	双端固支	53	25	电学	扫描探针	室温，压力未提及	[2]
	单层	双端固支	30～120	125～14 000	电学	电学	室温～5 K，$P < 1.3 \times 10^{-3}$ Pa	[5]

续表

制备方法	薄膜层厚	固支方式	谐振频率 f (MHz)	品质因数	激振方式	拾振方式	实验环境（温度，压力）	参考文献
机械剥离法	小于5层	双端固支	108～122	—	电学	电学	室温，$P < 6.7$ Pa	[7]
	约31层	圆形固支	1～30	2400±300	空间光	空间光	室温，$P < 0.79$ Pa	[8]
	25层	双端固支	8～23	7000	空间光	电学	室温，$P < 1 \times 10^{-3}$ Pa	[9]
	单层	圆形固支	15.7	120	空间光	空间光	室温，$P = 1.013 \times 10^5$ Pa	[12]
	单层	周边固支	30～90	25	空间光	空间光	室温，$P = 27 \sim 3 \times 10^4$ Pa	[13]
	约30层	圆形固支	12～16	1～100	空间光	空间光	室温，$P = 8 \times 10^2 \sim 1 \times 10^5$ Pa	[14]
CVD	单层	双端固支	5～75	25 9000	电学/空间光	电学/空间光	室温～10 K，$P < 6.7 \times 10^{-3}$ Pa	[6]
	30～60层	双端固支	0.060～0.204	81～103	光纤光	光纤光	室温，$1 \times 10^{-2} < P < 1 \times 10^5$ Pa	[15]
	多层	圆形固支	12～18	3～90	空间光	空间光	室温，$1 \times 10^3 < P < 1 \times 10^5$ Pa	[16]
	约13层	圆形固支	0.509～0.542	13.3～16.6	光纤光	光纤光	室温，$P < 2 \times 10^5$ Pa	[17]

9.1.2　石墨烯谐振式压力传感器的研究进展

2008 年，美国康奈尔大学 Bunch 等人[13] 将用机械剥离法得到的石墨烯膜悬浮在 SiO_2 孔上，形成边长为 4.75 μm 的方形密闭空腔，如图 9.2（a）所示。通过在薄膜上施加压力，测量了单层石墨烯的弹性常数和质量，证明了该单层石墨烯膜具有不透气的特性。这项研究还采用光学激振/拾振的方式检测到悬浮石墨烯的谐振频率随环境压力变化而改变，从而表明采用石墨烯制作谐振式压力传感器的可行性。

2014 年，香港理工大学 Ma 等人[15] 将 CVD 法制备的石墨烯膜转移至陶瓷插芯端面，如图 9.2（b）和图 9.2（c）所示，并利用光纤光激励和检测的方式实现石墨烯谐振压力探测。该谐振器的品质因数和谐振频率随真空度的增大而增大，如当真空度为 1×10^{-2} Pa 时，谐振频率达到 135 kHz，品质因数达到 81。这项工作首次完成了基于插芯结构的石墨烯光纤压力谐振器的集成，为光学激振/拾振的石墨烯谐振式压力传感器打下了坚实的基础。

2016 年，荷兰代尔夫特理工大学 Dolleman 等人[16] 基于薄膜谐振频率与压力的关系，制作了一种石墨烯谐振式压力传感器，如图 9.2（d）所示。该传感器在 Si/SiO_2 的基底上制作了一个哑铃状的空腔，与传统的压力传感器相比，图中所示结构中的开放气孔用于保持石墨烯膜覆盖的空腔内平均压力与外界环境压力相等。在传感器工作时，气体被压缩在空腔内无法溢出，导致石墨烯膜的谐振频率发生变化，则施加压力与谐振频率的关系为：

$$f_{res}^2 = f_c^2 + \frac{p_{amb}}{4\pi^2 g_0 m_s}$$ (9.1)

式中，f_{res} 表示外界压力为 p_{amb} 时薄膜的谐振频率，f_c 为真空条件下薄膜的谐振频率，g_0 为薄膜与基底之间的间隙，m_s 为单位面积方形薄膜的质量。

2017 年，荷兰代尔夫特理工大学 Vollebregt 等人 [14] 研究了石墨烯膜与衬底的间隙对传感器灵敏度的影响。通过将催化剂钼作为牺牲层并改变其厚度来控制石墨烯与硅衬底之间的距离，其显微结构如图 9.2（e）所示。实验结果表明，在 1 ～ 10 kPa 压力范围内，该悬浮石墨烯压力传感器的谐振频率随压力的增大而增大，而品质因数因黏性力作用而减小，且间隙为 100 nm 的石墨烯谐振传感器的灵敏度可达 3.1 kHz/kPa。这项工作不仅指出了石墨烯膜和衬底间距离与谐振响应的关系，还实现了一种表面微加工制作的石墨烯压力传感器，其灵敏度比同原理 MEMS 压膜式传感器中最高的还高 45 倍 [18]。

2017 年，本课题组制作了两种光纤 F-P 谐振式压力传感器 [17, 19]。采用的石墨烯膜厚度约为 4.13 nm，其中一种是封闭腔，直接将石墨烯膜转移至光纤端面，如图 9.2（f）所示；另一种为开放腔，将石墨烯膜转移到 ZrO$_2$ 端面，用一个套管将 ZrO$_2$ 和光纤头对准，形成开放式的空气腔，如图 9.2（g）所示。通过光干涉激励和检测的方式，测得开放腔式石墨烯谐振式压力传感器在 1×10^5 ～ 2.99×10^5 Pa 压力下的灵敏度约为 135 Hz/kPa，品质因数约为 13.3 ～ 16.6，线性度误差为 5.16%。这种激振、拾振方式不仅可用于石墨烯谐振器，还可用于基于二硫化钼（MoS$_2$）或其他二维薄膜材料的谐振器 [20]。

2019 年，本课题组 [21] 又制作了一种基于毛细管结构的石墨烯光纤 F-P 谐振式压力传感器。该传感器使用外径为 125 μm、内径为 50 μm 的石英毛细管作为石墨烯膜转移基底，将石英毛细管与单模光纤进行熔接，制作了图 9.2（h）所示的石墨烯谐振探头。室温下测得该传感器在 0 ～ 6.895×10^4 Pa 压力范围内，灵敏度为 2930 Hz/kPa，品质因数最大为 13.9。本课题组还研究了基于丙酮的湿法、退火处理、先湿法后退火等 3 种不同 PMMA 去除方法对石墨烯膜谐振的影响，并对其表面形貌进行了显微表征，如图 9.2（i）～图 9.2（k）所示 [22]。结果表明，石墨烯膜经丙酮汽化后有明显的皱褶存在，而 350 ℃退火处理的石墨烯膜更为平整与清洁，丙酮汽化后退火所得的石墨烯膜发生了破损，证明在 350 ℃下进行退火处理可获得较好的石墨烯膜与衬底的附着力；且在压力为 2 Pa、温度为室温的实验环境下，该石墨烯谐振器的谐振频率为 481 kHz，品质因数可达 1034。这些工作为本课题组开展石墨烯谐振式压力传感器的优化设计与样机研制提供了丰富的研究经验。

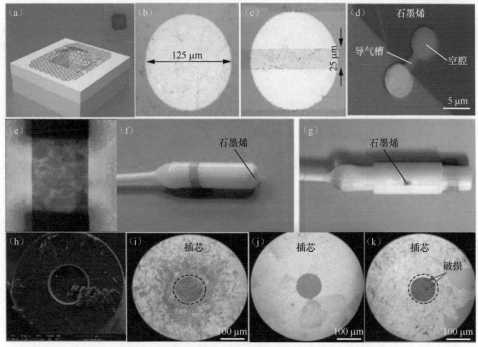

图9.2　代表性研究机构制作的石墨烯谐振式压力探头

（a）康奈尔大学制作的石墨烯谐振器示意[13]；（b）、（c）香港理工大学制作的周边固支石墨烯膜和
石墨烯纳米带[15]；（d）代尔夫特理工大学制作的哑铃状挤压膜石墨烯压力敏感结构[16]；（e）悬浮石墨
烯的显微结构[14]；（f）、（g）封闭腔式和开放腔式 F-P 谐振探头[17,19]；（h）基于毛细管结构的谐振探头[21]；
（i～k）丙酮处理后、350 ℃退火处理后以及丙酮与退火处理后的石墨烯膜显微结构[22]

　　2019 年，荷兰代尔夫特理工大学 Lee 等人 [23] 针对密封谐振腔泄漏，研究了密封
腔和非密封腔的泄漏率，发现气体通过石墨烯膜和 SiO_2 基底之间的缝隙进入谐振腔，
降低了谐振腔的气密性，因此利用电子束诱导沉积技术，在悬浮石墨烯膜的周向边缘
沉积 SiO_2，增大了石墨烯与基底间的作用力，并用实验验证了此方法可显著降低气体
泄漏。

　　表 9.2 列出了近年来石墨烯谐振式压力传感器的研究进展 [13-22]。石墨烯谐振式压
力传感器虽使用了不同形状或厚度的石墨烯膜，但基本上多基于光学激励和检测的方
式进行谐振性能的评估。现阶段制作的石墨烯谐振式压力传感器的高灵敏度与高品质
因数多在高真空环境下测得，且基于石墨烯的谐振式压力传感器已表现出了比传统硅
和石英晶体等材料更优异的性能，但迄今为止，这些传感器性能多在实验环境中测
定，其所制备探头的稳定性、一致性尚难以保证，这也是该工作仍需重点解决的关键
问题。

表9.2　石墨烯谐振式压力传感器性能指标对比

薄膜层数	形状	边长/直径（μm）	激励方式	检测方式	测压范围（Pa）	谐振频率f	品质因数（室温）	压力灵敏度（kHz/kPa）	参考文献
1～75	正方形	4.75	空间光	空间光	$1\times10^{-4}\sim1\times10^{5}$	30～90 MHz	约25	无	[13]
多层	圆形	125	光纤光	光纤光	$1\times10^{-2}\sim1\times10^{5}$	60～204 kHz	81～103	无	[15]
少层	圆形	5	空间光	空间光	$1\times10^{3}\sim1\times10^{5}$	12～18 MHz	3～90	10～90	[16]
多层	正方形	4	空间光	空间光	$8\times10^{2}\sim1\times10^{5}$	12～16 MHz	1～100	1.65～3.1	[14]
13	圆形	125	光纤光	光纤光	$0\sim2\times10^{5}$	509～542 kHz	13.3～16.6	0.135	[17]
10	圆形	125	光纤光	光纤光	$0\sim6.895\times10^{4}$	1.43～1.64 MHz	9.2～13.9	2.93	[21]
10	圆形	125	光纤光	光纤光	$2\sim1\times10^{5}$	481～760 kHz	110～1034	1～19.4	[22]

9.2　石墨烯膜光纤F-P谐振器的建模仿真

9.2.1　石墨烯膜压力谐振敏感模型

对于周边固支的石墨烯圆膜，其本征频率可表示为：

$$f = \frac{2.404}{2\pi r}\sqrt{\frac{S_0}{\rho t}} \tag{9.2}$$

式中，S_0 为薄膜内的预张力，t 为石墨烯厚度，r 为薄膜半径，ρ 为薄膜密度。

当石墨烯膜的腔体内、外压力不一致时，基于石墨烯膜不透气的特性[13]，石墨烯膜在薄膜内、外两侧的压力差 Δp 作用下将发生形变，如图 9.3 所示。

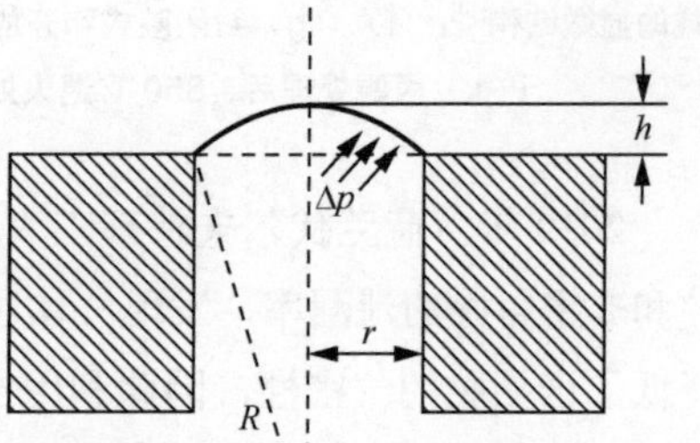

将薄膜的运动方程表示如下：

$$m\ddot{x} + k_1 x + k_3 x^3 = F \tag{9.3}$$

其中[23]

图9.3　薄膜受压力作用后形变的横截面示意

$$\begin{cases} m = 0.8467\rho rt^2 \\ k_1 = 4.8967 S_0 \\ k_3 = \dfrac{2.8398Et}{r^2} \\ F = 1.3567\Delta p r^2 \end{cases} \tag{9.4}$$

式中，m 为薄膜质量，k_1 一阶弹性系数，k_3 为三阶弹性系数，E 为石墨烯膜的弹性模量。

式（9.3）中的位移 x 可分为静态位移 x_s 与动态位移 x_d 两部分，即 $x=x_s+x_d$，且 x_d 为与时间相关的函数。在不考虑动态位移时，薄膜的静态位移 x_s 可由下式表示：

$$k_1 x_s + k_3 x_s^3 = F \tag{9.5}$$

结合图 9.3，在压力 Δp 作用下薄膜中心处的静态位移 x_s 即压力作用下的挠度变形 w，其可根据式（9.5）求解，联立式（9.4）可得

$$\Delta p = \frac{3.61 S_0}{r^2} w + \frac{2.094 Et}{r^4} w^3 \tag{9.6}$$

进一步地，考虑动态位移的情况，当系统处于谐振态时，作用的外力与系统的阻尼力平衡，惯性力与弹性力平衡。因此，对式（9.3）等号两侧分别求导，则 [23]

$$m\ddot{x}_d + k_1 x_d + 3k_3 x_s^2 x_d = 0 \tag{9.7}$$

进而，在压力差 Δp 作用下周边固支石墨烯膜的谐振频率 f_p 可推导为：

$$f_p = \frac{1}{2\pi} \sqrt{\frac{k_1 + 3k_3 w^2}{m}} \tag{9.8}$$

概括来说，当薄膜在压力差作用下产生变形时，薄膜内部的张力会发生变化，进而改变薄膜的谐振频率，通过建立薄膜谐振频率和压力差之间的关系，就可以实现对谐振压力的测量。

9.2.2 光学激励下石墨烯谐振特性研究

在影响石墨烯 F-P 干涉谐振特性的因素中，石墨烯膜的结构参数、预应力、边界条件及激光激励参数是分析和优化光学激励检测下石墨烯膜谐振特性的关键。为此，针对以上因素，仿真分析了固支条件下石墨烯膜的光热振动特性。根据相关文献 [24-28]，设定了表 9.3 所示的石墨烯的热导率、热膨胀系数、弹性模量、密度、泊松比和光吸收系数等参数。在此基础上，设定薄膜半径为 25 μm，层数为 10 层（厚度为 3.35 nm），以及由于单模光纤的纤芯内径为 10 μm，设定高斯光束半径为 5 μm。

表9.3 石墨烯膜仿真参数

热导率k（W·m^{-1}·K^{-1}）	热膨胀系数α（K^{-1}）	弹性模量E（TPa）	密度ρ（g/cm^3）	泊松比υ	光吸收系数θ
5300	-7×10^{-6}	1.0	2.2	0.19	0.23

在 COMSOL 仿真环境中建立图 9.4 所示的石墨烯圆膜的仿真模型。仿真中采用"固体力学"模块，使薄膜在平面内和平面外两个方向都能感觉到变形；然后，通过模块"扫掠网格"来调节石墨烯膜在膜厚方向上的数量、大小和分布，以确保有限元分析的准确性和可靠性。

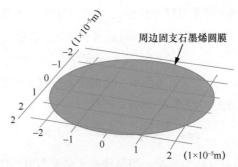

图9.4 石墨烯圆膜仿真模型

当激光照射到石墨烯膜表面时，会产生以下 3 种效应：光子压力、光生载流子浓度引起的应力变化以及光热效应（光引起的热应力）。其中，光热效应是导致石墨烯膜振动的主要因素。因此，仿真中采用"固体传热"模块与"固体力学"模块耦合，模拟温度耦合以及由此产生的热胀冷缩行为。仿真中光热效应诱导的热被石墨烯膜部分吸收，可表示为：

$$Q_h = n \cdot \partial \cdot I \tag{9.9}$$

式中，Q_h 为吸收的热量；n 为石墨烯膜层数；∂ 为单层石墨烯膜的吸光度且 $\partial = 2.3\%$；I 是激励光的强度。

激励光产生的激光束服从高斯分布，因此 I 定义为：

$$I = I_0 \exp\left(-\frac{r^2}{r_0^2}\right) \tag{9.10}$$

式中，r 为石墨烯圆膜的半径；r_0 是激光束的半径；I_0 为单位面积激光束光斑中心处的峰值激光功率，其表示为：

$$I_0 = \frac{P}{\pi r_0^2} \tag{9.11}$$

式中，P 为激光的输出功率。

因此，在"固体传热"模块中布置模拟热源，根据式（9.9）～式（9.11）确定吸收热量。之后，选择"稳态研究"和"本征频率研究"模块，以进行光热激励作用下石墨烯膜的谐振特性仿真分析。

石墨烯谐振式压力传感器的测量原理是获取待测压力与石墨烯谐振频率之间的关系。在未施加外界压力时，测得的基频是石墨烯谐振器的初始谐振频率，其值与特定固支条件下薄膜自身的一阶特征频率相接近。石墨烯膜的特征频率受很多因素影响，包括薄膜的材料、厚度、半径以及预应力等。提高薄膜特征频率的方式有很多，例如，在薄膜加工制备方面，包括提高薄膜厚度的均匀性，改善薄膜表面的平整度，减少褶皱和破损等。

1. 石墨烯振动模态

图 9.5 所示为半径为 25 μm、厚度为 3.55 nm 的周边固支石墨烯圆膜在一阶振动模态下的挠度响应仿真，其特征频率约为 3.59 MHz。

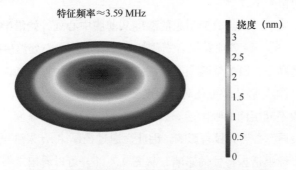

图9.5　石墨烯圆膜在一阶振动模态下的挠度响应仿真

图 9.6（a）和图 9.6（b）所示为图 9.5 所述薄膜结构在二阶和四阶振动模态下的挠度响应仿真。在谐振式传感器的设计中，对于处于基频的周边固支圆膜，其挠度变形最大值位于薄膜中心处。如果薄膜处于其他的高阶振动模态下，其振幅最大值通常不在薄膜的中心处，则位于薄膜中心处的干涉光信号无法真实反映薄膜的振幅大小，也就无法准确稳定地探测到薄膜的谐振频率。而且，多种模态的共存会使整个谐振系统出现能量分散，降低谐振器的品质因数。因此，在实验过程中需尽量使薄膜在一阶振动模态处振动，避免产生其他高阶振动模态。

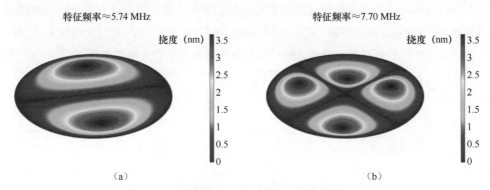

图9.6　石墨烯圆膜在不同振动模态下的挠度响应仿真
（a）二阶振动模态；（b）四阶振动模态

2. 石墨烯圆膜的尺寸参数的影响

考虑到石墨烯具有较大的径厚比，仿真中分析圆膜半径和厚度对石墨烯膜谐振特性和光热激励下温度分布的影响。由先验的实验条件可知，高于 10 mW 的激光会造成石墨烯的损伤，因此，仿真中设定激光功率为 10 mW，激光半径为 20 μm，以模拟多模光纤的照射。参数化扫描石墨烯半径 r 和厚度 t 的范围分别为 10～30 μm 和 0.335～3.35 nm（1～10 层），仿真结果如图 9.7 所示。其中 n 为石墨烯层数，c 为仿真结果与拟合结果之间的相关系数[29]。

如图 9.7（a）所示，光热效应引起的温度从薄膜中心处开始沿半径逐渐减小。用相关系数为 99.86% 的一阶多项式拟合石墨烯膜半径 r 和中心处温度的函数关系，结果表明，在光热激励下，石墨烯膜中心处的温度将随半径线性增加；在固定半径下，从单层到 10 层的石墨烯膜层数变化时，温度变化并不明显。

由于石墨烯膜不同层间的吸附能和吸附力不同，石墨烯的厚度（或层数）对薄膜的温度分布和谐振频率必然有显著影响。因此，通过径厚比 r/t 来进一步综合估计薄膜半径和厚度对石墨烯膜谐振特性的影响。从图 9.7（b）可以看出，石墨烯膜中心处的温度随径厚比 r/t 线性变化，且对膜厚的依赖是主要的。即当径厚比不变时，随着层数的增加，中心处温度急剧升高。这主要是由于更厚的膜中积累了更多的热量，并且根据式（9.9），较厚的石墨烯膜可以增强光热转化，从而导致薄膜温度升高。

之后，对石墨烯圆膜半径和厚度对谐振频率的影响进行仿真分析。从图 9.7（c）可以看出，谐振频率随半径的增大呈非线性减小，其中谐振频率—半径曲线拟合为二阶幂函数，相关系数为 99.86%。此外，在图 9.7（d）中也发现类似的变化趋势，但是，当膜层数发生变化时，特别是从单层到双层，频率变化较为明显。这主要是由于范德瓦耳斯力与每层振动方向之间的相互作用，即双分子层和多层石墨烯层之间的范德瓦耳斯力相互作用会导致每层同时产生不同的振动方向，相反的振动方向会增加膜振动的周期，从而使振动频率下降。同时，膜的刚度会随着厚度（层数）的增大而增大。这样，具有较高刚度的石墨烯膜就能够通过层间范德瓦耳斯力耦合来抵抗变形。

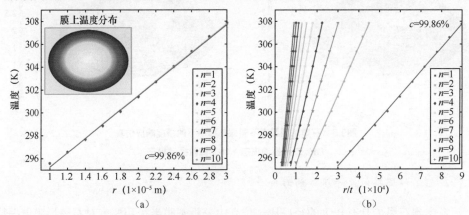

图9.7　薄膜温度、谐振频率的仿真结果

（a）薄膜中心处温度与半径和膜层数的关系；（b）薄膜中心处温度与径厚比和膜层数的关系

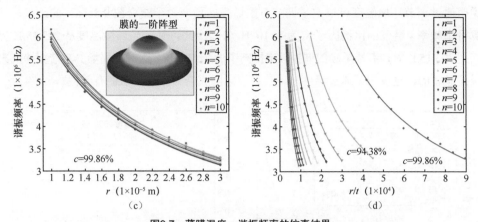

图9.7 薄膜温度、谐振频率的仿真结果

（c）薄膜谐振频率与半径和膜层数的关系；（d）薄膜谐振频率与径厚比和膜层数的关系（续）

3. 石墨烯圆膜的预应力影响

石墨烯膜与基底之间的范德瓦耳斯力会引起薄膜的应变拉伸，形成石墨烯膜的预应力，而预应力决定着石墨烯膜的谐振频率，因此需在仿真中加以研究。石墨烯膜的预应力加载主要由石墨烯膜以范华德力的方式吸附于基底时产生的，为此，对周边固支石墨烯圆膜在 $1 \times 10^3 \sim 1 \times 10^{10}$ Pa 范围内预应力与温度、谐振频率的影响关系进行仿真研究。

由图 9.8（a）可以看出，当薄膜预应力小于 1×10^7 Pa 时，石墨烯圆膜的谐振频率没有明显变化；而当预应力大于 1×10^7 Pa 时，谐振频率从 0.354×10^7 Hz 增大至 1.878×10^7 Hz，变化了 15.24 MHz。考虑石墨烯在 F-P 谐振探头的端面通过范德瓦耳斯力与之结合，其实际预应力低于 1×10^9 Pa，因此将研究范围进一步缩小至 $1 \times 10^7 \sim 1 \times 10^9$ Pa。由式（9.2）可知，圆膜的谐振频率随预应力的增大呈非线性增加，但当预应力足够大时，其谐振频率将逐渐趋于线性变化。为避免石墨烯圆膜的非线性响应，进一步研究了预应力在 $1 \times 10^8 \sim 1 \times 10^9$ Pa 范围内谐振频率与预应力之间的关系。通过拟合，谐振频率可以表示为预应力的近似线性函数，其相关系数为 99.27%。由此可知，提高石墨烯圆膜的预应力有利于获得更好的线性度和检测精度。

目前提高石墨烯预应力的典型方法包括对石墨烯端面进行抛光、在制备过程中采用硬质烘烤技术以及调节环境温度。前两种方法难以定量控制预应力，因此，对于第三种方法，可通过仿真来进一步分析预应力与温度的相关性。如图 9.8（b）所示，石墨烯膜的初始预应力与温度呈线性关系。当温度从室温 293.15 K 增加 100 K 时，相应的预应力从 1.2×10^8 Pa 增加到 1.54×10^9 Pa，预应力 - 温度的比例因子 k_t 为 14.2 MPa/K，说明通过调节环境温度可以定量调节石墨烯膜的预应力。结合图9.8（a）的结果，计算得出频率-温度的比例因子 k_f 为 $3×10^4$ Hz/K。由此可见，当环境温度从293.15 K提高到393.15 K时，石墨烯膜的谐振频率提高了近 $3×10^6$ Hz，这对石墨烯 F-P 谐振探头来说是显著的，也表明了通过温度来调节石墨烯圆膜谐振频率方法的有效性。

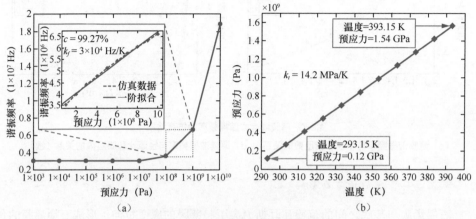

图9.8　预应力与谐振频率、温度的关系
（a）预应力与谐振频率的关系；（b）预应力与温度的关系

4. 激光功率及激光束半径的影响

由式（9.9）～式（9.11）可知，激光激发的光强与激光输出功率 P 和光斑半径 r_0 密切相关，而后者则能够反映出石墨烯膜吸收的总能量。然而，当薄膜中心温度过高时，周边固支的石墨烯圆膜会出现烧坏烧穿的现象，从而使F-P谐振探头失效，导致谐振效应消失。一般来说，由于转移的石墨烯膜存在预应力，石墨烯膜的损伤阈值与制备转移过程有关。为避免石墨烯膜的物理损伤，将输出功率控制在 10 mW 以下，并对圆膜中心处温度与激光功率、激光束半径与石墨烯膜谐振频率的关系进行了研究。仿真中，由于过大的光功率导致的热量积累会引起石墨烯的损伤，因此将 P 和 r_0 的研究范围分别设置为 $1 \sim 10$ mW 和 $5 \sim 25$ μm。

如图9.9所示，中心处温度在 $1 \sim 10$ mW 激光输出功率范围内随激光输出功率的增大而线性增大，其变化趋势与中心处温度随石墨烯膜径厚比 r/t 变化的趋势相同，且变化曲线的拟合相关系数为99.86%。特别是在较大的激光输出功率下，r_0 对石墨烯膜表面温度的影响更为显著，随着激光束半径的增大，温度逐渐降低。根据式（9.11）中 r_0 和 I_0 的关系，激光束半径越大，则照射到石墨烯膜上的光越弱，且随着激光束半径的增大，被光照射的表面积也变大，使膜内的温度分布更为分散和均匀。因此，通过控制激光输出功率和激光束半径可调节薄膜中心处温度，同时避免石墨烯膜的损伤。

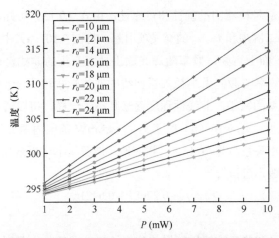

图9.9　薄膜中心处温度与激光输出功率和激光束半径关系

实际上，激光参数（激光输出功率和激光束半径）的变化对温度引起的谐振频率有明显影响，但现有文献工作主要集中在激光输出功率对谐振信号强度的影响方面。因此，分别在 $1 \sim 10$ mW 和 $5 \sim 25$ μm 范围内，对激光输出功率和激光半径的作用进行了仿真，如图 9.10 所示。为估计谐振频率对激光输出功率和激光束半径的影响关系，拟合了仿真结果的二阶多项式曲面，其表达方程为：

$$f_R = f_0 + 0.2837P - 0.0083r_0 + 0.0002r_0^2 + 0.0065 \cdot P \cdot r_0 \qquad (9.12)$$

式中，f_R 为谐振频率，单位为 MHz，f_0 为基频且 $f_0 = 2.3094$ MHz。

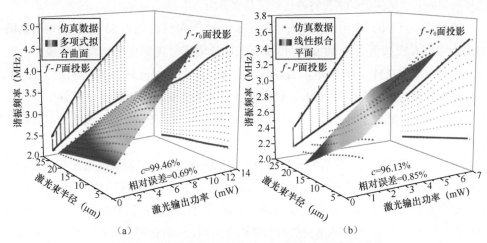

图9.10　谐振频率随激光输出功率及激光束半径的变化关系

（a）激光输出功率为5～25 μm；（b）激光输出功率为1～5 mW

图 9.10（a）中拟合面的相关系数高达 99.46%，相对误差为 0.69%，但非线性频

率响应仍会降低光信号检测的准确性和可靠性。由式（9.12）可知，谐振频率的非线性响应主要由 r_0 的二次项和 P、r_0 的交叉项引起。将图 9.10（a）中的二阶拟合面分别投影到 f-R 面和 f-r_0 面上可知，频率随激光输出功率变化的非线性效应变弱。特别是在 f-r_0 面投影中，频率与激光束半径关系曲线的非线性程度大于 f-P 面投影的曲线，但随着激光输出功率的减小，非线性程度逐渐减小。这样，可以通过限制激光输出功率范围来提高线性度。图 9.10（b）所示为 $1 \sim 5$ mW 范围内激光输出功率的线性拟合谐振频率响应，相关系数为 96.13%；相应地，谐振频率作为激光输出功率和该范围内激光束半径的函数，可拟合为：

$$f_{\mathrm{R}} = f_0 + 0.2268P - 0.0421r_0 \qquad (9.13)$$

式中，$f_0 = 2.55$ MHz。

由式（9.13）得到的理论解析结果与仿真计算数据的最大相对误差为 0.85%。该式可用于确定石墨烯 F-P 谐振探头在室温下的初始输出功率和激光束半径，使被测信号具有较好的线性度。

5. 石墨烯膜周边固支边界条件的影响

当图 9.11(a)所示的石墨烯膜完好地吸附于衬底时，具有良好的周边固支边界条件。这种情况下，石墨烯膜能够在光热激励下产生有利的谐振模态，便于检测光探测薄膜中心处的挠度。但在将石墨烯转移到某些有缺陷衬底或者转移过程中存在工艺问题时，薄膜附着和固支条件会出现一定的边界缺陷，如图 9.11（b）所示。为此，进一步对有边界缺陷的石墨烯圆膜的谐振特性进行了仿真分析。

参考图 9.11（b），由于激光束半径是 5 μm，毛细管内径为 50 μm，则单边缺陷的剩余宽度 l_1 应该至少为 30 μm，以保证激励检测信号能够完整地覆盖薄膜中心区域。因此，如图 9.11（d）所示，当 l_1 从 50 μm 减少至 30 μm 时，即边界缺陷逐渐增加，谐振频率会减少至 1.49 MHz，膜上产生最大挠度变形的位置也逐渐偏离了圆膜的中心，从而导致挠度显著降低。这很可能是由于单个缺陷引起的圆膜固支不对称造成的。

针对这一问题，当转移后的石墨烯膜出现双侧缺陷，可借助微纳工艺修剪为双侧对称结构，即双端固支边界，如图 9.11（c）所示。对此结构进行有限元谐振特性仿真，如图 9.11（e）所示，圆膜的挠度随双侧缺陷剩余宽度 l_2 的增加而下降；直到圆膜的长宽比大于 5，即石墨烯圆膜变为石墨烯梁结构，一阶振型出现在膜的中心区域，而不再出现在膜的边缘。出现这种结果的原因是，圆膜逐渐成为一个双端固支梁，尽管谐振频率有一定下降，但中心挠度比以前的缺陷圆膜更高，且有利于提升品质因数。因此，对于具有缺陷的石墨烯圆膜，可以通过光刻或离子刻蚀工艺将石墨烯圆膜制成石墨烯梁，实现对 F-P 谐振器的激励与信号检测，并有利于提升该传感器的品质因数。

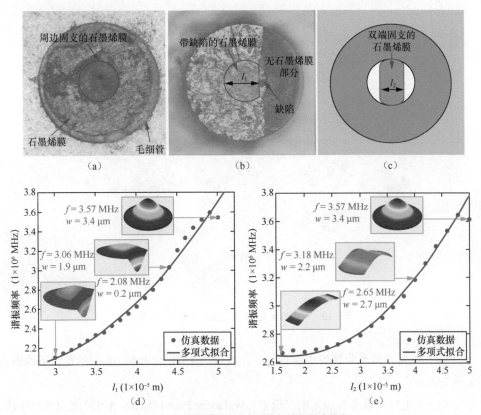

图9.11 石墨烯膜周边固支边界条件的影响仿真

（a）转移完好的石墨烯圆膜的显微结构；（b）单侧边缘有缺陷的石墨烯膜的显微结构；

（c）双端固支的石墨烯结构示意；（d）单边缺陷剩余宽度 l_1 对谐振频率的影响；

（e）双侧缺陷剩余宽度 l_2 对谐振频率的影响

9.3 石墨烯膜光纤F-P谐振压力实验

9.3.1 谐振压力实验平台的搭建

图 9.12 所示为石墨烯膜光纤 F-P 谐振压力测试平台，所用的主要仪器如下。

（1）分布式反馈（Distributed Feedback Laser，DFB）激光器为保偏激光器，实验用波长为 1550.12 nm 和 1551.72 nm。

（2）掺铒光纤放大器的工作波长为 1528 ～ 1560 nm。

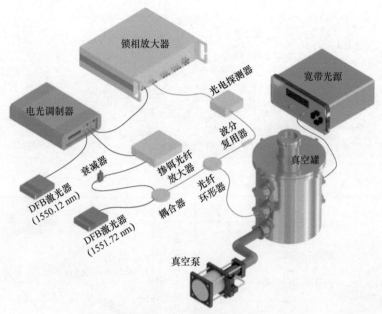

图9.12　石墨烯膜光纤F-P谐振压力测试平台示意

（3）电光调制器为强度调制仪，工作波长为 1525 ～ 1565 nm，偏置调节范围为 $-7 \sim 7$ V。

（4）光电探测器为雪崩光电二极管（Avalanche Photo Diade，APD）光电探测模块，带宽为 200 MHz，光谱范围为 850 ～ 1650 nm。

（5）宽带光源为 C+L 波段宽带光源，光谱范围为 1528 ～ 1608 nm。

（6）锁相放大器为 HF2LI 数字锁相放大器，采样速率为每秒 210 M 个采样点，带宽为 0.7 μHz ～ 50 MHz，具有双独立锁相单元和双信号发生器。

（7）真空泵为旋片真空泵，电机功率为 0.37 kW，极限真空度为 0.05 Pa。

（8）复合真空计的测量范围为 $1.0 \times 10^{-5} \sim 1.0 \times 10^{5}$ Pa。

光纤激振所用的 DFB 激光器波长为 1550.12 nm。从激励光源发出的光通过电光调制器，对光强进行正弦调制。由掺铒光纤放大器来增大激光功率，并借助衰减器调节激励光功率的大小，以满足不同实验需求。

光纤探测光源的波长为 1551.72 nm，光源发出的光与衰减器输出的光经分光比为 10：90 的 2×2 耦合器，合并为一路光源，送入三端口保偏光纤环形器。光纤环形器一端口的光纤与谐振探头相连接，而探测返回的干涉光从光纤环形器的另一端口输出，通过波分复用器输入光电探测器中，再送入锁相放大器进行数据处理。

9.3.2　F−P谐振探头的制备

1.石墨烯膜的转移方法

现阶段石墨烯材料的转移通常是借助聚合物作为中间过渡衬底来实现的。国内外学者尝试采用多种聚合物进行辅助转移，包括聚二甲基硅氧烷（PDMS）、聚乙烯醇（PVA）、聚甲基丙烯酸甲酯（PMMA）等。本节采用湿法转移和退火法转移两种工艺，借助 PMMA 将石墨烯转移至目标衬底，实现悬浮的周边固支石墨烯膜结构。

（1）湿法转移工艺

湿法转移利用 PMMA 溶解于丙酮或其他溶剂的性质，将石墨烯 /PMMA 置于此类溶剂环境中，从而去除 PMMA 层。湿法转移流程如图 9.13 所示。

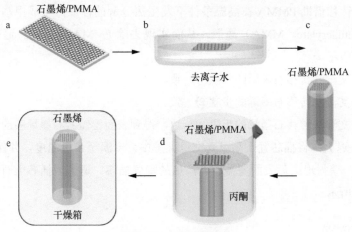

图 9.13　湿法转移流程

① 石墨烯样品分离：将去离子水过滤，一部分注入提前备好的玻璃皿中，一部分用移液器吸取备用。取出石墨烯样品，向石墨烯滴入去离子水，静置直到石墨烯与支撑片被完全浸润。石墨烯由于水的表面张力被从支撑片剥离，并漂浮于去离子水表面。

② 石墨烯膜转移至衬底表面：本实验中衬底为 ZrO_2 插芯，将其置于盛有石墨烯的玻璃皿中，捞取石墨烯膜，使石墨烯膜覆盖插芯的中心孔，并保持平整，如图 9.14（a）所示，其中 PMMA 呈彩色。

③ 石墨烯膜表面 PMMA 去除：将少量丙酮溶液注入另一玻璃皿，用镊子夹取步骤②得到的覆盖着石墨烯膜的 ZrO_2 插芯，缓慢浸入丙酮溶液中。取出并烘干，则去除

PMMA 后的插芯端面如图 9.14（b）所示。

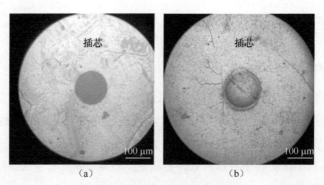

图9.14　转移前后石墨烯表面形貌

（a）转移前；（b）转移后

（2）退火法转移工艺

退火法转移借助 PMMA 在高温条件下发生热分解的性质，生成甲基丙烯酸甲酯（Methyl Methacrylate，MMA）逸散，从而实现去除 PMMA 的目的。退火法转移流程如图 9.15 所示。

① 与前文湿法转移石墨烯的步骤①一致。

② 与前文湿法转移石墨烯的步骤②一致。

③ 与前文湿法转移石墨烯的步骤③一致，得到表面覆盖着石墨烯膜的插芯。

④ 高温退火：将插芯置于高温真空退火炉中，升温至目标温度，并保温 2 h，随后降至室温，获得退火后表面覆盖着石墨烯的陶瓷插芯。退火后插芯上石墨烯表面形貌如图 9.16 所示。

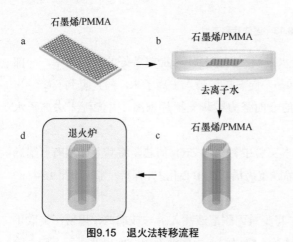

图9.15　退火法转移流程

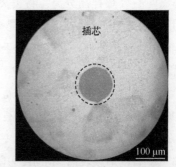

图9.16　退火后插芯上石墨烯表面形貌

2. F–P谐振探头的结构制作

本节设计制作了3种不同结构（陶瓷插芯结构、石英毛细管结构、陶瓷插芯－石英毛细管结合结构）的F-P谐振探头，并结合谐振特性的优化分析，确定了以石英毛细管为石墨烯膜基底的探头结构进行压力测试。

（1）陶瓷插芯结构

图9.17所示为基于陶瓷插芯的F-P谐振探头结构。该结构探头的制作流程与前文基于陶瓷插芯的F-P声压传感器探头相同，此处不详述。

（2）石英毛细管结构

图9.18（a）所示为石英毛细管结构，其制作流程如图9.18（b）所示。

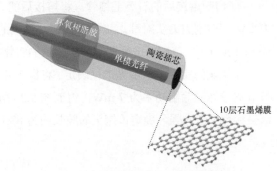

图9.17　基于陶瓷插芯的F-P谐振探头结构

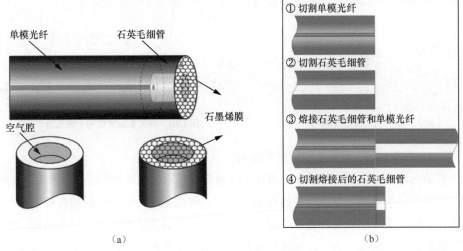

（a）　　　　　　　　　　　　（b）

图9.18　石英毛细管结构与制作流程

（a）结构；（b）制作流程

① 切割单模光纤。用剥线钳剥去涂覆层，用无尘纸蘸取酒精沿轴向轻轻擦拭光纤，清除光纤表面附着的杂质。利用光纤切割刀将光纤端面切平，用酒精清洁表面后，放置于光纤熔接机的一端。

② 切割石英毛细管。用光纤超声切割刀将石英毛细管端面切平，之后放入光纤熔接机的另一端，观察切割角度是否在0.5°以内。

③ 熔接石英毛细管和单模光纤。在多模光纤熔接模式下，调节熔接参数，设定毛细管和光纤端面间隔为 15 μm，预熔时间为 80 ms。熔接后，观察熔接点，确保熔接处平整、无明显肿胀和凹陷、无气泡产生等。

④ 切割熔接后的石英毛细管。将熔接后的光纤和石英毛细管两端用光纤超声切割刀夹紧，切割刀刀头对准熔接点，调整熔接点的位置，使切割刀的刀头位于距熔接点 50～100 μm 的范围内进行切割。切割后的实物如图 9.19 所示。

该探头的实际腔长由光谱仪确定。将探头和光谱仪与宽带光源通过环形器相连接，调节宽带光源输出功率为 7 mW，得到图 9.20 所示的干涉光谱。图中横坐标为波长，纵坐标为干涉光强，确定该探头的腔长约为 67.1 μm。

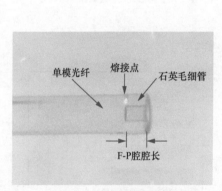

图9.19　石英毛细管实物

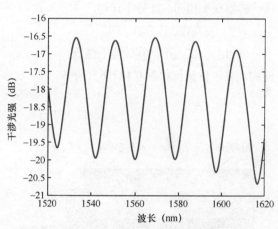

图9.20　石英毛细管结构干涉光谱

（3）陶瓷插芯 - 石英毛细管结合结构

在前两种探头结构的基础上，设计了一种陶瓷插芯 - 石英毛细管结合结构。首先，按上述流程制作石英毛细管结构的探头；之后，将用超声清洗干净的陶瓷插芯和石英毛细管结构探头分别固定在光纤微动平台的两端；最后使毛细管进入插芯内部，当毛细管端面和插芯端面平齐时，用环氧树脂胶将插芯尾部和光纤黏结固化，完成探头的制作。该结构具有如下特点。

① 陶瓷插芯的内径是 125 μm，石英毛细管的内径是 50 μm。薄膜尺寸的减小可增大谐振频率，并降低在薄膜转移的过程中产生的可能缺陷。

② 该结构可以弥补单一石英毛细管结构制作的一些缺陷。由于石英毛细管的中间是中空的，在光纤超声切割刀切割时毛细管内壁受力不均匀，会产生图 9.21（a）所示的断层，严重影响石墨烯膜的附着效果。陶瓷插芯 - 石英毛细管结构便于研磨盘对石英毛细管表面进行处理，去除石英毛细管缺陷，以及也可实现二者端面的平齐。石

英毛细管端面研磨前、后的效果分别如图9.21（b）、图9.21（c）所示。

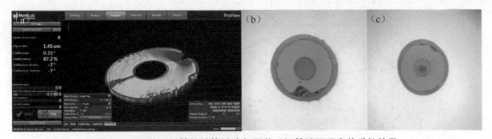

图9.21　石英毛细管的结构缺陷与石英毛细管端面研磨前后的效果
（a）石英毛细管的结构缺陷；（b）石英毛细管端面研磨前效果；（c）石英毛细管端面研磨后效果

图 9.22（a）和图 9.22（b）所示为基于石英毛细管结构和陶瓷插芯 - 石英毛细管结合结构端面的薄膜转移效果。

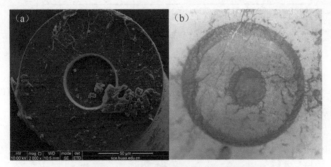

图9.22　不同结构端面的薄膜转移效果
（a）石英毛细管结构；（b）陶瓷插芯-石英毛细管结合结构

9.3.3　谐振压力传感实验

1. 插芯结构探头的压力测试

基于陶瓷插芯结构，利用石墨烯退火法转移与湿法转移工艺，制备了石墨烯 F-P 谐振式压力传感探头。调整激励光强大小至 5.5 mW，改变电光调制器的偏置和增益参数，对锁相放大器进行扫频设置，在室温条件下测试两种工艺制备的谐振探头在 2 Pa ～ 40 kPa 范围内的谐振响应，如图 9.23（a）和图 9.23（b）所示[22]。可知，经退火法转移制备的探头在 2 Pa 条件下的谐振频率约为 481 kHz，相比于用湿法转移制备的探头（198 kHz）提升了 2.4 倍；相应的，用退火法转移制备的探头在 2 Pa 环境下的品质因数约 1034，是用湿法转移制备的探头在同环境下的品质因数（约 33）的约 30 倍；在

2 ～ 2.5 kPa 范围内，经退火处理的探头的谐振频率由 481 kHz 提升至 757 kHz，最大压力灵敏度比湿法制备的探头提升 7 倍，达到 110 Hz/Pa。

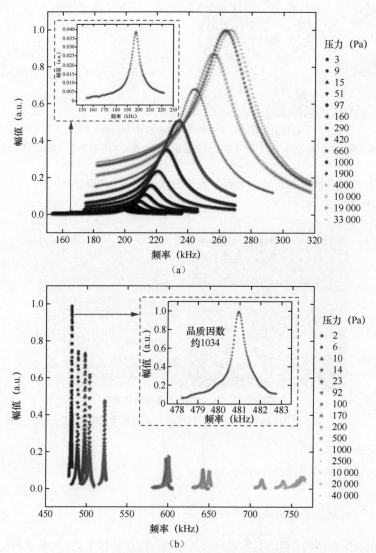

图9.23　退火法转移和湿法转移制备的谐振探头的谐振响应特性
（a）湿法转移；（b）退火法转移

图 9.24 所示为品质因数随张力的变化趋势。根据式（9.2）可计算膜内张力，则退火法转移制得的石墨烯谐振器的品质因数比湿法转移制作的探头高出一个量级，测得的品质因数最高为 1034（室温 @ 2 Pa 条件），其膜内张力比湿法处理后的探头高出一个量级。

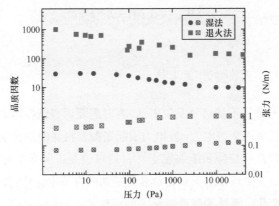

图9.24　湿法转移和退火法转移制成谐振探头的品质因数与张力的变化趋势

2. 陶瓷插芯－石英毛细管结合结构探头的压力测试

利用图 9.12 所示的谐振压力测试平台，将制备的探头置于真空罐中，施加 5.5 mW 激励光，并打开真空泵对真空罐进行抽气，F-P 腔内的压力不变，始终保持一个大气压，但腔外的压力逐渐减小，产生的压力差使石墨烯膜向外鼓起。实验中设定的 F-P 腔内、外压力差介于 0 ～ 69 kPa。图 9.25（a）和图 9.25（b）中的红色与蓝色曲线分别为所制备的两个 F-P 谐振探头的谐振频率与品质因数响应。实验结果表明，随着真空罐内的压力逐渐降低，F-P 腔内外的压力差逐渐增大，薄膜的谐振频率也逐渐增大，且在空气阻尼较大的情况（腔外压力约为 30 kPa），二者近似呈线性关系。两个探头的压力灵敏度分别为 2.93 Hz/Pa 和 2.03 Hz/Pa。由于抽真空过程中薄膜的空气阻尼会逐渐减小，薄膜在每个振动周期内的振动损耗会降低，则这两个谐振器的品质因数发生相应增大，分别从 10.2 增加至 13.9 和从 9.7 增加至 11.8。

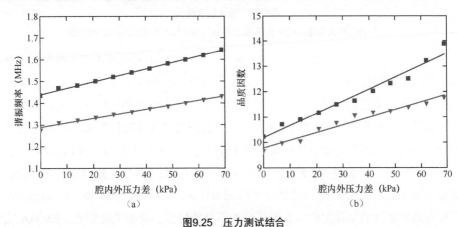

（a）　　　　　　　　　　　　　（b）

图9.25　压力测试结合

（a）谐振频率响应；（b）品质因数响应

9.4　石墨烯膜光纤F-P谐振探头的光热响应实验

9.4.1　F-P光热激励调谐实验

为避免谐振器与外界干扰信号发生串扰，有时需要调整谐振器的基频[30]。调谐的方式包括利用栅极电压来改变静电力，静电力引起谐振器衬底的形变来改变谐振频率[31]；通过压电晶体使薄膜产生拉伸和压缩应变[32]；通过改变压电器件的直流极化电压改变薄膜应力[33]；通过改变磁场作用下双钳位装置施加的直流电流[34]；以及通过电热方式，由温度引起热应力变化，最终实现谐振频率的调整[35]。

由于 F-P 谐振探头采用的光纤光激振 / 拾振属于一种光热激励方式，为此，本节设计了一种基于光热激励的 F-P 谐振器调谐方法[36, 37]，其实验探头如图 9.26 所示。这种结构既可以避免激励端调控对薄膜振动状态的影响，又可以减小薄膜的热损伤。该探头包括两个部分：①谐振探头部分（左侧），陶瓷插芯 - 石英毛细管结合结构，插芯端面附着石墨烯膜；②光热调控部分（右侧），插芯内插入一根直径为 50 μm 的多模光纤，末端用环氧树脂胶密封。两个插芯借助一个陶瓷套管固定，两个插芯端面相距 100 μm。

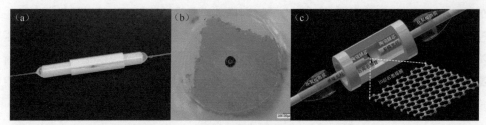

图9.26　热调控探头

（a）热调控探头实物；（b）探头端面显微结构；（c）热调控探头结构示意

调节宽带光源的功率范围在 0 ～ 9 mW，在室温常压下分别对 3 个谐振探头进行热调控实验，实验测得的结果如图 9.27（a）～图 9.27（c）所示，其中，数据点为实测的原始数据，不同颜色的曲线对应不同调控光功率下探头振幅频率响应。由实验结果可知，测试的 3 支谐振探头的谐振频率大体上随调控光功率呈线性变化，但调控效率存在差异。例如，当调控光功率从 0 变化到 9 mW 时，它们的谐振频率分别从 863 kHz、919 kHz、928 kHz 增加到 951.5 kHz、931 kHz、934 kHz，其变化量分别为 88.5 kHz、12 kHz 和 6 kHz，相应的调谐效率为 9.83 kHz/mW、1.33 kHz/mW 和 0.67 kHz/mW。不同探头调控效果的差异主要与石墨烯膜的厚度均匀性、表面平整程度、PMMA 残余情况，以及薄膜下沉量和周边固支边界条件等密切有关。其中图 9.27（a）的调谐范围最大，达到 9.2%，与 Jun 等人测得的 10% 的调谐效果接近[35]，且高于 He 等人报道的 5% 以内的调谐效果[38]。但与 Ye 等人报道的 310% 的超高调谐范围相比仍有较大差距。Ye 等人利用焦耳热将石墨烯由常温加热至 927 ℃，使得石墨烯的谐振频率由 9.7 MHz 增加至 43.7 MHz[39]。

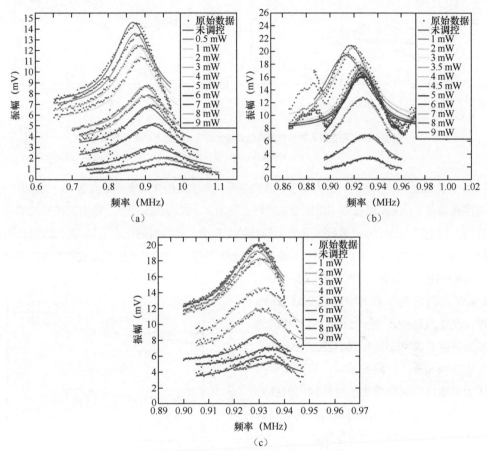

图9.27　3支探头不同调控光功率下的幅频率响应

（a）1号探头；（b）2号探头；（c）3号探头

9.4.2　热应力对谐振压力响应的影响实验

前述实验测试了环境压力和宽带光源调控功率对薄膜谐振频率、振幅和品质因数等参数的影响。本节选取 9.4.1 节中制作的其中两支探头进行了抽真空实验，并观察光功率对石墨烯谐振式压力传感器灵敏度的影响。调控光功率变化范围为 0 ～ 7 mW，压力测试范围为 0 ～ 10 psi（psi 即磅力 / 平方英寸，1 psi ≈ 6.894 kPa），即 0 ～ 69 kPa，实验结果如图 9.28（a）和图 9.28（b）所示。

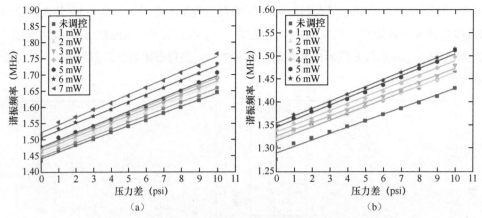

图9.28　两支探头的谐振频率随调控光功率和压力差的变化情况

（a）1号探头；（b）2号探头

实验结果表明，在同一压力差下，薄膜谐振频率随调控光功率而正向增大，且在同一调控光功率下，薄膜谐振频率随压力差的增大而增大。如图9.29所示，随着调控光功率的提升，两个探头的压力灵敏度大致呈上升趋势，其中1号探头的压力灵敏度从2.93 Hz/Pa增大到3.39 Hz/Pa，提升了15.7%，且在0～7 mW范围内调控光对压力灵敏度的调控效率为0.0657 (Hz/Pa)/mW。同理，2号探头在0～6 mW范围内的压力灵敏度从2.03 Hz/Pa增大至2.29 Hz/Pa，提升近12.8%，相应的压力灵敏度调控效率为0.043 (Hz/Pa)/mW。尽管受探头一致性问题影响，不同探头间压力灵敏度的调整效果不尽相同，但该方法可在一定光功率范围内提高石墨烯膜谐振式压力传感器的压力灵敏度。

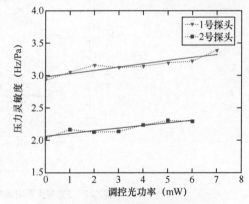

图9.29　两支探头的压力灵敏度随调控
光功率的变化情况

相应地，上述两支探头的品质因数在不同调控光功率下随压力差的变化关系如图9.30（a）和图9.30（b）所示。实验结果表明，在相同压力差下，薄膜品质因数随调控功率和压力差的增大而升高。例如，0～7 mW光功率范围内，1号探头在常压下的品质因数从9.24增大至11.66，提升了26.2%，相应的薄膜品质因数的调控效率为0.346/mW；在69 kPa压力差下，其品质因数从13.89增大到17.14，提升了23.40%，调控效率也相应增加至0.464/mW。类似地，2号探头在常压下的品质因数从9.67增大至12.36，提升了27.82%，相应的薄膜品质因数在0～6 mW范围内的调控效率为0.448/mW；而在69 kPa压力差下，其品质因数从 11.77 增大至 15.28，提升了 29.82%，相应的调控效率为 0.585/mW。因此，调节光功率可提升谐振子的品质因数，但需兼顾薄膜光热损伤影响。

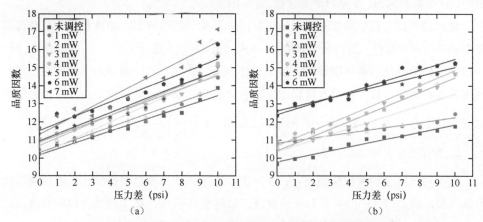

图9.30　两支探头的品质因数随调控光功率和压力差的变化情况
（a）1号探头；（b）2号探头

9.4.3　石墨烯膜热时间常数的光纤F−P谐振测量

1. 石墨烯膜热时间常数模型

根据薄膜的热传导理论，从薄膜受到激光加热到薄膜受热振动的过程存在着一个响应时间，这个响应时间由热时间常数 τ 表征。

薄膜的热传导方程可表示为[40]：

$$\rho c \frac{\mathrm{d}T}{\mathrm{d}t} - k\nabla^2 T = P \tag{9.14}$$

式中，T 为薄膜表面温度，P 为激光传输到薄膜上的热通量，二者都是激光加热时间和薄膜矢量位置的函数；ρ 为石墨烯材料的密度，c 为石墨烯的比热容，k 是石墨烯的热导率，x 是矢量位置，t 是激光加热时间。

根据公式 $P = P_a \mathrm{e}^{\mathrm{j}\omega t}$，可将式（9.14）改写为：

$$C\frac{\mathrm{d}\Delta T}{\mathrm{d}t} + \frac{1}{R}\Delta T = P_a \mathrm{e}^{\mathrm{j}\omega t} \tag{9.15}$$

式中，P_a 表示光功率的直流分量，C 是热容，R 是热阻，ω 为薄膜振动的角频率，$\omega = 2\pi f$，f 为薄膜振动频率。

对于周边固支薄膜，当光热激振频率远低于薄膜的谐振频率时，由式（9.15）可确定薄膜振动的振动解 z_ω 可写为[41]：

$$z_\omega = \frac{\alpha P_a R}{j\omega\tau + 1} = \alpha P_a R \frac{1 - j\omega\tau}{1 + \omega^2\tau^2} \tag{9.16}$$

式中，α 是拟合常数，τ 是热时间常数，$\tau = RC$。

通过扫频技术获取薄膜振动的幅频特性 A 和相频特性 θ 后，由欧拉公式可获得其复频域下的振动特性。2017 年，Metzger 等人对式（9.16）进行了推导[42]：当 $\omega\tau = 1$ 时，薄膜频域振动特性的虚部取得最大值。这样，通过谐振实验中测得的幅频响应曲线，利用振幅和相位参数，可得到薄膜虚部随频率的变化曲线，从而确定出虚部最大值所对应的频率 f_{max}，由此可确定热时间常数 τ 的值（$\tau = \dfrac{1}{2\pi f_{max}}$）。

2. 热时间常数的实验测算

基于前述构建的谐振实验平台，在室温常压下调节薄膜至谐振状态，通过锁相放大器扫频，确定谐振子的幅频和相频曲线，如图 9.31 所示。图中蓝线为幅频曲线，红线为相频曲线，红色圆圈标注了谐振频率点。

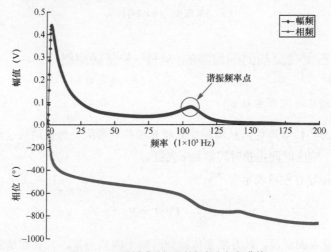

图9.31　石墨烯膜谐振子的幅频和相频曲线

对获得的幅频和相频率响应数据进行复频域分析，可得到实部和虚部的幅频曲线，如图 9.32 所示。图中蓝色线表示幅值虚部的频率响应，红色线表示幅值实部的频率响应，由此确定振幅虚部最大值对应的频率 f=110 kHz（图中以红色圆圈标注），则角频率 ω 为 6.91×10^5 rad/s，根据 $\omega\tau = 1$，可确定热时间常数 τ 为 1.45 μs。这与 Dolleman 等人的计算结果（300 ns）有一定偏差[41]，主要原因是其谐振子的尺寸只有 5 μm 左右，因而具有更快的响应时间。

3. 石墨烯热导率计算

石墨烯热导率 k 与热时间常数 τ 的关系可以表示为[43]：

$$k = \frac{r^2 \rho c}{\mu \tau} \tag{9.17}$$

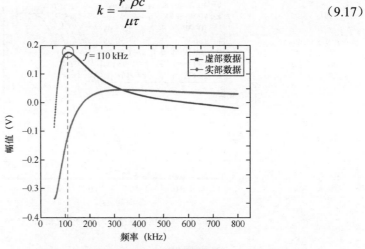

图9.32　薄膜振幅的实部和虚部幅频曲线

式中，r 为石墨烯膜半径，c 为石墨烯的比热容，ρ 为石墨烯的密度，μ 为常数项。

　　因此，若通过实验测得热时间常数，计算石墨烯膜的热导率，除了需要得到石墨烯的密度和比热容，还需要知道 μ 的值。在实验中，薄膜受激光加热，不同薄膜温度下常数项 μ 的值和理论值可能会有一定出入。为使计算的结果更加准确，利用 COMSOL 有限元仿真软件对激光激励薄膜升温过程进行模拟，分析不同热导率参数下薄膜温度和时间的变化关系曲线，再通过拟合的方式得到不同热导率下对应的热时间常数 τ，最后利用式（9.17）获得修正后的常数项 μ。

　　例如，μ 的理论值为 5.783，设定薄膜的密度为 2200 kg/m^3，比热容为 700 J·kg^{-1}·K$^{-1[44]}$，利用 μ 的理论值进行估算，则热导率在 130 W·m^{-1}·K^{-1} 左右。为此，仿真中设定热导率的参数范围是 40 ~ 220 W·m^{-1}·K^{-1}，石墨烯膜相关的特性参数为：激励光功率为 5.5 mW，薄膜半径为 25 μm，10 层石墨烯厚度为 3.35 nm，石墨烯膜为周边固支边界条件。

　　而且，薄膜温度随热时间常数变化的理论公式为 [45]

$$T(t) = T_0 + (T_{\text{end}} - T_0)(1 - e^{-\frac{t}{\tau}}) \tag{9.18}$$

式中，T_0 为激光照射前石墨烯膜的初始温度，这里设定为室温 20 ℃，T_{end} 为激光照射后薄膜稳定后的温度，t 为薄膜升温过程对应的时间，τ 为热时间常数。

　　由此，通过仿真不同热导率参数的薄膜在激光照射下薄膜表面的升温情况，可获取薄膜温度随时间的变化情况，则结果如图 9.33 所示。

　　在图 9.33 中，$\Delta T = T(t) - T_0$，$\Delta T_{\text{end}} = T_{\text{end}} - T_0$。不同热导率下的热时间常数 τ 可由式（9.18）拟合得到，再通过式（9.17），可得到不同热导率下常数 μ 的值，计算结果如表 9.4 所示。对常数 μ 的计算结果取平均值，则修正后 μ 的值为 5.58。

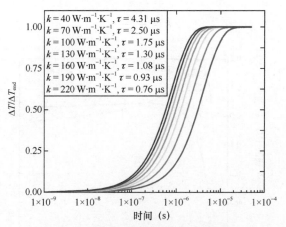

图9.33　薄膜相对温度随时间的变化情况

表9.4　常数μ的仿真结果

热导率（$W \cdot m^{-1} \cdot K^{-1}$）	40	70	100	130	160	190	220
热时间常数（μs）	4.31	2.50	1.75	1.30	1.08	0.93	0.76
μ	5.58	5.49	5.50	5.68	5.55	5.47	5.77

　　利用式（9.17）和修正后的μ，可计算图 9.34 所示的薄膜热导率。实验中使用了两支探头，各进行了 25 组数据的测量。图中蓝色正方形表示 1 号探头测得的热导率，其平均值为 117.97 $W \cdot m^{-1} \cdot K^{-1}$，标准差为 0.77 $W \cdot m^{-1} \cdot K^{-1}$；红色三角形表示 2 号探头测得的热导率，其平均值为 118.22 $W \cdot m^{-1} \cdot K^{-1}$，标准差为 1.13 $W \cdot m^{-1} \cdot K^{-1}$。两支探头测得的热导率结果非常相近，但数据离散程度有一定偏差，这可能是薄膜转移的不一致性造成的薄膜与基底间吸附性能、薄膜厚度均匀性、PMMA 涂层残余等差异。

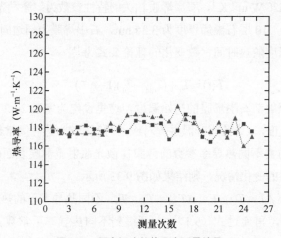

图9.34　两支探头的热导率测量结果

此外，根据式（9.17），可得热导率与热时间常数的关系，如图9.35所示。图中蓝色圆圈和红色方框数据点分别为两支探头的测试结果，实线为利用式（9.17）对实验数据进行拟合的曲线。由图中的局部放大图可直观地看出，两支探头对应的斜率是一致的。

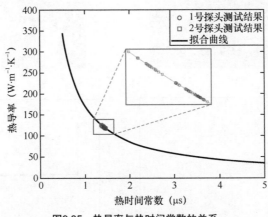

图9.35　热导率与热时间常数的关系

将石墨烯热导率的测试结果同国外其他学者的研究结果进行比较，2011年Liang等人利用拉曼光谱法测得的基于机械剥离法制备的多层石墨烯的热导率为112 W·m^{-1}·K^{-1}[46]，与本章的实验结果（117.97 W·m^{-1}·K^{-1} 和 118.22 W·m^{-1}·K^{-1}）非常接近。2010年，Ghosh等人利用拉曼光谱法测得基于机械剥离法制备的4层石墨烯的热导率为1300 W·m^{-1}·K^{-1}[47]；2012年，Pettes等人利用电阻测量法测得的以CVD法（镍基底）制备的多层石墨烯的热导率为176～995 W·m^{-1}·K^{-1}[48]。本实验测得的热导率和后两者测得的结果相比偏小，一方面是因为热导率随石墨烯膜层数的增加而减小，本节选用的是10层石墨烯膜，层数更多，热导率会更低；另一方面，制备的探头为周边固支结构，界面热阻较大，影响了薄膜传热，界面热阻的大小还与石墨烯的转移工艺密切相关，这些可能使测得的石墨烯热导率偏小。

4. 石墨烯膜的光热损伤研究

在进行热时间常数测量时，发现在较强功率的激光照射后，石墨烯表面会产生破损，因此对石墨烯的损伤条件进行了实验研究。分别以正弦调制的激光与恒定功率激光对退火后的石墨烯进行了长达10 min的照射，并对其产生的损伤半径进行了记录。图9.36所示为照射后的石墨烯表面形貌的扫描电子显微镜照片以及损伤半径与激光功率的关系。在调制激光下，当功率超过2 mW时，薄膜出现裂纹。而在恒定功率激光下，当激光功率提高至为4～5 mW时，薄膜中心开始产生破裂情况[49]。

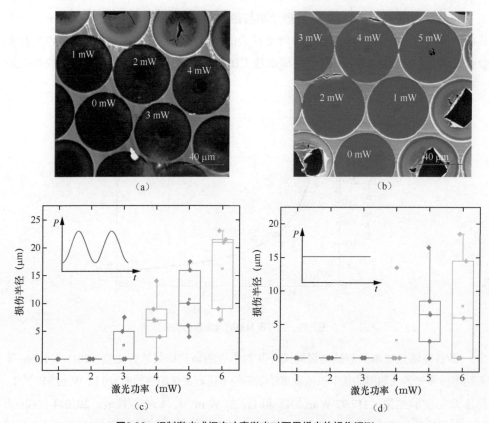

图9.36　调制激光或恒定功率激光对石墨烯热损伤评测
（a）调制激光照射石墨烯后的薄膜形貌；（b）恒定功率激光照射石墨烯后的薄膜形貌；
（c）调制激光对石墨烯的损伤半径统计；（d）恒定功率激光对石墨烯的损伤半径统计

　　图9.36的实验结果表明，在石墨烯谐振器工作时，调制激光对薄膜的损伤更为严重。利用调制激光器对石墨烯膜进行激振，其功率从1 mW逐渐增加到5 mW，同时用一个百微瓦量级的恒定功率激光检测薄膜振动。由于功率极低，恒定功率激光几乎不会破坏石墨烯的结构，这时激光导致的损伤几乎都由调制激光产生，所得实验结果如图9.37所示。结果发现，在光功率达到3 mW附近时，热时间常数开始偏离，如图9.37（b）所示，并在光功率进一步增强时出现较大波动，且薄膜表面形貌在此时会出现裂纹，这表明热时间常数可作为评估石墨烯振动状态的参数，用于实时监测石墨烯谐振器的振动状态。例如，热时间常数从4.7 μs上升到约6 μs，意味着石墨烯膜的驱动和运动的间隔时间变长。

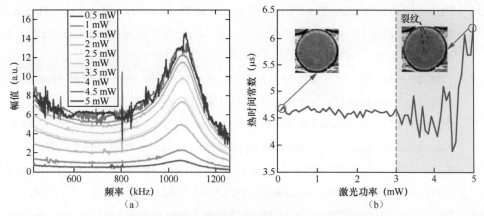

图9.37　调制激光谐振下石墨烯膜的幅频响应与热时间常数的变化情况

（a）幅频响应；（b）热时间常数

9.5　本章小结

本章在总结石墨烯谐振器国内外研究进展的基础上，建模分析了石墨烯膜 F-P 谐振器的压力敏感机理，COMSOL 仿真研究了薄膜谐振频率、张力和温度随调控光功率的变化关系，为 F-P 谐振压力传感器探头的设计制作与特性实验提供了理论依据；并设计制作了石墨烯膜 F-P 谐振式压力探头，实验验证了退火法转移工艺对谐振压力传感性能提升的作用；进而基于石墨烯膜光纤激振 / 拾振实验平台，计算出石墨烯膜的热时间常数约为 1.45 μs，实现了一种石墨烯膜热导率的 F-P 谐振测量方法，测得 10 层石墨烯膜的热导率与前人文献有关结果相吻合。这也为深入研究石墨烯膜的光热谐振特性与光纤式光热激振 / 拾振技术提供了有效的方法指导。

参 考 文 献

[1]　BUNCH J S, VAN D Z A M, VERBRIDGE S S, et al. Electromechanical Resonators from Graphene Sheets [J]. Science, 2007, 315(5811): 490-493.

[2]　GARCIA-SANCHEZ D, VAN D Z A M, PAULO A S, et al. Imaging Mechanical Vibrations in Suspended Graphene Sheets [J]. Nano Letters, 2008, 8(5): 1399-1403.

[3]　KIM S Y, PARK H S. The Importance of Edge Effects on the Intrinsic Loss Mechanisms of Graphene Nano-resonators [J]. Nano Letters, 2009, 9(3): 969-974.

[4]　JIANG J W, WANG J S. Why Edge Effects Are Important on the Intrinsic Loss Mechanisms of Graphene Nano-resonators [J]. Journal of Applied Physics, 2012, 111(5): 490.

[5]   CHEN C, ROSENBLATT S, BOLOTIN K I, et al. Performance of Monolayer Graphene Nanomechanical Resonators with Electrical Readout [J]. Nature Nanotechnology, 2009, 4(12): 861-867.

[6]   ZANDE A M, BARTON R A, ALDEN J S, et al. Large-scale Arrays of Single-layer Graphene Resonators [J]. Nano Letters, 2010, 10(12): 4869-4873.

[7]   GUAN F, KUMARAVADIVEL P, AVERIN D V, et al. Tuning Strain in Flexible Graphene Nanoelectromechanical Resonators [J]. Applied Physics Letters, 2015, 107(19): 266601.

[8]   BARTON R A, ILIC B, VAN D Z A M, et al. High, Size-dependent Quality Factor in an Array of Graphene Mechanical Resonators [J]. Nano Letters, 2011, 11(3): 1232-1236.

[9]   OSHIDARI Y, HATAKEYAMA T, KOMETANI R, et al. High Quality Factor Graphene Resonator Fabrication Using Resist Shrinkage-induced Strain [J]. Applied Physics Express, 2012, 5(11): 7201.

[10]   LEE S, CHEN C, DESHPANDE V V, et al. Electrically Integrated SU-8 Clamped Graphene Drum Resonators for Strain Engineering [J]. Applied Physics Letters, 2013, 102(15): 666.

[11]   AL-MASHAAL A K, WOOD G S, TORIN A, et al. Dynamic Behavior of Ultra Large Graphene-based Membranes Using Electrothermal Transduction [J]. Applied Physics Letters, 2017, 111(24): 243503.

[12]   MILLER D, ALEMÁN B. Spatially Resolved Optical Excitation of Mechanical Modes in Graphene NEMS [J]. Applied Physics Letters, 2019, 115(19): 193102.

[13]   BUNCH J S, VERBRIDGE S S, ALDEN J S, et al. Impermeable Atomic Membranes from Graphene Sheets [J]. Nano Letters, 2008, 8(8): 2458-2462.

[14]   VOLLEBREGT S, DOLLEMAN R J, ZANT H S J V D, et al. Suspended Graphene Beams with Tunable Gap for Squeeze-film Pressure Sensing [C]//2017 19th International Conference on Solid-State Sensors, Actuators and Microsystems, 2017.

[15]   MA J, JIN W, XUAN H, et al. Fiber-optic Ferrule-top Nanomechanical Resonator with Multilayer Graphene Film [J]. Optics Letters, 2014, 39(16): 4769-4772.

[16]   DOLLEMAN R J, DAVIDOVIKJ D, SANTIAGO JOSÉ C B, et al. Graphene Squeeze-film Pressure Sensors [J]. Nano Letters, 2015, 16(1): 568-571.

[17]   LI C, LAN T, YU X, et al. Room-temperature Pressure-induced Optically-actuated Fabry-Perot Nanomechanical Resonator with Multilayer Graphene Diaphragm in Air [J]. Nanomaterials, 2017, 7(11): 366.

[18]   SOUTHWORTH D R, CRAIGHEAD H G, PARPIA J M. Pressure Dependent Resonant Frequency of Micromechanical Drumhead Resonators [J]. Applied Physics Letters, 2009, 94(21): 213506.

[19]   李成, 兰天, 余希琼, 等. 一种石墨烯膜光纤法珀谐振器及其激振 / 拾振检测方法:

106908092B [P]. 2017-04-12.

[20]　SHE Y, LI C, LAN T, et al. The Effect of Viscous Air Damping on an Optically Actuated Multilayer MoS$_2$ Nanomechanical Resonator Using Fabry-Perot Interference [J]. Nanomaterials. 2016, 6(9): 162.

[21]　李子昂, 樊尚春, 李成. 一种基于光纤F-P腔的石墨烯谐振式压力传感器 [J]. 计测技术, 2019, 39(6): 36-39.

[22]　LIU Y, LI C, FAN S, et al. Effect of PMMA Removal Methods on Opto-mechanical Behaviors of Optical Fiber Resonant Sensor with Graphene Diaphragm [J]. Photonic Sensors, 2021, 12(5887), 140-151.

[23]　LEE M, DAVIDOVIKJ D, SAJADI B, et al. Sealing Graphene Nanodrums [J]. Nano Letters, 2019, 19(8), 5313-5318.

[24]　BALANDIN A A, GHOSH S, BAO W, et al. Superior Thermal Conductivity of Single-Layer Graphene [J]. Nano Letters, 2008, 8(3): 902-907.

[25]　BAO W, MIAO F, CHEN Z, et al. Controlled Ripple Texturing of Suspended Graphene and Ultrathin Graphite Membranes [J]. Nature Nanotechnology, 2009, 4(9): 562-566.

[26]　ZHOU J, HUANG R. Internal Lattice Relaxation of Single-layer Graphene under In-plane Deformation [J]. Journal of the Mechanics and Physics of Solids, 2008, 56(4): 1609-1623.

[27]　POLITANO A, CHIARELLO G. Probing the Young's modulus and Poisson's Ratio in Graphene/metal Interfaces and Graphite: A comparative study [J]. Nano Research, 2015, 8(6): 1847-1856.

[28]　NAIR R R, BLAKE P, GRIGORENKO A N, et al. Fine Structure Constant Defines Visual Transparency of Graphene [J]. Science, 2008, 320(5881): 1308.

[29]　SHI F, FAN S, LI C, et al. Opto-thermally Excited Fabry-Perot Resonance Frequency Behaviors of Clamped Circular Graphene Membrane [J]. Nanomaterials. 2019, 9(4): 563.

[30]　ZHANG W, HU K, PENG Z, et al. Tunable Micro- and Nanomechanical Resonators [J]. Sensors, 2015, 15(10): 26478-26566.

[31]　WU C C, ZHONG Z. Capacitive Spring Softening in Single-walled Carbon Nanotube Nanoelectromechanical Resonators [J]. Nano Letters, 2011, 11(4): 1448-1451.

[32]　KRAMER E, DORP J V, LEEUWEN R V, et al. Strain-dependent Damping in Nanomechanical Resonators from Thin MoS$_2$ Crystals [J]. Applied Physics Letters, 2015, 107(9): 091903.

[33]　KARABALIN R B, MATHENY M H, FENG X L, et al. Piezoelectric Nanoelectromechanical Resonators Based on Aluminum Nitride Thin Films [J]. Applied Physics Letters, 2009, 95(10): 103111.

[34] KARABALIN R B, FENG X L, ROUKES M L. Parametric Nanomechanical Amplification at Very High Frequency [J]. Nano Letters, 2009, 9(9): 3116-3123.

[35] JUN S C, HUANG X M H, MANOLIDIS M, et al. Electrothermal tuning of Al-SiC Nanomechanical Resonators [J]. Nanotechnology, 2006, 17(5): 1506-1511.

[36] 李成, 兰天, 余希彧, 等. 一种能够应力调控的石墨烯膜光纤法珀谐振器及其制作方法: 107478251B [P]. 2017-09-18.

[37] 李成, 李子昂, 刘欢, 等. 一种具有光热应力调控的石墨烯膜光纤 F-P 谐振器及其制作方法: 111239909B [P]. 2020-02-14.

[38] HE R, FENG X L, ROUKES M L, et al. Self-transducing Silicon Nanowire Electromechanical Systems at Room Temperature [J]. Nano Letters, 2008, 8(6): 1756-1761.

[39] YE F, LEE J, FENG X L. Electrothermally Tunable graphene Resonators Operating at Very High Temperature up to 1200 K [J]. Nano Letters, 2018, 18(3): 1678-1685.

[40] DOLLEMAN R J, LLOYD D, BUNCH J S, et al. Transient Thermal Characterization of Suspended Monolayer MoS$_2$ [J]. Physical Review Materials, 2018, 2(11): 114008.

[41] DOLLEMAN R J, HOURI S, DAVIDOVIKJ D, et al. Optomechanics for Thermal Characterization of Suspended Graphene [J]. Physical Review B, 2017, 96(16): 165421.

[42] METZGER C, FAVERO I, ORTLIEB A, et al. Optical Self Cooling of a Deformable Fabry-Perot Cavity in the Classical Limit [J]. Physical Review B, 2008, 57(3): 035309.

[43] AUBIN K L. Radio Frequency Nano/microelectromechanical Resonators: Thermal and Nonlinear Dynamics Studies [M]. Cornell University, 2004.

[44] POP E, VARSHNEY V, ROY A K. Thermal Properties of Graphene: Fundamentals and Applications [J]. MRS Bulletin, 2012, 37(12): 1273-1281.

[45] ROPER D K, AHN W, HOEPFNER M. Microscale Heat Transfer Transduced by Surface Plasmon Resonant Gold Nanoparticles [J]. The Journal of Physical Chemistry C, 2007, 111(9): 3636-3641.

[46] LIANG Q, YAO X, WANG W, et al. A Three-dimensional Vertically Aligned Functionalized Multilayer Graphene Architecture: An approach for Graphene-based Thermal Interfacial Materials [J]. ACS Nano, 2011, 5(3): 2392-2401.

[47] GHOSH S, BAO W, NIKA D L, et al. Dimensional Crossover of Thermal Transport in Few-layer Graphene [J]. Nature Materials, 2010, 9(7): 555-558.

[48] PETTES M T, JI H, RUOFF R S, et al. Thermal Transport in Three-dimensional Foam Architectures of Few-layer Graphene and Ultrathin Graphite [J]. Nano Letters, 2012, 12(6): 2959-2964.

[49] LIU Y, LI C, FAN S, et al. The Effect of Annealing and Optical Radiation Treatment on Graphene Resonators [J]. Nanomaterials, 2022, 12(15): 2725.

第 10 章 石墨烯膜光纤 F–P 谐振式加速度传感器

谐振式加速度计是惯性测量领域的核心部件，被广泛应用于导航、制导、控制等领域。随着机械加工技术和材料研究的不断发展，石墨烯作为一种新型超薄二维材料，有望用于实现一种高灵敏度、强抗干扰能力、小尺寸的谐振式加速度计。本章将阐述石墨烯谐振式加速度计的研究现状，设计石墨烯谐振式加速度计的整体结构，对其特性进行仿真分析，并制作一种基于气腔压力传导的石墨烯膜光纤 F-P 谐振式加速度传感器，开展谐振特性和加速度效应实验研究。

10.1 石墨烯谐振式加速度传感器结构设计

10.1.1 石墨烯谐振式加速度计研究现状

谐振式微机械加速度计具有精度高、抗干扰能力强及重复性、分辨力和稳定性优良，并且其自身输出的周期性信号，通过简单的数字电路即可转换为易与微处理器连接的数字信号，因而成为当前 MEMS 加速度计的研究热点之一 [1, 2]。近年来，由于石墨烯具有优异的力、热、电、光等特性，以及石墨烯纳米级尺寸可以推动惯性测量领域的微机械加速度计向微 / 纳机械加速度计发展，学者们展开了石墨烯谐振式加速度计的相关基础研究。

2012 年，韩国国立交通大学 Kang 等人 [3] 首次研究了石墨烯纳米带对加速度的谐振响应，通过经典分子动力学模拟研究了其静态及动态性能，结构如图 10.1（a）所示。其中，石墨烯纳米带双端固支在基底上，形成一个等效的平行板电容器，加速度引起的应力使机械振动状态发生变化，导致石墨烯纳米带电导率和平行板电容改变，最后通过振动频移或电容变化来实现加速度传感。他们通过分子动力学仿真，得到了在初始应变为 0 和 8.3×10^{-4} 下的加速度 - 频率关系曲线，并指出石墨烯纳米带的平均品质因数随加速度的增大而显著降低。此研究证明了石墨烯可用于制成多种结构的加速度计，为石墨烯谐振式加速度计的研究提供了重要参考。

2013 年，韩国国立交通大学 Byun 等人[4] 将 $4.0152×10^{-22}$ ~ $4.0152×10^{-20}$ g 的微小质量附加到石墨烯纳米带上用于感知加速度变化，结构如图 10.1（b）所示。他们应用经典分子动力学仿真方法，Byun 等人研究了不同附加质量引起的加速度变化，获得了石墨烯谐振式加速度计的谐振频率，如图 10.1（c）所示，发现可通过增加附着质量来降低传感器的灵敏度。随后在 2014 年，Kwon 等人[5] 采用经典分子动力学研究了一种高灵敏度的十字形石墨烯谐振式加速度计，再次证明加速度与谐振频率具有良好的线性关系。

2015 年，美国哥伦比亚大学 Lee 等人[6] 设计了一种用于高加速度测量的石墨烯鼓形谐振式加速度计，如图 10.1（d）所示。将一块 SU-8 胶附着于石墨烯膜上，通过 SU-8 胶来感知加速度变化，改变石墨烯的谐振特性，计算出加速度信息。通过此加速度计测得的传导放大电流预计比电容传感机制大 6 个数量级，证明了石墨烯加速度计在高加速度测量中明显优于传统加速度计。

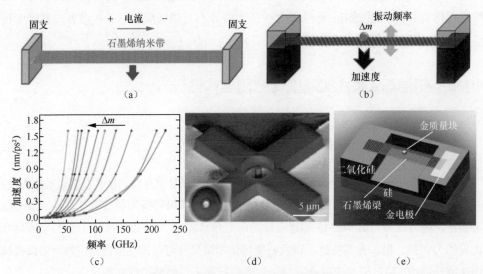

图10.1　石墨烯谐振式加速度计的结构

（a）韩国国立交通大学设计的石墨烯纳米带结构[3]；（b）韩国国立交通大学设计的带有附加质量的石墨烯纳米带结构[4]；（c）谐振频率-加速度的响应仿真[4]；（d）美国哥伦比亚大学设计的鼓式石墨烯谐振式加速度计[6]；（e）国防科技大学设计的石墨烯谐振式加速度计谐振敏感结构[7]

2017 年，国防科技大学 Jie 等人[7] 通过 COMSOL 仿真研究了石墨烯谐振式加速度计，其谐振敏感结构如图 10.1（e）所示。该加速度计在普通石墨烯谐振腔结构的基础上，在石墨烯膜表面附加一个质量块，分析了石墨烯膜的尺寸与质量块位置对谐振频率的影响。同时分析了石墨烯膜的阻尼变化与谐振频率的关系，结果表明石墨烯膜的阻尼变化对品质因数的影响更大，对谐振频率影响较小，且品质因数随石墨烯膜的自由边尺寸减小而增大。这项工作为石墨烯谐振器的加速度传感的结构设计提供参考。

表 10.1 整理了近年来石墨烯谐振式加速度计的典型性能参数 [3, 4, 6, 7]，可以看出石墨烯谐振式加速度计的研究相对较少，且多处于仿真阶段。但表中列出的研究工作都采用了电学激励和电学检测方式，同时现阶段有关石墨烯谐振式加速度计的研究表明 [6]，其在高加速度测量中将有可能显著优于传统的谐振式加速度计。

表10.1　石墨烯谐振式加速度计性能参数

分析方法	薄膜形状	长、宽或直径	激励方式	检测方式	谐振频率f	参考文献
分子动力学仿真	长方形	9.8 nm×0.7 nm	电学	电学	0～250 GHz	[3]
		12.0 nm×0.7 nm			0～250 GHz	[4]
		1.2 μm×1.0 μm			0～10 MHz	[7]
实验	圆形	3～10 μm	电学	电学	0～10 MHz	[6]

10.1.2　单轴石墨烯谐振式加速度计结构

单轴加速度计是测量加速度最基本也是应用最广泛的一种加速度计。对加速度计施加单一轴向的加速度即可引起加速度计的相关参数变化，从而反映出加速度信息。因此，本节对单轴加速度计开展谐振式结构设计。

1. 结构设计

为实现单轴加速度的测量，设计了图 10.2 所示的一种单轴差动式石墨烯谐振梁加速度计结构 [8]，其俯视图和剖视图分别如图 10.3 和图 10.4 所示。该加速度计包含的部件主要有：一块基底（1）、一块敏感质量板（2）、3 个绝缘层（3、4、9）、两个激励电极对（5、8）、两个石墨烯谐振梁（6、7）以及一个真空罩（10）。两个石墨烯谐振梁在加速度方向呈差动式分布，敏感质量板的内侧质量块与外部框架通过 U 型支撑梁连接。

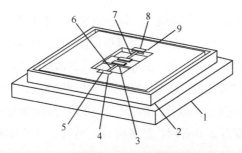

图10.2　单轴差动式石墨烯谐振梁加速度计结构

1.基底；2.敏感质量板；3、4、9.绝缘层；5、8.激励电极对；6、7.谐振梁；10.真空罩

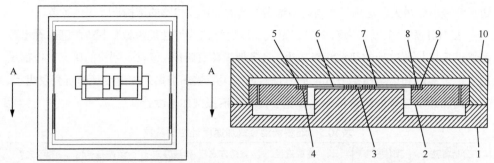

图10.3 去除上侧真空罩时谐振梁加速度计俯视图

图10.4 差动式石墨烯谐振梁加速度计剖视图
1. 基底；2. 敏感质量板；3、4、9. 绝缘层；
5、8. 激励电极对；6、7. 谐振梁；10. 真空罩

图 10.2 所示的单轴差动式石墨烯谐振梁加速度计，其可通过以下过程制作。

（1）在基底上蚀刻出矩形凹槽，以消除衬底在工作状态下与敏感质量板之间的摩擦，从而在被绝缘层覆盖的衬底上形成一个矩形凸台。

（2）利用氧离子注入分离（Separaie by IMplant Oxygen，SIMOX）晶圆键合技术将敏感质量板固定在基底上。敏感质量板的框架内侧与基底的凹槽外侧齐平，从而保证敏感质量板内部的敏感质量块沿加速度计的中心对称。

（3）离子刻蚀出敏感质量板，形成敏感质量块，敏感质量块沿加速度计的加速度轴向（y 轴）对称分布。

（4）同样离子刻蚀出两个放置石墨烯谐振梁的凹槽。绝缘层布置在基底凸台上的中心区域以及敏感质量板的凹槽中，使得每个石墨烯谐振梁的两端在 y 轴方向上都有相应的激励电极夹持，即石墨烯谐振梁在双边固支边界条件下工作。

（5）通过热生长氧化制备基底和敏感质量板以及 CVD 或热脱氧生长，形成两个双端固支石墨烯谐振梁。

（6）将激励电极对置于石墨烯谐振梁的两端，即可激励两个石墨烯谐振梁达到谐振状态。

相比于现有的单轴谐振式加速度计，该加速度计具有如下优点。

（1）敏感质量块上的支撑梁采用 U 型薄板设计，U 型薄板厚度远小于质量块轴向厚度，质量块在轴向的较小范围内运动，从而获得较大的敏感质量，提高质量块对微小加速度的敏感程度，实现超高加速度位移灵敏度。此结构能够保证活动质量块具有较好轴向刚度，使质量块对轴向加速度完全敏感，消除质量块受横向轴加速度产生移动带来的影响。

（2）4 个具有一定厚度且有较长悬臂的 U 型薄板支撑梁两两成对以支撑质量块，解决单一支撑梁工作状态下的应力集中问题。U 型支撑梁足够的长度可以限制质量块绕 y 轴的旋转运动，足够的厚度可以限制质量块在垂直于质量块方向的上下运动，从

而减小其他方向加速度对所需检测的 y 轴方向加速度的影响。

（3）采用的谐振结构沿质量块中心对称分布，使整个敏感结构为高度对称结构，结合 U 型薄板支撑梁作用，从根本上消除由于非敏感轴向加速度导致的质量块敏感轴向位移及其他轴的转动，在保证超高加速度位移灵敏度的同时拥有较小的离轴串扰，确保谐振敏感元件较高的谐振频率。

（4）采用差动式谐振结构，能够增强检测信号，改善加速度计的非线性，提高灵敏度和测量准确性，同时对共轭干扰的影响具有较好的抑制和补偿作用，使加速度传感器具有较好的抗干扰性能。

（5）基底凹槽可使质量块悬空放置，避免与绝缘硅基底产生摩擦，保证质量块在轴向顺利运动，提高其对加速度的敏感程度。同时，凹槽与加速度计敏感结构外侧的尺寸对应，利于加速度计制作过程中敏感结构的定位，消除加速度计组装过程中的定位误差，进一步保证整个敏感结构的高度对称性。

（6）采用石墨烯作为谐振梁材料，单层石墨烯厚度仅为 0.335 nm，使石墨烯谐振器尺寸从微米级降至亚微米级或纳米级，可实现石墨烯加速度传感器的微型化。

（7）真空罩与基底形成严格密封真空环境，谐振式传感器的谐振结构封装于真空腔，从而可获得较高的机械品质因数，实现加速度的高灵敏度探测。

2. 工作原理

该单轴石墨烯谐振式加速度计的工作原理为：被测加速度作用于敏感质量板时被转换为集中力，使具有 U 型薄板结构支撑梁的质量块产生轴向微小的位移量，同时带动双端固支石墨烯谐振梁一端产生位移，从而引起石墨烯谐振梁轴向应力的变化。轴向的两个石墨烯谐振梁工作于差动模式，轴向加速度引起石墨烯轴向应力变化，一个石墨烯谐振梁轴向应力增大，谐振频率增加，同时另一个石墨烯谐振梁轴向应力减小，谐振频率降低。通过对两个石墨烯谐振谐振梁频率的检测，即可表征被测加速度大小。

如图 10.2 所示，该加速度计的主体为基底和敏感质量板。在真空环境中，两个石墨烯谐振梁沿敏感质量板的轴向（y 轴）放置。通过在敏感质量板上的折叠支撑梁，将施加在敏感质量板上的加速度转化为惯性集中力。

惯性集中力会使敏感质量块产生位移，可表示为：

$$x = \frac{F(a)}{K} = -\frac{m \cdot a}{K} \tag{10.1}$$

式中，x 为敏感质量板位移，$F(a)$ 为加速度引起的惯性集中力，K 为 U 型支撑梁的等效刚度，m 为敏感质量块的质量，a 为实测加速度。

U 型支撑梁的刚度是决定位移 x 的关键参数，其可由下式确定：

$$K = 2Eh \cdot \left(\frac{w_b}{l_b}\right)^3 \tag{10.2}$$

式中，E 为梁的弹性模量；h 为梁的厚度；w_b 为梁的宽度；l_b 为梁的长度。

由于双梁结构的总长度为 $2l_b$，因此，总刚度可表示为：

$$K_{total} = \frac{Ehw_b^3}{4l_b^3} \tag{10.3}$$

折叠支撑梁产生的位移会导致双端固支石墨烯梁的一端发生移动，进而导致石墨烯谐振梁发生轴向应力变化。对于超薄的双端固支石墨烯梁，其谐振频率 f_R 随梁中应力而变化。考虑到其厚度远小于长度，可简化为谐振弦丝振动模型，则在初始应力 F_0 和集中力 $F(a)$ 下，f_R 可表示为：

$$f_R \approx \frac{n}{2L}\sqrt{\frac{F_0 + F(a)}{\rho w_g}} = \frac{n}{2L}\sqrt{\frac{F_0 + ma}{\rho w_g}} \tag{10.4}$$

式中，n 为谐振阶数，L 为双端固支石墨烯梁的长度，ρ 为石墨烯的密度，w_g 为双端固支石墨烯梁的宽度。

当一定的轴向加速度引起双端固支石墨烯梁上轴向应力变化时，双端固支石墨烯梁的谐振频率也会随之改变，从而通过与石墨烯谐振梁连接的激励电极输出周期性的电信号。在这种情况下，通过检测到双端固支石墨烯梁的谐振频率，即可由式（10.4）确定施加的外部加速度信息。

10.1.3　单轴石墨烯加速度计特性仿真

石墨烯作为谐振敏感元件，是石墨烯谐振式加速度计中的核心部件。因此，石墨烯谐振式加速度计的特性仿真主要针对石墨烯膜谐振特性。

1. 仿真条件设置

利用 COMSOL 对设计的单轴石墨烯谐振式加速度计进行仿真分析。环境条件设为真空、常温，且表 10.2 给出了仿真参数。

表10.2　COMSOL中石墨烯加速度计仿真参数

参数名称	数值	单位
单层石墨烯膜厚度	0.335	nm
石墨烯膜密度	2208	kg/m³
石墨烯膜弹性模量	1.1	TPa
石墨烯膜泊松比	0.41	—
石墨烯膜热导率	5300	$W \cdot m^{-1} \cdot K^{-1}$

续表

参数名称	数值	单位
石墨烯膜膨胀系数	-7×10^{-6}	—
石墨烯导热系数	0.23	—
硅基底密度	2200	kg/m^3
硅基底弹性模量	70	GPa
硅基底泊松比	0.17	—
金电极密度	19320	kg/m^3
金电极弹性模量	795	GPa
金电极泊松比	0.44	—
PDMS密度	970	kg/m^3
环氧树脂弹性模量	750	kPa
环氧树脂泊松比	0.49	—

仿真中利用"固体力学"物理场模块模拟加速度敏感结构，利用"壳结构"模拟具有双端固支梁结构的石墨烯谐振子。石墨烯梁的边界条件设置为"双端固支"，仿真分析中网格划分采用"精细化网格"。

2. 特性仿真分析

对于所设计的单轴差动式石墨烯谐振梁加速度计，在三维建模软件 Autodesk Inventor 2017（以下简称 Inventor）中对其建模，建模及模型装配过程如图 10.5 所示。模型主要包括基底、敏感质量板、绝缘层、激励电极及石墨烯梁这 5 部分。其中基底及敏感质量板采用 SiO$_2$，绝缘层采用 PDMS，激励电极采用金，石墨烯梁绕加速度计轴对称，以构成差动模式。

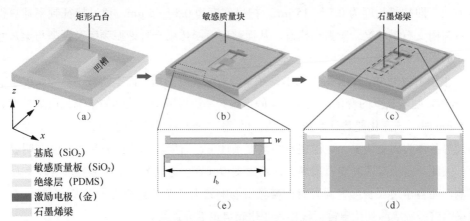

图10.5 单轴差动式石墨烯谐振梁加速度计模型

（a）刻蚀加速度计基底；（b）蚀刻敏感质量板，制备绝缘层和石墨烯梁；（c）装配完整加速度计；
（d）加速度计中心区域 y-z 剖面放大；（e）一侧折叠支撑梁局部放大

为仿真该传感器结构对加速度的响应特性，利用 COMSOL "Livelink for Inventor"模块将在 Inventor 中生成的模型导入图 10.6 所示的 COMSOL 环境，并进行如下设置：① 将敏感质量块和石墨烯谐振子设置为"活动件"；② 将基底、敏感质量板外侧结构、敏感质量板上激励电极以及绝缘层的约束条件等设置为"固定"，以保证其位置的相对固定；③ 石墨烯双端固支梁的每一端通过绝缘层和激励电极对夹持在加速度计的轴向（y 轴）上；④ 石墨烯梁连接敏感质量块的端部自由，与矩形凸台连接的端部被夹紧固定。这样，通过在轴向（y 轴）对敏感块施加集中力来模拟加速度引起的集中力。

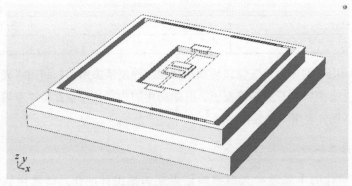

图10.6　COMSOL仿真环境下单轴加速度计模型

（1）石墨烯梁尺寸对谐振特性的影响

石墨烯梁尺寸决定着石墨烯梁的谐振特性。在仿真中，石墨烯梁的初始长度设置为 0.5 μm，初始宽度设置为 0.5 μm，初始厚度设置为 0.335 nm。之后，通过参数化扫描方式，即扫描长度为 0.5 ～ 15 μm，扫描宽度为 0.5 ～ 5 μm，通过特征频率计算得到双端固支石墨烯梁一阶振动模态，从而获取石墨烯梁一阶谐振频率及振型与梁尺寸之间的影响规律。

由图 10.7 可知，石墨烯梁的谐振频率随着梁长度的增加而不断减小；当长度小于 8 μm 时，随着长度的变化，石墨烯梁的谐振频率出现跳变不连续的情况；而当长度大于 8 μm 时，该变化趋势逐渐放缓且趋于平滑。对于石墨烯梁的宽度，由于宽度方向的边界条件为固支情况，这样在不同宽度条件下，石墨烯梁的谐振频率并没有明显变化。因此，对于双端固支石墨烯梁，其固支边（宽度方向）对于谐振频率并没有显著影响，而自由边（长度方向）对谐振频率影响较大，尤其当长度大于 8 μm 时，石墨烯梁的谐振频率的变化更接近线性，变化趋势也更为连续。

因此，考虑到梁的结构特点、加速度计尺寸以及稳定振动模式，石墨烯梁的尺寸设计为 10 μm×1 μm×0.335 nm（长度 × 宽度 × 厚度）。

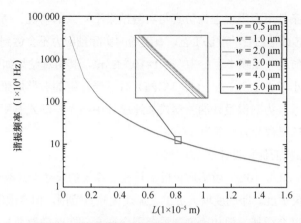

图10.7　谐振频率与石墨烯梁长度L和宽度W的关系

（2）石墨烯梁预应力对谐振特性的影响

预应力作为石墨烯膜的固有属性，决定着石墨烯膜的谐振频率，而改变石墨烯膜的谐振频率本质则是通过改变其面内应力实现的。为此，进一步研究预应力对谐振频率的影响，以确定合适的预应力值。在仿真中，预应力取值为 $1\times10^4 \sim 1\times10^{10}$ N/m^2，则相应的谐振频率变化如图 10.8 所示。

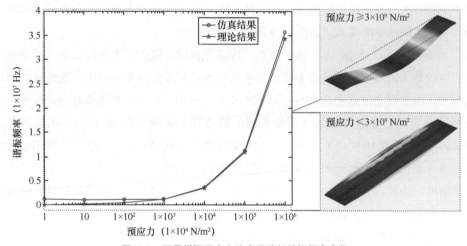

图10.8　石墨烯梁预应力改变导致的谐振频率变化

根据图 10.8 可知，当预应力小于 1×10^7 N/m^2 时，石墨烯梁的谐振频率变化并不明显，且石墨烯梁出现不规则振型和不稳定的振动模态；当预应力大于 1×10^7 N/m^2 时，石墨烯梁具有规则的振型，振动模态也较为稳定，且谐振频率随预应力的增加而显著增大。需要说明的是，二维石墨烯的密度 ρ 表示石墨烯本身及其上吸附物贡献的总和[9]。在这种情况下，理论使用的密度值为平均值 2208.96 kg/m^3，略大于理论值 2208 kg/m^3，从而在小预应力条件下会出现理论仿真与实测结果不一致的情况。考虑到当前石墨烯膜悬浮转移至插芯或毛细管的湿法工艺，石墨烯的实际预应力不会达到 $1×10^{10}$ N/m$^{2[10]}$。因此，将预应力值进一步缩小至 $1×10^7 \sim 1×10^{10}$ N/m^2，其仿真结果如图 10.8 中右侧图所示，当预应力小于 $3×10^9$ N/m^2（即 3 GPa）时，受压缩的石墨烯梁出现不规则振型和不稳定振动模态。为确保设计的差动式加速度计中两个差动式石墨烯梁具有稳定的谐振状态，石墨烯梁预应力设置为 3 GPa。

（3）敏感结构的优化设计

结合式（10.1）和式（10.2），敏感质量板上折叠支撑梁的尺寸会影响梁的等效刚度 K，进而影响传感器灵敏度。即刚度增大可扩大加速度测量范围，但会限制灵敏度；相反，刚度减小，灵敏度会增加，但加速度测量范围会变窄，同时敏感质量板还会出现绕敏感轴旋转的情况。因此，需通过仿真分析来对支撑梁尺寸进行优化。

对于折叠梁长度 L_b，较小的长高比会引起大的抗弯刚度。如果折叠梁长度小于 30 μm，则折叠梁的压缩受限，只有在较大加速度作用下才会产生弹性位移；与此同时，折叠梁内应力集中也有可能造成断裂。同理，折叠梁的宽度 w_b（即折叠梁两臂之间的距离）也存在上述情况。考虑到当折叠梁的宽度小于 0.05 μm 时，加工工艺不易实现。因此，在仿真中设置折叠梁的扫描长度为 30 $\sim$ 50 μm，扫描宽度为 0.05 $\sim$ 0.5 μm，分析这两个结构参数与加速度灵敏度 S_a（此处灵敏度 S_a 定义为单位加速度引起折叠支撑梁的微转移）之间的影响关系，如图 10.9 所示。

由图 10.9（a）和图 10.9（b）可知，传感器灵敏度随折叠梁宽度的增大而减小，随长度的增大而增大；可测得加速度量值随折叠梁宽度的增加而增大，随长度的增加而减小。由于折叠梁宽度从 0.05 μm 增加到 0.5 μm 时，可测的加速度量值跨度较大，需要结合实际情况选择加速度测量范围。参考有关文献 [6,11]，最大的可测加速度为 1000g，则根据图 10.9（b）所示，当折叠梁宽度大于 0.45 μm 且长度小于 30 μm 时，加速度计测量的加速度可大于 1000g；图 10.9（a）表明，增加梁宽和减小梁长都会降低灵敏度。为此，为实现加速度敏感结构的高灵敏度，同时确保加速度计具有较宽的加速度测量范围（0 $\sim$ 1000g），折叠梁的长度和宽度分别确定为 0.45 μm 和 30 μm，并在此基础上进行后续加速度计性能的仿真分析。

3. 加速度计性能仿真

在确定了加速度计仿真的各个基本参数后，对单轴石墨烯差动式谐振梁加速度计的输入 / 输出性能及谐振特性进行仿真分析 [12]。

如图 10.10（a）所示，在施加的 1000g 加速度所引起的集中力作用下，加速度计上端的折叠支撑梁沿轴向（y 轴）被压缩，下端的支撑梁被轴向拉伸，从而使中间的敏感质量板产生位移。此位移导致处于差动模式的石墨烯双端固支梁的应力发生变化，从而使石墨烯梁的谐振频率增加至 $2.7×10^7$ Hz。

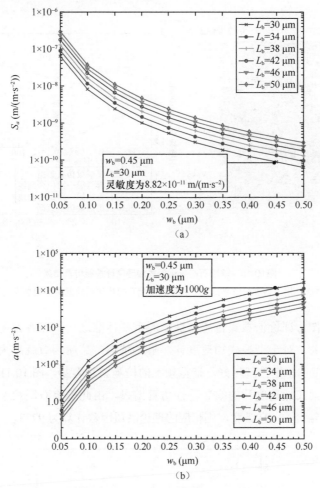

图10.9　折叠梁的长度和宽度与灵敏度和加速度之间的关系
（a）折叠梁的长度和宽度与灵敏度的关系；（b）折叠梁的长度和宽度与加速度的关系

从图 10.10（b）中可以看出，处于拉伸和压缩状态的石墨烯梁在零加速度情况下具有相同的基频。当加速度从 0 增加到 $1000g$ 时，处于拉伸状态的石墨烯谐振梁的频率随加速度基本呈线性增加，而处于压缩状态的石墨烯谐振梁的频率呈非线性下降趋势。分析其原因，主要是通常情况下石墨烯加速度计在大应变下会出现非线性振动，且非线性会随着施加的加速度值增加而变大[13-15]。对处于压缩状态的石墨烯梁变化曲线进行一阶拟合，得到图中的拟合公式，该拟合的相关系数为 97.94%。在此基础上，将此式进一步拟合为二阶多项式，相关系数为 99.82%，与一阶结果相比，仅增加了 1.88%，则该差动式石墨烯谐振梁加速度计在 0 ~ 1000g 范围内基本呈线性变化，其仿真的理想阻尼条件下理论灵敏度为 21 224 Hz/g，明显高于石英及硅微加速度计[16, 17]。

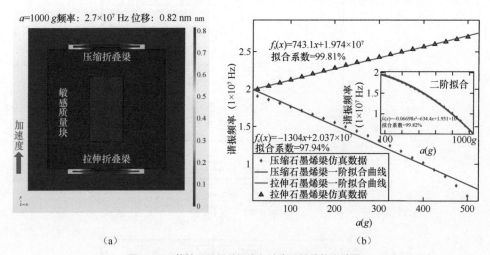

（a）　　　　　　　　　　　　　　　（b）

图10.10　单轴石墨烯谐振式加速度计性能仿真结果
（a）加速度作用下各部分位移；（b）拉伸和压缩石墨烯谐振梁的频率随加速度变化曲线

品质因数作为评价谐振式传感器性能的重要标准之一，与各振荡周期的能量损耗速度密切相关。对于谐振式加速度计，阻尼越小，品质因数就越大，其抗外界干扰能力越强，工作稳定性就越好，谐振频率的检测就越容易。图 10.11 所示为室温下该石墨烯谐振梁式加速度计的幅频特性仿真结果，由此确定石墨烯梁的固有频率为 1.954×10^{7}Hz，结合 -3 dB 带宽，则相应的理论品质因数计算为 9773。

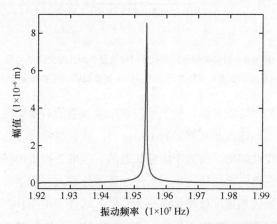

图10.11　单轴石墨烯谐振式加速度计幅频特性仿真结果

因此，基于上述理论模型和仿真分析设计的单轴石墨烯谐振加速度计，可借助石墨烯优异的力学性能，对谐振子施加预应力、采用无直接附着附加质量的加速度敏感结构及折叠支撑梁的优化设计，使该加速度计具有高灵敏度、高谐振频率和宽加速度范围的应用特点，在高加速度的 MEMS 或纳米电机系统（Nano-Electro-Mechanical System，NEMS）惯性测量领域具有巨大的应用潜能。

10.2 压力敏感的加速度传感器探头设计与制作

10.2.1 加速度传感器的敏感结构设计

10.1 节设计了一种单轴石墨烯谐振式加速度计，但其需要借助微纳加工工艺实现制作。鉴于石墨烯 MEMS 制作工艺与晶圆级薄膜悬浮转移技术较复杂且尚不成熟，为能够在实验室条件下，实现以石墨烯作为谐振敏感元件来测量加速度的目的，本节提出了一种基于压力敏感的单轴石墨烯谐振式光纤加速度计[18]。图 10.12 所示为该加速度计的结构，主要包括单膜光纤（1）、插芯（2）、弹性薄片（3）、密封塞（4）、腔体（5）、石墨烯膜（6）、F-P 腔（7）和气体密封腔（8）等。

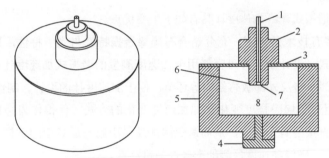

图10.12 石墨烯谐振式光纤加速度计结构

1. 单膜光纤；2. 插芯；3. 弹性薄片；4. 密封塞；5. 腔体；6. 石墨烯膜；7. F-P腔；8. 气体密封腔

如图 10.12 所示，将单模光纤插至距插芯下端面一定距离处，光纤前端与吸附在插芯下端面的石墨烯膜构成 F-P 腔；插芯与弹性薄片以及弹性薄片与气体密封腔之间为固定连接，从而实现对腔体上端的密封；填充气体通过气体密封腔下侧的进气口进入密封腔后，借助密封塞完成对整个腔体的密封。

其中，插芯作为固定光纤的器件，可设计为不同外形或由多种光学器件组装连接而成，其内部及外部构造可根据所采用的光纤及光学器件进行调整。插芯可作为感知加速度变化的主要附加质量，可采用不同材料制作成具有不同外形、不同尺寸的附加质量块，其上可再外加附加质量以增加敏感质量。

插芯与弹性薄片、气体密封腔，以及密封塞与气体密封腔之间可通过螺栓连接、焊接、铆接、钉接、插接或胶接方式固定连接，以完成对整个腔体的密封。弹性薄片的材料及厚度可根据附加质量大小、被测加速度大小，以及与插芯的安装配合关系进行选择。

石墨烯膜附着于插芯端面，其厚度为单层或多层石墨烯，形状及尺寸可根据所附着的插芯结构及 F-P 腔结构进行改变。气体密封腔内所填充的气体可根据实际需要进行选择。弹性薄片可更换为刚性部件，并将气体密封腔下端的进气口改为导压管，实现外界待测压力的谐振式检测。

该石墨烯谐振式光纤加速度计的原理及工作过程是：一方面，被测加速度作用于带有光纤的插芯，插芯与探头共同作为附加质量将加速度转化为集中力，使与其固定连接的弹性薄片产生与加速度方向一致的位移，此位移使密封腔的体积发生改变，导致密封腔内填充的气体受到压缩引起腔内压力变化；另一方面，吸附于插芯端面的石墨烯膜受光纤导入的激励光作用，通过光热激励以一定的振动幅值处于谐振状态，与光纤端面构成特定腔长的 F-P 腔。当石墨烯膜受到腔内压力的作用时，其面内应力产生变化，导致其谐振频率和振动幅值发生改变，进而引起 F-P 腔腔长的变化，最终导致干涉光强改变。通过检测干涉光强的变化，即可确定被测加速度的大小，从而实现待测加速度的测量。

该石墨烯谐振式光纤加速度计具有如下主要优点。

（1）在现有技术条件下，充分结合石墨烯谐振特性与光学特性，采用光纤光热激励与检测方式，设计了一种可直接用于加速度测量的谐振式加速度计，从而避免设计加速度计外部电路及外部敏感结构等环节，便于加速度计的设计、制作与安装。

（2）采用石墨烯膜挠度变化感知加速度变化的方式，使得作为感知加速度变化的附加质量不直接附着于膜上，从而避免附加质量引起石墨烯膜的破损或缺陷，保证 F-P 腔的完整性，确保加速度检测的准确性与可靠性。

（3）采用石墨烯作为谐振式加速度计的谐振敏感元件，石墨烯出色的机械特性使石墨烯谐振式加速度计的谐振频率和品质因数优于传统的石英、硅微加速度计。

（4）采用光纤干涉型的激振/拾振方法，实现石墨烯谐振特性的测量，使谐振式加速度计具有结构简单、频带宽、灵敏度高、损耗低以及电磁抗干扰能力强等特点。

（5）采用石墨烯膜作为 F-P 腔的反射面，石墨烯优异的力学特性能可提高薄膜挠度的 F-P 干涉探测的灵敏度，并提升加速度计的抗干扰能力。

（6）插芯、弹性薄片及气体密封腔等所用的材料、尺寸和外形可根据所采用的 F-P 腔及测量范围等因素进行调节，从而使加速度计的测量范围和测量分辨率等参数具有可调性，满足不同测试要求。

（7）可以通过调节结构中的零部件的材料及尺寸，改变其在传感器中的功能，从而可将加速度计用于外界压力的测量。

10.2.2　压力敏感的加速度传感器工作原理

结合石墨烯、光纤干涉、谐振传感、加速度等关键词，对压力敏感的加速度传感器结构进行分析。该结构采用二次敏感机理，即直接测量压力、间接感知加速度变化，其工作原理如图 10.13 所示。

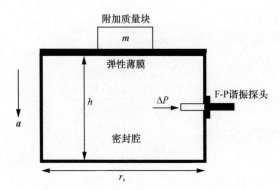

图10.13　压力间接感知加速度变化的工作原理

1. 压力间接感知加速度变化模型

参考图 10.13，当施加竖向方向的加速度 a 时，加速度可通过作用于附加质量块 m 将其转化为惯性集中力 F，其表示为：

$$F = ma \tag{10.5}$$

支撑附加质量块的弹性薄膜将承受法向挠度变形 w[19]：

$$w = \frac{3F(1-\upsilon^2)}{16E_s}\left(\frac{r_s}{H}\right)^4 H = \frac{3F(1-\upsilon^2)r_s^4}{16E_s H^3} \tag{10.6}$$

即

$$w = \frac{3ma(1-\upsilon^2)r_s^4}{16E_s H^3} \tag{10.7}$$

式中，υ 为弹性薄膜的泊松比，r_s 为弹性薄膜的半径，E_s 为弹性薄膜的弹性模量，H 为弹性薄膜的厚度。

由式（10.5）和式（10.7），可得加速度与弹性薄膜的法向变形关系式为：

$$a = \frac{16E_s H^3 w}{3m(1-\upsilon^2)r_s^4} \tag{10.8}$$

根据克拉伯龙理想气体状态方程 $pV = nRT$，则密封腔内气体压力 p 为：

$$p = \frac{nRT}{V} \tag{10.9}$$

式中，n 为物质的量，R 为与体积单位压力所对应的常数（空气为 0.082），T 为环境温度（热力学温度），V 为气体体积。

这样，由弹性薄膜法向位移引起的密封腔内压力变化，可表示为：

$$\Delta p = p_1 - p_0 = \frac{nRT}{V_1} - \frac{nRT}{V_0} = \frac{nRT(V_0 - V_1)}{V_0 V_1} \tag{10.10}$$

由于密封腔体积 V 为：

$$V = \pi\, r_s^2 h \tag{10.11}$$

则

$$\Delta p = \frac{nRT(V_0 - V_1)}{V_0 V_1} = \frac{nRT(h_0 - h_1)}{\pi r_s^2 h_0 h_1} \tag{10.12}$$

且弹性薄膜法向变形可写为：

$$w = h_0 - h_1 \tag{10.13}$$

则集中力引起的密封腔内压力变化可进一步写为：

$$\Delta p = \frac{nRTw}{\pi r_s^2 h_0 (h_0 - w)} \tag{10.14}$$

由于 $n = \dfrac{m_{air}}{M} = \dfrac{\rho_{air} V}{M}$，其中 m_{air} 为空气的质量，ρ_{air} 为空气的密度（常温常压下为 1.205 kg/m^3），M 为空气的摩尔质量（29 g/mol），则式（10.14）可改写为：

$$\Delta p = \frac{\rho RTw}{M(h_0 - w)} \tag{10.15}$$

由此，通过式（10.7）和式（10.15）可获得密封腔内气体压力与施加的加速度之间的关系，从而为后续加速度解决提供模型基础。

2. 石墨烯膜压力敏感模型

当石墨烯 F-P 腔的腔体内外压力不一致时，基于石墨烯膜不透气的特性[20]，石墨烯膜产生挠度变形，如图 10.14（a）和图 10.14（b）所示。图中，Δp 为石墨烯膜内外的压力差，R 为石墨烯膜的曲率半径，r 为石墨烯膜半径，w 为石墨烯膜的挠度变形。当石墨烯膜由于压力差的作用而产生挠度形变时，悬浮石墨烯膜内部张力发生变化，导致石墨烯膜的谐振频率改变。因此，通过建立石墨烯膜的谐振频率和石墨烯膜所受压力差之间的函数关系，即可实现传感器谐振探头对密封腔内大气压力的测量。

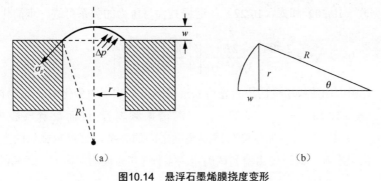

图10.14　悬浮石墨烯膜挠度变形

（a）薄膜横截面示意；（b）挠度与半径的几何关系

对于悬浮石墨烯膜，其内部张力主要包括膜的初始张力 S_0 和膜在压力差作用下形成的张力 S_p[21]：

$$S_p = \sigma_p t = \frac{E\varepsilon_p}{1-\upsilon}t = \frac{2Etw^2}{3r^2(1-\upsilon)} \tag{10.16}$$

$$S_0 = \sigma_0 t \tag{10.17}$$

式中，E 为薄膜的弹性模量，t 为薄膜的厚度，υ 为薄膜的泊松比，σ_p 和 ε_p 为压力差作用下薄膜的附加应力和附加应变，σ_0 为薄膜的预应力。

薄膜的初始张力和薄膜的厚度呈正比，且压力差作用下的张力和薄膜厚度呈正比，和薄膜半径呈反比，则薄膜的总张力与压力差的关系为[21]：

$$S = S_p + S_0 = \frac{2Etw^2}{3r^2(1-\upsilon)} + S_0 = \frac{\Delta pr^2}{4w} \tag{10.18}$$

由式（10.18）可知，薄膜的最大挠度与压力差的关系为：

$$\Delta p = \frac{8Etw^3}{3r^4(1-\upsilon)} + \frac{4S_0 w}{r^2} = \frac{8Etw^3}{3r^4(1-\upsilon)} + \frac{4\sigma_0 tw}{r^2} \tag{10.19}$$

薄膜的谐振频率与压力差的变化关系可表示为[22]：

$$f = \frac{2.404}{2\pi r}\sqrt{\frac{S}{\rho t}} = \frac{2.404}{2\pi r}\sqrt{\frac{\Delta pr^2}{4w\rho t}} \tag{10.20}$$

当压力作用引起的张力值 S_p 远大于预应力引起的张力值 S_0 时，预应力作用可以忽略，则有：

$$\frac{\Delta pa}{Et} > 100\left(\frac{\sigma_0}{E}\right)^{\frac{3}{2}} \tag{10.21}$$

此时，只考虑压力引起的薄膜张力，则压力与挠度之间的关系简化为：

$$\Delta p \approx \frac{8Etw^3}{3r^4(1-\upsilon)} \tag{10.22}$$

则根据式（10.20）和式（10.22），谐振频率与压力的关系可进一步简化为：

$$f = \frac{2.404}{2\pi r^2} \left[\frac{2E}{3\rho(1-\upsilon)} \right]^{\frac{1}{2}} \left[\frac{3(1-\upsilon)r^4 \Delta p}{8Et} \right]^{\frac{1}{3}} \tag{10.23}$$

因此，理论上由薄膜承受的压力差可获得薄膜谐振频率的变化情况。这样，联立式（10.15）、式（10.18）和式（10.23），实测谐振频率 f，进而反解气腔内压力差 Δp、薄膜挠度变化 w，结合加速度与薄膜挠度之间的关系，可确定施加的加速度 a。为确保测量结果准确，需通过实验测试确定谐振频率 f 与被测加速度 a 之间的关系。

10.2.3　压力敏感的加速度传感器探头制作

结合图 10.12 和图 10.13 所示的传感器结构，该传感器主要包括石墨烯 F-P 谐振探头，以及加速度外部敏感结构部分。前者与前文石墨烯膜 F-P 声压传感器（第 5 章）、石墨烯膜 F-P 谐振压力传感器（第 9 章）所述探头的结构参数与制备方法相同。本节重点对后者的制作过程进行介绍。

1. 外部敏感结构的预制

加速度传感器的外部敏感结构主要包括弹性薄片的选择与加工、密封腔体的设计与制作、附加质量的选用与制作、附加质量与弹性薄片的结合，以及石墨烯 F-P 谐振探头的装配等。

（1）弹性薄片要用塑性好、弹性模量大的材料制成，以在加速度作用下产生较大挠度变形。鉴于文献中传统的光纤 F-P 加速度计可采用不锈钢作为弹性薄片的材料，本节也选用 304 型不锈钢作为弹性薄片。如图 10.15（a）所示，不锈钢弹性薄片外部直径为 15 mm，内部孔径为 2.5 mm，厚度为 0.25 mm，并与气体密封腔通过直径为 1 mm 的螺钉固定连接。

（2）密封腔体用于密封一定体积的气体，因此对气密性要求较高。密封腔可通过机械加工、激光加工或者 3D 打印等加工方式实现。如图 10.15（b）所示，气体密封腔由不锈钢通过机械加工制成，其外部直径为 15 mm，高度为 8 mm；腔体内部直径为 10 mm，高度为 6 mm，腔体壁厚 2.5 mm，底部壁厚 2 mm；基座厚 1 mm，且开有 4 个直径为 5 mm 的固定孔，用于将密封腔固定在加速度施加装置上。

（3）附加质量除承担感知加速度变化的作用外，还需要与弹性薄片和石墨烯 F-P 谐振探头具有较好的装配效果，以保证弹性薄片、附加质量和石墨烯 F-P 谐振探头在动态测量过程中保持相对静止，确保测量的准确性。为此，采用了可与石墨烯 F-P 谐振探头通过螺纹连接的光纤法兰作为附加质量，如图 10.15（c）所示。

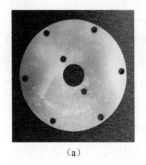  

　　　　　（a）　　　　　　　　　　　（b）　　　　　　　　　　　（c）

图10.15　谐振式加速度传感器实物

（a）弹性薄片；（b）密封腔体；（c）附加质量光纤法兰与弹性薄片装配

　　（4）石墨烯 F-P 谐振探头通过螺纹连接与光纤法兰固定，构成图 10.16 所示的石墨烯膜光纤 F-P 谐振式加速度计的主体结构。

2. 结构部件的优化制作

　　在制作出所设计的加速度传感器各个零件并完成装配后，根据实验测试来优化传感器的结构部件、组装技术。

　　（1）弹性薄片的优化

　　在测试过程中发现，当对弹性薄片施加小载荷时，不锈钢弹性薄片并不会产生明显的挠度变形，只有加至大载荷才会产生形变，但弹性薄片并不能完全恢复至原状态。分析其原因：一方面是由于弹性薄片采用不锈钢材料，其弹性模量仍较大（其值为 199 GPa），塑性过小；另一方面是方形光纤法兰与弹性薄片直接固定，对弹性薄片中心起到一定固支作用，导致弹性薄片的中心区域无法产生明显挠度变形。为此，利用塑性好、厚度小、弹性模量小的橡胶材料制作弹性薄片，并将其胶黏至不锈钢密封腔体上，这样制成的加速度传感器探头如图 10.17 所示。

 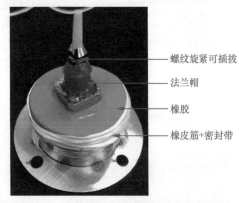

螺纹旋紧可插拔

法兰帽

橡胶

橡皮筋+密封带

图10.16　组装的石墨烯膜光纤F-P谐振式加速度传感器实物　　图10.17　以橡胶为弹性薄片的加速度传感器探头

（2）密封方式的优化

理想状况下，气腔完好密封。当施加的外部载荷去除后，因密封腔内外压平衡，弹性薄片会迅速回复至初始位置。但实验过程中，发现载荷去除后，弹性薄片回复至初始位置的过程极为缓慢，存在较明显的滞后现象。分析原因可能为：腔体密封性不佳；附加质量（光纤法兰）、光纤探头本身与弹性薄片连接处可能存在缝隙。对此，对弹性薄膜材料进一步改进，选用了质地更精细、塑性更大的丁腈材料制成弹性薄片；之后，对于丁腈与密封腔体的连接方式，改用环氧树脂胶将二者连接固定，以保证气密性。为确定其气密性，在弹性薄片上放置质量块，引起薄膜变形，并测量了薄膜相对于基底的高度变化。实验结果发现，在实验过程中，弹性薄片高度没有变化，由此判定利用环氧树脂胶将丁腈与不锈钢腔体连接能够达到很好的密封效果。

（3）附加质量与谐振探头间连接方式的优化

由于附加质量光纤法兰、石墨烯F-P谐振探头与弹性薄片等连为一体的方式会导致一定程度的漏气，同时也会出现附加质量过小，在加速度作用下不能使弹性薄片产生足够的挠度变形的情况；且在工作过程中，石墨烯F-P谐振探头跟随附加质量而偏移，进而影响石墨烯F-P谐振探头输出信号的稳定性。为此，为产生稳定的加速度效应，通过环氧树脂胶将附加质量（铜块，密度为 8.8 g/cm^3）黏结在弹性薄片上；并在加速度计腔体两侧加工两个导压管臂，分别用于连接石墨烯F-P谐振探头（用于感知腔内压力变化）和压力测试仪（用于动态提供密封腔内的参比压力），如图 10.18 所示。

图10.18　配接导压孔的石墨烯膜光纤F-P谐振式加速度传感器实物

10.3　加速度测量实验与分析

10.3.1　加速度实验平台的搭建

对于谐振式光纤加速度计，其实验平台的搭建主要包括两部分：一部分是加速度加载实验平台，用于对加速度计施加被测加速度；另一部分是光纤激振/拾振实验平台，用于测量加速度作用下石墨烯F-P谐振探头的谐振特性。其中，后者与第9章中石墨烯膜谐振式压力传感器的光纤式激振/拾振平台相同。为此，本节重点对前者所用的实验平台进行介绍。

此处选用恒加速度实验方法，采用单轴速率转台（型号：TD-450）提供向心加速度来完成加速度施加过程。选定加速度施加装置后，需要考虑将制成的谐振式光纤加速度计装配在加速度测量平台上。由于单轴速率转台施加的是水平方向的向心加速度，因此，根据加速度计和单轴转台的尺寸及定位孔，设计加速度计固定板，并采用304不锈钢加工制成，连接完成后的实验装置如图10.19所示。

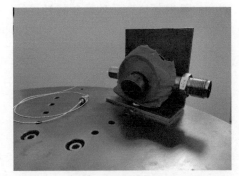

图10.19　加速度计与转台连接完成后的实验装置

为在转台中心处安装固定光纤滑环，根据滑环及转台尺寸，设计图10.20所示的光纤滑环支撑架模型，并进行3D打印制作。图10.21所示为安装后的加速度实验测试平台。

图10.20　光纤滑环支撑架模型

图10.21　安装后的加速度实验测试平台

10.3.2　石墨烯F-P谐振探头的谐振响应测试

作为石墨烯谐振式加速度计的核心部件，石墨烯F-P谐振探头的谐振特性决定加速度计的整体性能，因此，需要从石墨烯F-P谐振探头自身的谐振频率、品质因数等性能指标对制备的基于毛细管结构的石墨烯F-P谐振探头进行谐振测试，其中谐振测试平台可参见9.4节。

利用前述谐振测试系统，将谐振探头与谐振测试系统中的光激励检测端连接，借助激光器、锁相放大器以及谐振测试软件，通过衰减器来调节掺铒光纤放大器的输出功率（石墨烯膜一般调至 5 ～ 12 mW），从而放大输入光功率以确保石墨烯膜处于谐振状态。启动软件的扫频功能，根据峰值出现的大致范围，逐渐缩小扫频范围，以确定探头的谐振峰位置。

图 10.22 所示为测得的常压下的幅频特性曲线。根据图中蓝点实验数据，谐振探头的幅频特性曲线在 1.433 MHz 出现峰值，此频率即谐振频率。通过洛伦兹拟合，可得其拟合后的幅频特性曲线，如图中红线所示，该拟合曲线的相关系数 c（拟合度）达 99.81%。因此，根据该拟合曲线，计算得该谐振探头的品质因数为 9.47。

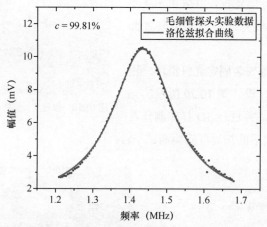

图10.22　常压下石墨烯F-P谐振探头的幅频特性曲线

10.3.3　石墨烯F–P谐振探头的静压敏感实验

石墨烯谐振式光纤加速度计是通过压力间接感知加速度变化，因此需要利用压力实验对石墨烯 F-P 谐振探头的压力灵敏性进行评测。实验过程中，关闭真空罐放气阀，打开真空泵进行抽真空过程。由于探头内部封装空气为常压，外部压力逐渐减小，薄膜向外鼓起，因此真空度的值为压力差值，即探头所受的压力。其中真空罐上的真空度单位为 psi（此装置的最大真空度接近 9 psi）。

对基于毛细管结构的石墨烯 F-P 谐振探头进行静压测试，则不同压力下的谐振幅频曲线如图 10.23 所示。由此可知，随着压力的增大，幅频曲线沿着频率增大的方向逐渐右移，且其幅值逐渐降低。这说明随着压力的增大，薄膜受到的探头内外压力差增加，薄膜振动受到抑制，其振动幅值不断降低，但谐振频率逐渐增大。

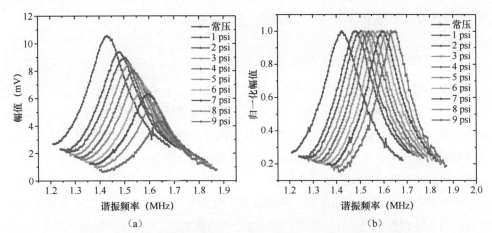

图10.23 不同压力下基于毛细管结构的石墨烯F-P谐振探头的幅频特性曲线
（a）薄膜振动幅值随谐振频率变化；（b）薄膜归一化幅值随谐振频率变化

在此基础上，进一步分析谐振探头的谐振频率、品质因数与压力的关系，如图10.24所示。图中实验数据的变化趋势均表现为线性，拟合度分别为99.70%和95.86%。即在0（常压）至9 psi压力范围内，压力灵敏度为3.35 Hz/Pa。同理，随着腔外压力增大至9 psi，真空度逐渐升高，腔内外压力差增大，薄膜受到的阻尼越来越小，幅频特性曲线带宽越小，品质因数得到提升，由原来的9.52提高至13.7。该量级的品质因数虽在常温条件下已属较高，但无法实际应用，必须对谐振传感器进行真空封装。如第9章中的石墨烯谐振压力传感器，在真空条件下，其品质因数可达1000以上，虽尚无法与当前硅基谐振器件相比，但通过提升石墨烯基微纳传感器的制备工艺，高品质因数的石墨烯基微纳谐振器件将会得以工程实现。

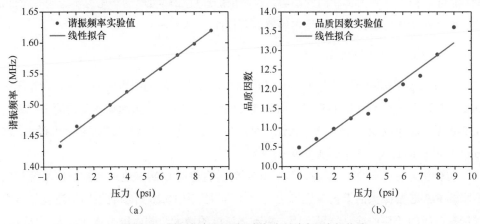

图10.24 谐振频率和品质因数与密封腔内压力的关系
（a）谐振频率与压力的关系；（b）品质因数与压力的关系

10.3.4　石墨烯谐振式光纤加速度计性能实验

1. 基于向心加速度的动压测试

实验测试之前，首先，将加速度计通过连接板固定于单轴速率转台上，使其加速度敏感方向与弹性薄膜的法向保持一致，从而利用加速度来提供作用到弹性薄膜的向心力；其次，通过连接件将用于测量腔内压力的导压管与压力测试仪输入端相连接，以测量其内部压力。这样，通过调节转台的转动参数，可提供不同向心加速度，从而实现作用到密封腔内气压的动态力施加。

在连接好加速度测试系统后，将转台水平倾角调为 0°，在 0 ~ 2.5g 加速度范围内每间隔 0.5g 调整转台的转动速率。调至每个转动速率后，保持转台转动一定时间（不少于 30 s），当控制台上显示的转速稳定后，由压力测试仪采集加速度计的腔内压力，则向心加速度与腔内压力差之间的响应关系如图 10.25 所示。

由图 10.25 中红点表示的实验数据可知，随着加速度由 0 逐渐增大到 2.5g，腔内压力数值从 762 Pa 逐渐变化到 2670 Pa。相应的加速度致压力变化比为：802.9 Pa/g，该拟合优度为 95.28%。利用式（10.7）和式（10.15），可求解不同加速度下腔内压力的理论值，如图中蓝线所示。

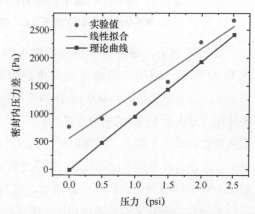

图10.25　探头密封腔内压力差随加速度的变化关系

两者具有大体相同的趋势，表明由加速度加载实现动态压力实验的有效性，也说明了基于压力敏感的加速度传感器的可行性。

2. 加速度谐振效应实验

通过上述动态测试，能够获取加速度与腔内压力之间的响应关系，结合谐振压力测试结果，可评估制作的 F-P 谐振探头能否实现基于压力敏感的加速度的测量。为简化 F-P 探头制作以及便于后续一致性评估，本实验使用以普通商用插芯（内径为 125 μm）为基底的石墨烯 F-P 谐振探头。

实验中，在 0 ~ 2.5g 范围以步长 0.5g 对转台进行控制，通过谐振测试系统获取石墨烯 F-P 谐振探头的谐振响应输出，由此可得到图 10.26 所示的不同加速度下石墨烯谐振谱线的迁移曲线。结果表明，随着加速度的增大，腔内压力逐渐增大，导致石墨烯膜受到的空气阻尼增大，因此谐振幅值出现了逐渐减小的现象；同时，从图中也可明显看出，随着加速度的增大，石墨烯谐振点逐渐右移，即谐振频率随加速度增大而单向递增，具有单调的加速度响应效应。

图10.27 所示由图10.26反映的石墨烯膜谐振频率与加速度的响应曲线，结果表明，两者具有较好的一元线性关系，其线性拟合的拟合优度 R^2 为 0.959，对应的加速度灵敏度为4011 Hz/g。但从图 10.27 中可以看出，加速度为 0.5g 时，传感器的谐振频率变化较弱，而此后每增加 0.5g 步长，谐振频率的变化均较为明显，这说明存在一定的死区情况。这与腔内压力的灵敏度密切相关，即在低于该死区域值时，腔内压力变化较小，导致传感器谐振频率响应不明显。为此，需进一步优化石墨烯膜 F-P 谐振压力传感器的性能，包括提高石墨烯膜的质量、改进薄膜的转移工艺、改进 F-P 谐振探头的真空封装工艺，以及高稳定性 F-P 干涉信号解调方法等。

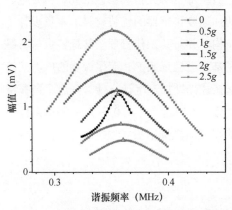

图10.26　不同加速度下石墨烯谐振谱线的迁移曲线

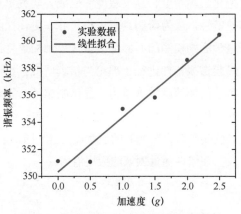

图10.27　传感器谐振频率与加速度的响应曲线

表 10.3 对本节基于插芯结构的石墨烯膜光纤 F-P 谐振式加速度传感器的实验性能与文献中典型的石英和硅基谐振式加速度计进行了比较。结果表明，该石墨烯谐振式光纤加速度计在谐振频率（352 kHz，与探头结构尺寸密切相关，对于毛细管结构谐振探头，该值约为 1.5 MHz）和测量灵敏度（4011 Hz/g）上都有显著提升，验证了石墨烯谐振式加速度计在惯性测量领域的应用趋势和潜力。

表10.3　谐振式加速度计性能对比

谐振元件材料	谐振频率（kHz）	灵敏度（Hz/g）	参考文献
石英	35.31	15.73	[23]
石英	74.88	35.85	[24]
硅	18	195	[25]
硅	20.74	244.15	[26]

谐振元件材料	谐振频率（kHz）	灵敏度（Hz/g）	参考文献
硅	22	254.3	[27]
硅	290	275	[28]
硅	81.57	1056	[29]
石墨烯	352	4011	本节

10.4　本章小结

作为惯性测量领域的核心部件之一，加速度计的应用领域日渐广泛，小型化、微型化、高精度、高灵敏度等已成为研究重点。石墨烯材料凭借其出色的光、机、电、热特性，成为研制具有更小尺寸、更优性能的加速度传感器的优势材料。本章设计了电学激励检测的石墨烯谐振式单轴加速度计结构，并对其工作机理、结构特点与石墨烯膜谐振特性进行了理论与仿真研究；设计了基于石墨烯膜 F-P 谐振探头的压力间接敏感的加速度敏感结构，优化制作了石墨烯谐振式光纤加速度计样件，开展了谐振特性、压力敏感和加速度效应测试。实验结果表明，该加速度计在 $0 \sim 2.5g$ 测试条件下（受实验转台限制）的灵敏度为 $4011 \text{ Hz}/g$，表明了石墨烯谐振式加速度计的优良特性及其在惯性测量领域的应用潜力。

参 考 文 献

[1]　YANG B, ZHAO H, DAI B, et al. A New Z-axis Resonant Micro-accelerometer based on Electrostatic Stiffness [J]. Sensors, 2015, 15(1): 687-702.

[2]　KRUAGER S, GRACE R. New Changes for Microsystems-technology in Automotive Applications [J]. MST News, 2001, (1): 4-7.

[3]　KANG J W, LEE J H, HWANG H J, et al. Developing Accelerometer Based on Graphene Nanoribbon Resonators [J]. Physics Letters A, 2012, 376(45): 3248-3255.

[4]　BYUN K R, KIM K S, HWANG H J, et al. Sensitivity of Graphene-nanoribbon Based Accelerometer with Attached Mass [J]. Journal of Computational and Theoretical Nanoscience, 2013, 10(8): 1886-1891.

[5]　KWON O K, HWANG H J, KANG J W. Molecular Dynamics Simulation Study on Cross-type Graphene Resonator [J]. Computational Materials Science, 2014, 82: 280-285.

[6]　LEE S, CHEN C, DESHPANDE V V, et al. Electrically Integrated SU-8 Clamped Graphene

drum Resonators for Strain Engineering [J]. Applied Physics Letters, 2013, 102(15): 153101.

[7]　JIE W, FENG H, et al. Acceleration Sensing Based on Graphene Resonator [C]. International Society for Optics and Photonics, SPIE, 2017.

[8]　樊尚春, 石福涛, 邢维巍, 等. 一种差动式石墨烯谐振梁加速度传感器: 107015025B [P]. 2017-05-12.

[9]　CHEN C, ROSENBLATT S, BOLOTIN K I, et al. Performance of Monolayer Graphene Nanomechanical Resonators with Electrical Readout [J]. Nature nanotechnology, 2009, 4(12): 861-867.

[10]　PEREIRA V M. Strain Engineering of Graphene's Electronic Structure [J]. Physics Review Letters. 2009, 103: 046801.

[11]　HURST A M, LEE S, CHA W, et al. A graphene accelerometer [C]. IEEE International Conference on Micro Electro Mechanical Systems. Portugal, IEEE, 2015.

[12]　SHI F, FAN S, LI C, et al. Modeling and Analysis of a Novel Ultrasensitive Differential Resonant Graphene Micro-accelerometer with Wide Measurement Range [J]. Sensors, 2018,18(7), 2266.

[13]　BENMESSAOUD M, NASREDDINE M. Optimization of MEMS Capacitive Accelerometer [J]. Microsystem Technologies. 2013, 19: 713-720.

[14]　BU H, CHEN Y, ZOU M. Atomistic Simulations of Mechanical Properties of Graphene nanoribbons [J]. Physics. Letter A. 2009, 373: 3359-3362.

[15]　GEORGANTZINOS S K, GIANNOPOULOS G I, KATSAREAS D E. Size-dependent Non-linear Mechanical Properties of Graphene Nanoribbons [J]. Computer. Material. Science. 2011, 50: 2057-2062.

[16]　LIANG JIN, ZHANG L, WANG L. Flip Chip Bonding of a Quartz MEMS-based Vibrating Beam Accelerometer [J]. Sensors. 2015, 13: 10844-10855.

[17]　ZHAO L, DAI B, YANG B, et al. Design and Simulations of a New Biaxial Silicon Resonant Micro-accelerometer [J]. Microsystem. Technologies. 2015, 22: 1-6.

[18]　樊尚春, 石福涛, 李成, 等. 一种基于压力敏感的石墨烯谐振式光纤加速度计: 109782022B [P]. 2019-03-13.

[19]　樊尚春. 传感器技术及应用 [M]. 北京: 北京航空航天大学出版社, 2013.

[20]　BUNCH J S, VERBRIDGE S S, ALDEN J S, et al. Impermeable Atomic Membranes from Graphene Sheets [J]. Nano Letters, 2008, 8(8): 2458-2462.

[21]　SMALL M, NIX W. Analysis of the Accuracy of the Bulge Test in Determining the

Mechanical Properties of Thin Films [J]. Journal of Materials Research, 1992, 7(6): 1553-1563.

[22] TIMOSHENKO S, YOUNG D H, WEAVER W. Vibration Problems in Engineering [M]. New York: Wiley, 1974.

[23] LI B, ZHAO Y, LI C, et al. A Differential Resonant Accelerometer with Low Cross-interference and Temperature Drift [J]. Sensors, 2017, 17(1): 178.

[24] HAN C, ZHAO Y, LI C. Design and Simulation of Quartz Resonant Accelerometer [J]. Navigation and Control, 2019, 18(4): 65-70.

[25] 赵健, 施芹, 夏国明. 小型化硅微谐振式加速度计的实现与性能测试 [J]. 光学精密工程, 2016, 24(8): 1927-1933.

[26] YIN Y, FANG Z, HAN F, et al. Design and Test of a Micromachined Resonant Accelerometer with High Scale Factor and Low Noise [J]. Sensors and Actuators A: Physical, 2017, 268: 52-60.

[27] ZHANG J, SU Y, SHI Q, et al. Microelectromechanical Resonant Accelerometer Designed with a High Sensitivity [J]. Sensors, 2015, 15(12): 30293-3039.

[28] DING H, ZHAO J, JU B, et al. A High-sensitivity Biaxial Resonant Accelerometer with Two-stage Microleverage Mechanisms [J]. Journal of Micromechanics and Microengineering, 2016, 26(1): 015011.

[29] WANG S, PU D, HUAN R, et al. A MEMS Accelerometer based on Synchronizing DETF Oscillators [C]. Seoul, IEEE, 2019.